紫禁城的盛宴

千叟宴笔记

潘洪钢 著

武汉出版社

（鄂）新登字08号
图书在版编目（CIP）数据

紫禁城的盛宴：千叟宴笔记 / 潘洪钢著. — 武汉：武汉出版社，2024.3
ISBN 978-7-5582-5708-7

Ⅰ. ①紫… Ⅱ. ①潘… Ⅲ. ①饮食－文化－中国－清代－通俗读物
Ⅳ. ①TS971.202-49

中国国家版本馆CIP数据核字（2023）第004461号

紫禁城的盛宴——千叟宴笔记
ZIJINCHENG DE SHENGYAN —— QIANSOUYAN BIJI

著 者：潘洪钢
责任编辑：杨 振
封面设计：沈力夫
出 版：武汉出版社
社 址：武汉市江岸区兴业路136号 邮 编：430014
电 话：(027) 85606403 85600625
http://www.whcbs.com E-mail: whcbszbs@163.com
印 刷：武汉精一佳印刷有限公司 经 销：新华书店
开 本：787 mm×1092 mm 1/16
印 张：18.25 字 数：290千字
版 次：2024年3月第1版 2024年3月第1次印刷
定 价：68.00元

关注阅读武汉
共享武汉阅读

目　录

引子：驿道上的老人们

清乾隆四十九年（1784 年）冬，寒风凛冽。通往京师的驿道上，显得与往年有些不同，行走的人群中，有不少年纪很大的老者。其中既有带着随从的官员，武官骑马，文官坐轿；老人也有许多普通百姓老人，由家人陪伴着朝京师方向前行。不同的是，这些老人由各地驿站负责接待、小心伺候，有些老人甚至还有家乡的官吏陪同。

湖北通往京师的官道，是清代驿路的主干道之一。冬雪临近的时节，一小队人马不紧不慢地向京师进发，居中的是今年春天刚刚调任两湖地区的湖广提督马彪。此次马彪进京，只带了随行兵弁十数人，他虽已年逾七十，却仍精神矍烁，身体强健。以他的年龄，按规制已经准许弃马乘轿。马彪出身行伍，此次奉旨进京，即使天寒地冻，他也不愿弃马乘轿，以免失了武将的风度。马彪参加了乾隆时期平定大、小金川和西北的战事，屡建战功，先后任甘肃庆阳协副将、四川川北镇总兵、西安提督等职，由副将而总兵，逐级晋升为从一品提督，是一路打出来的武将。三年前，清军与苏四十三的回部激战时，乾隆的宠臣和珅曾赴西北前线视察。回到京师后他向乾隆报告说，马彪此人，虽然年纪大了，却仍然健壮，而且“历练戎行”，很有战斗经验。马彪因此给皇上留下了好印象。

由山东进京的驿路上，另一位武职官员也在赶往京城的途中，又是另一番景象。福州将军常青，也是一品武职大员，又因是旗籍，他的气派就不是一般官员能比的了。他此次由水路转道浙江等地至山东，再转向京师官道，带了大批随员仆从，随带箱笼物品，船运车载，所过州县驿站和地方官吏应接不暇。按制，福州将军不仅是驻守一方的军事长官，他还兼管着闽海关。官场人尽皆知的是，闽海关虽然税收赶不上广州的粤海关，却也是清朝对外通商的重要港口，同时也是朝廷和皇上的私人物资供应站，每年除了向宫里进贡大量各类物资，还向内务府报效大量银两，是皇帝的私人钱袋子。所以，福州将军一职，多半是由满洲八旗官员担任。虽然本年闽海关进贡物品已经另行遣人先期送京，但常青这一行人仍是官道上显眼的一群。

各地官道上熙熙攘攘，络绎不绝的进京人群中，官方人群颇为显眼。由西南重镇成都赶来的队伍，不仅有督抚大员和总兵官，随同前来的还有四川各地的土司头目。这些土司头人为了赶在腊月之内到达京师，先期按照指令从各地山岭之中赶到成都集中，然后在地方大员的组织带领下，结队前往京师，沿途受到各地驿站的接待。从北方蒙古各地前来的，

紫光阁绘像中的蒙古郡王

《皇清职贡图》中的朝鲜国臣民

又是另一番景象。清朝入关之前，先行收服蒙古各部，入关后，蒙古王公贵族成为其重要支撑力量，清廷与蒙古贵族的通婚一直未断，满蒙一家亲成为清代民族关系中的特色。这个冬季，蒙古王公、贝勒、贝子、台吉等早已造册向理藩院备案，年届六十的贵族王公，都有资格备选入京。只不过，他们的入选条件比别人多了一条，须是出过了“水痘”的才行。长城以外的游牧族群，一直畏惧出天花，往往是出过了“水痘”的人，才敢自由进入长城以内。

赴京的人群中，从北方远道而来的还有朝鲜国特派贡使一行。朝鲜国历来三年一入贡，是典型的朝贡贸易，清廷对他们实行厚往薄来的政策。这一年，朝鲜国王派出的正使为安春君李烿，副使是吏曹书判李致中。特别的是，本年的进贡使团出发特别早，贡使队伍中还有两三位陪臣，都是年过六十的老者。

驿道驿站，本来就是接待过往官员的地方，只是今年冬天赶往京城的官员较往常多了不少。令人不解的是，还有许多平民百姓，而且多半是年纪较大的老者。

东北地区由山海关进入内地的官道上，尚氏一门数位老人一同进京，由于几位都是60岁以上的老人，陪同前来的子侄们倒是不少。说起辽宁尚氏家族，一般人或许不知其名，但提起三藩之一的尚可喜一族，倒是人尽皆知。三藩平定后，吴三桂、耿精忠、尚可喜等家族后人多被发遣至关外，海城尚氏即为其中一支。乾隆四十九年（1784 年）冬天，赶往京城的就有尚之隆的孙子尚玉德、尚之信的四世孙尚维牧和尚维纶、尚之瑛的四世孙尚维埙、尚可进的五世孙尚维翔等五位老人。尚氏一门，自三藩之乱被平定到乾隆中期，不过百余年的时间，又成为名门望族了。这一大家子，人多气盛，车马众多，颇为引人注目。

关内各地赶往京师的老人也不少，江苏如皋县赶赴京师的老寿星吴际昌已经 81 岁了，一同进京的画家施景禹也 70 多岁了，山西榆次县聂村的齐正伦和东阳镇的赵鹤，也是 60 多岁的老人。在这些老人中，竟然还有年过百岁的。福建莆田县著名的老秀才郭钟岳，104 岁的他在子孙的簇拥扶掖之下，由驿站官吏伺候着向京师前行。说起郭钟岳，此人也是鼎鼎大名，他在乾隆四十四年（1779 年）以 99 岁高龄赴省城福州参加科举考试，一时引起轰动，地方官员上报朝廷，乾隆觉得其志可嘉，特令赏给举人功名，并希望他能参加次年在京举行的会试。次年，已满百岁的郭钟岳赴京参加会试。期颐之年尚能考完三场，且精神饱满，乾隆特谕赏其“进士出身”。1780 年乾隆第五次南巡时，郭钟岳还特地去浙江迎驾，乾隆特赐其“国子监司业衔”，在赐给他的诗句中称其“登帙寿百四，来程里二千。诚云天下老，疑是地行仙”。

这么多官民同时在隆冬时节赶往京师，云贵等边远地区的老人甚至提前数月出发前来，究竟所为何事呢？这就是本书要讲的历史了，原来，到明年（即乾隆五十年，1785 年），乾隆年满七十，且登基五十年整，一生效仿祖父康熙的他，也想仿效祖父之例，在京举办“千叟宴”，召集天下臣民中的老人，为自己庆祝寿诞。这就难怪官道上有这么多赶往京城的老人了，他们都是皇家请来的客人，是要去赴一场规模空前的盛世大宴。

第一章

千叟盛宴

千叟宴溯源

说起千叟宴，还要从康熙时代谈起。

清人以少数民族身份入主中原，遭遇反抗的时间长、范围广。自顺治入关起，南明小朝廷和明末农民军的抗清斗争此起彼伏，直至康熙初年才逐渐平息。而平定三藩之乱和收复台湾，更是举国动员，天下骚然。此外，蒙古藩部和新疆各地时有战事，直至康熙中期以后才渐次安定。康熙中期以后，国内各类矛盾缓和，经济恢复发展，出现了“四海奠安，民生富庶”的盛世局面。康熙帝，庙号“圣祖”，其统治时期外和诸族，内安百姓，轻徭薄赋；平三藩，收台湾，抗沙俄，功在昭昭。其自 8 岁登基，至康熙五十二年（1713 年）时，已及六旬。时值万寿庆典，朝廷上下多有举办庆寿活动的主张，京城内外一些官员们，仰承上意，鼓动各地耆老进京，为康熙祝寿。康熙虽有太子之争的隐忧，但他在位50余年，天下太平，自己年及 60，也觉得是历代君王中少见的长寿之君，亦颇有庆贺之意。

在此情况下，进京祝寿的老人愈集愈多，各省官员在京城搭建“龙棚”，供老人们齐集道路，瞻仰圣容。京城上下，一时热闹非凡。康熙在谕令中说，这么多老人前来祝寿，也不能让大家空手而回，白来一趟，于是决定举办大宴，招待从各地前来的老人们。这就是历史上著名的“千叟宴”的开端。康熙五十二年（1713 年）三月底，康熙在紫禁城中，分多次举行大宴，招待官民老人和上了年纪的兵丁，甚至是八旗马甲兵和旗下妇女，参加宴会的人数达到 2800 人，参会人数之多和身份之杂均为史上仅见。

与明代历朝皇帝相比，清代皇帝个个堪称勤政，康熙在诸帝中更为突出，而且，他在位时间长，政绩显著。就举办千叟宴而言，有一个小秘密。这件事，京城内外官员的鼓动当然是一个方面；百姓自愿也可能占一部分，毕竟当时有所谓“国泰民安”之说，康熙的影响力巨大，受到民间敬仰也在情理之中。康熙曾多次说各地耆老臣民进京祝寿都是自愿的。但是，如果没有他的默许和支持，在当时条件下是很难做到如此大规模老人集中进京的。实际上，他曾多次就这些老人来京下达谕令，关注这些人的路途安全、饮食与健康。

关于庆祝六十万寿节之事，自康熙五十一年（1712 年）起即有各部大臣们连篇累牍奏请相关庆祝事宜，但康熙一再拒绝并反复谕令免除一切虚礼。康熙看了礼部关于庆贺寿辰的奏文，在五十一年十月二十日上谕中说：“悉属虚文，无有实际。朕惟愿臣清子孝，兄友弟爱，人人皆读正书，勉尽职业，国安民治，盗贼宁息。”表示他对这些虚文礼数实在不感兴趣。但实际情况是，下面该准备的还是准备了，不知康熙是虚礼一番还是臣下“抗旨”而行。如各地老人进京祝寿一事，应该是早就准备了的。到了时候，康熙还是接受了。日子越来越近，各省文武官员、

各省在京所设的龙棚（选自《八旬万寿盛典》卷七十七）

士绅、老人等经地方官府组织，于二月下旬分批抵京，“跋山涉水”，“数千里匍匐而来”，京城到处是祝寿的人。

至康熙五十二年（1713 年）三月初一日，康熙在上谕中说，“朕昨进京见各处，为朕六十寿诞庆贺、保安、祈福者不计其数”，深表不安。与其为一人祈福，不如为天下求，下令所有祈福，都要求“雨阳时若，万邦咸宁”。意思是说，大家祈福不要只为我一个人，而要为天下，求上天保佑风调雨顺，国家安宁。实际上他是认可了下面的祝寿准备。他还亲自谕令官员们照顾来京老人的路途安全：有贫乏不能来京者，地方官员应该“协助车马”，帮助其前来。康熙“恐城门拥挤，老年之人，实有未便”，遂于三月十一日谕令各地进京老人十七日齐集于各省在京所扎“龙棚”瞻仰圣容，算是他跟大家见个面，其他时段就不必再至宫门行礼了。至此，一场规模宏大的庆典活动正式拉开序幕。

不过，这次大宴并无“千叟宴”之名。康熙六十一年（1722 年），以康熙七十寿诞，再次举行大宴。此次大宴，组织安排更加充分和有序，与宴官民人数达两千数百人。康熙在大宴上赋七言律诗一首，与宴官民亦各赋诗以记其盛，名为“千叟宴诗”，千叟宴由此得名。

康熙的千叟宴集一时之盛，传为美谈。乾隆自幼被康熙带入宫中教养，是康熙最为宠爱的皇孙，传说雍正得继大位，也与这位老皇上宠爱皇孙有关。乾隆一生崇敬康熙，行事施政多有效仿。至乾隆四十九年（1784 年），在群臣鼓动之下，他也决定效法祖父，举办千叟盛宴。这才有了

清高宗真像

驿路上老人们成群结队，匆匆赶往京城的盛况。

乾隆时代，是中国封建社会的鼎盛时期，这次举办千叟盛宴，安排得更加周到细致，所有进京贺寿的官员都经过批准。年满65岁，自己愿意、家人支持的民间耆老，即可由当地官员上报，并由官府安排路上行程。所有参与宴会者，事先都经过严格的审核程序，确定其资格，然后由皇帝“钦定”，再由有关衙门分别行文通知，知照各员按路程远近择时启程，于“封印”前到京聚齐。同时，各有关衙门要开列与宴者的履历，知会内务府和军机处。与宴人员在接到由兵部加封火票、驿站连日递送的公文之后，即可安排择日启程。乾隆四十九年这次的安排，提前一年就已进行。史书载，有关人员的筛选，早在乾隆四十八年（1783年）就已开始了。有些偏乡僻壤、道路遥远的入选者，更是提前几个月就踏上旅程了。寒冬时节，外地得到批准的老人们便纷纷在来京的旅途中了。

中国传统社会的驿传制度，始自先秦，至秦统一后成为国家基本制度，是专制时代展现政府控制力和政令上下通达的基本制度。明代中期以后，驿制败坏，传闻李自成之所以参加起义，就是因为他的驿卒职业被取消了。清代驿传制度，上承前明而大加改进，邮驿合并，一切费用由政府承担，年初有预算，并预拨经费三百余万两，次年根据实际使用情况报销。驿站起初由驿巡道和驿丞等逐级管理，后改归地方府州县官直接负责。但驿站在一般意义上只负责官方信息的传递和官员的出行，乾隆四十九年谕令各地祝寿官民老人由驿站负责接待和礼送，是按康熙之例行事，同时也是乾隆时期驿制健全、国力强盛的表现。

这次大宴，已经具有了很浓厚的政治意味，也成为官场的一件大事。为了给自己的寿诞增加喜庆，乾隆下令，长辈中，在世的有他的二十三叔，应该准许参加此次宴会，并赏与郡王品级；同辈的弘晟，应予解除“圈禁”，给予“散秩大臣衔”，准许参加大宴。官员们能不能参与宴会，也成为一种奖惩。乾隆四十九年（1784年）十一月，乾隆在上谕中表扬了河南副将李永吉，称赞他在治理黄河的工程中出力时间长、功劳多，当地漫口已合龙稳固。并下令地方官传谕，李永吉虽然不够参与宴会的总兵官的级别，但他功劳卓著，而且曾经加过总兵衔，破格准许他于“封印”前入京参加盛典。同月，广东巡抚孙士毅已经启程进京参加千叟宴，此时广州发生英国船只开炮击伤民船水手的案件，英国大班声称系无意炮伤，将凶手发回英国自行惩治。孙士毅途中接到乾隆紧急命令：传令孙士毅，此时无论行至何处，立即兼程赶回广州查办此案。此案如果办理不善，不准来京参加千叟宴。也是在这一个月，河道总督萨载正赶往京城途中，接到乾隆四百里加急发来的谕令，令他转道山东临清，会同当地官员办理河坝闸口工程。这是顺道办理公务的例子。比较倒霉的是江苏巡抚闵鹗元，本来已经决定年底“封印”前赴京参加千叟宴，结果一纸朝令传来，让他兼署两江总督之职，时两江总督李奉翰入京与宴，而他不仅管理江苏事务，而且兼管邻境事务。由于千叟宴成为一时盛典，京外高官年龄稍大一点都进京了，乾隆觉得江浙重地不可无大员管理，遂发出六百里加急谕令，令闵氏无论启程与否，不管走到何处，立即返回本任。至于应该驻守在苏州还是转驻江宁城，就由他自己斟酌办理。比较遗憾的还是那位得到乾隆表扬的李永吉，他在河南帮办河工时感染风寒，年逾七旬仍旧勉强支撑办公，乾隆得到报告后，命他不必勉强跋涉赴京，并令由河道总督库内拨银 500 两给他调养治疗。

各地官员纷纷赶往京城，与宴的人数很快超过了预计的 3000 名限额。乾隆下令，不拘官员 65 岁的限制，凡年龄达到 60 岁的四品以上官员仍准入京与宴；普通兵丁年满 70 岁以上、仍未登记的超额人员，“在入宴人数之外者，着加恩按年龄各赏给银牌一面”。

一场旷世盛典，即将拉开大幕。

能来的都来吧

千叟宴是中国饮食史上规模宏大的盛宴。

第一次千叟宴于康熙五十二年（1713 年）举行。是年，康熙年及六十。早在一年多以前，礼部即已奏请举行庆祝活动，遭到康熙的批驳。礼部不敢反复奏请，只得暗中预备。京师及各地官员们却积极活动，鼓动和安排京城内外和直省各地年老之人聚集京师，准备为皇帝祝寿。进城百姓，“不计其数”。康熙虽然拒绝了礼部庆寿的请求，却也不免有举办庆典的想法，一则此时清廷入关近 70 年，国家经济已取得长足进步，一派祥和景象；二则从个人角度上讲，年及六十的他，享国时间已超过历史上绝大多数君王。不庆祝一番，似乎也有点说不过去。而事实上，京师内外的祝寿活动也得到了他的默许，传统社会中的所谓“自发”活动，如果没有当局的默许，是很难顺利开展的。老人们入京的过程，京城上下、紫禁城内外的热闹氛围，康熙早已知晓，并屡次发布谕令关注事情的进展。实际上这些祝寿老人们事先均由礼部进行审核，然后由皇帝“钦定”，下达给相关衙门。行文所在地方，同时需要开具进京人员的履历，报内务府和军机处。相关人员接到兵部加封的火票及驿站文书后，即可按路程远近择期启程，路途中由驿站护送，于官府衙门放假“封印”之前抵达京城。这一套行程走下来，没有政府的支持，是不可能的。

为了答谢各地进京祝寿的官民耆老，康熙决定设宴款待老人们。此次大宴虽无千叟宴之名，却是清代千叟盛宴的开端。此次大宴，既是宴会，也是庆典，参加者除了特谕出席为老人们敬酒的皇子皇孙和宗室子弟外，都是年高德劭的老人，体现的是清廷长期强调的敬老政策和以孝治天下的国策。至于参加人数，则有很多不同的说法。为什么会出现这么大的数字差异呢？原来，康熙第一次千叟宴，实际举行了三场不同人员参与的宴会，第一场是三月二十五日，宴请直隶及各省汉臣及普通百姓老人4240人。第二场是三月二十七日，大宴八旗满洲、蒙古、和汉军旗籍老年官员、护军、兵丁和闲散旗人，与宴者达2605人。第三场是三月二十八日，宴请八旗中70岁以上的妇女，与宴之人也有数百人之多。后世未能将三场宴会区分开来，造成人数统计出现了较大误差。前两场大宴中，出席的老人都达到2000人以上，是名副其实、规模空前的“千叟宴”。

第二次千叟宴在康熙六十一年（1722年）举行。这年，康熙在位时长已超过历代皇帝，所谓御极六十载，年及七十岁，“朝野多康强而仁寿”，为庆寿也为敬老，按前次之例举办大宴。此次庆典规模较前稍小。宴会仍分两班举行，第一场于正月初二举行，宴请八旗官民兵丁人等65岁以上者680人，由皇子皇孙、王公贝勒及宗室人等亲自给老人们敬酒，老人受命不必起身致谢。第二场于正月初五开宴，专门宴请汉臣官民65岁以上者340人，开宴于乾清宫前，仍由王公及宗室人等敬酒并分发礼物等。两次宴会参与者千余人。康熙乘兴于席间赋七言律诗一首，表达了尊老敬贤的美德和年迈之人继续勤政的心愿，诸臣作诗奉和，盛况空前。这些诗被命名为“千叟宴诗”，千叟宴由此得名。

第二次举办大宴时，弘历年仅12岁，他以皇孙的身份参与宴会的全过程。规模宏大的宴会场面给这位后世的皇帝留下了深刻的印象，为他主持千叟宴埋下伏笔。

第三次千叟宴举行于乾隆五十年（1785年）。这一场大宴，提前近一年时间即开始筹划，规模远超前两次。乾隆登基已50年，回忆“康熙年间，曾举行千叟宴”，“诚为千载一时之嘉会”。决定效仿成例，在乾隆五十年正月初六日“举行千叟宴盛典”，提前一年，由各衙门“敬谨预备”。最初拟定官员与兵丁参加宴会的资格是65岁以上，后来考虑官员们参与的意愿，决定在京现任与原任四品以上官员，只要年过60

即可参加，参宴人数一下子就超过了原定的 3000 人定额。参与宴会的不仅有满汉官民兵丁老人，也有蒙古王公和藩属国使臣。全国各地老人纷纷提前就道，风尘仆仆，向京城聚集。值得一提的是，乾隆时期的千叟宴不再分满汉，也不分别举办宴会，而是全体老人一体与宴，体现出这一时期满汉族际界线较康熙时期更加模糊的社会状况。老人们不仅由政府提前解决驿道驰送的办法，乾隆还下令，预宴者凡 90 岁以上者，准许由子孙一人扶掖陪伴入京；至于年逾 70 的，就自己掂量着办，如果觉得行走有困难，也可以由子孙一人陪伴入京与宴，“以示朕优眷耆年，有加无已”之意。

乾隆五十年（1785 年）正月，以五十年国庆，颁诏天下，除恩赏王妃、外藩、官员、满汉大臣命妇等，祭祀五岳及历代帝王之外，重点奖励和施恩于年长与慈孝者。凡年过 60 岁的曾经效力的兵丁人等，因残废、疾病等不能前来参加宴会的，一律恩赏；如军民有年 70 岁以上者，许一丁侍养，免其杂派差役；80 岁以上者，给绢 1 匹，棉 10 斤，米 1 石，肉 10 斤；90 岁以上者加倍；过百岁者，题名旌表，额外另赏大缎 1 匹，银 10 两。各省查明有五世同堂之家，给予赏赐。所有满汉孝子顺孙、义夫节妇，由礼部查明旌表并颁给赏赐。“布告天下，咸使闻知。”

这一场盛世欢宴，规模又超此前盛典，声动天下，旷古罕见。

第四次千叟宴举办于嘉庆元年（1796 年）。是时，乾隆已届 86 岁，在位满 60 年。他决定禅位于嘉庆，避免在位时间超过祖父康熙。自乾隆六十年（1795 年）起，决定筹办第四次千叟宴。这一次，因为乾隆本身年岁已高，决定将与宴老人年龄提高到 70 岁，与宴官员年龄限制最初定为 70 岁，后来也放宽到 60 岁。此次盛宴参与人数有 3000 余人，受赏者 5000 余人，合计超过 8000 之众。不仅蒙古王公，藩属各国如朝鲜、安南、暹罗等国贡使咸集于寿宁宫皇极殿，数千人摆开大宴，山呼万岁，蔚为壮观。乾隆谕令大赦天下、颁赏臣民自不必说，还特别对高龄老人予以加官赐爵。寿民熊国沛 106 岁、邱家龙 100 岁，尤为“升平人瑞，百岁寿民”，加恩赏给六品顶戴；90 岁以上寿民梁廷裕等，满洲闲散觉罗乌库里，步甲文保、舒昌阿，马甲王廷柱，内务府闲散旗人田起龙、王大荣等皆授七品顶戴；其他所有与宴老人分别赏赐诗刻、寿杖、如意、朝珠、貂皮、文玩及银牌等物。

特别值得一提的是，千叟宴突出了社会各界全员参与的思想，不仅年纪较大的官员普遍参加，平民百姓中的寿星也往往得到机会，受到最高当局的礼遇。朝廷反复下令放宽参与者的年龄限制，谕令驿站及沿途官府照顾入京老人，强调了孝治天下的国策。低层兵丁也得到机会参与庆典，如乾隆五十年（1785年）的千叟宴，参与的马甲兵即达500余人，体现了庆典向普通兵丁开放的取向。

盛宴与诗

康乾时期的千叟宴，既是豪华盛宴，也是盛大庆典。饮宴的内容当然是清代宫廷大宴的巅峰，但实际上庆典与仪礼的成分更重，整个宴会铺排夸张，礼仪烦琐。前后四次大宴的过程大同小异，我们就以乾隆五十年的大宴，来看看千叟宴的过程吧。

乾隆五十年这次盛宴，实际上提前近一年时间即已开始准备了。乾隆在上谕中说举办大宴的理由很多：天下承平日久，国泰民安，自己登基五十年，卷帙浩繁的《四库全书》修撰完成，年过七旬喜得五世元孙等等。这么多喜事凑到一块，让人觉得一定要庆祝一番才对得起天下臣民。乾隆也公开承认，他一生最崇敬祖父康熙，所以效法祖父举办大宴，也在情理之中。乾隆时期全国人口已超过三亿，国库积累丰厚，较之康熙时期，也有举办大宴的能力。即便如此，举办宴会的钱，也不能全由国库承担，他便下令，由内务府拨出一百万两银子，作为启动大宴的专款。这等于是从皇帝私人的小金库里拿出银子来操办，堵住了别人议论之口。清制，皇室的收入与国库收入是分开的，虽然皇家的钱也来自国内的生产，如盐业的收入和盐商报效，但毕竟是皇家的钱。我们从史书上看到清代常常有“发内帑”多少多少，指的都是皇室从自家的钱袋中拿钱出来办事。乾隆时能从内务府拿钱出来，说明那会不仅国库有存银，即是皇室也不缺钱。不像咸同以后，内务府动不动就得向户部借钱，而户部也常常无款挪借。

早在乾隆四十九年（1784年）春天，乾隆就下令由内务府成立办理大宴的专门机构——“办理千叟宴事务处”，指定由在平定大、小金川战事中立下赫赫战功的阿桂领衔筹办。由于参与宴会的人员来源广泛，需要提前甄别并作出安排。钦定与宴名单确定后，军机处向全国各地发文，通知开宴时间，以便各地作出安排。如两广、云贵地区，距京数千里之遥，与宴者又多是高龄老人，需要几个月的行程，所有事务都得提前安排，才能在冬天官员们放假“封印”前到京师聚齐。从乾隆四十九年闰三月起，筹备工作就正式展开，至十二月大宴具体安排完成，乾隆前后发布20余道上谕。就相关安排发布指令，可见这位当政马上要到50年的皇帝对大宴的重视。由于乾隆几次放宽参宴条件，增加了宴会人数，内务府还几次紧急从地方调集用于宴会赏赐的物品，如赐给老人们的“鸠杖”（上端刻有鸠形的拐杖，也称寿杖），就曾几次从苏州织造府调拨。紫禁城的宫门被油饰一新，大宴周边宫殿重新整饬布置，内务府添置了大量炊具、杯盘碗盏和桌椅坐垫等，各种主副食品、酒菜原料等堆积如山，仅为大宴雇用的杂役人员就达156名。

经过近一年时间的筹备，乾隆五十年（1785年）正月，千叟宴如期在乾清宫隆重开宴。

此次千叟宴规模宏大。席开800余桌，与宴人数达3000人，其中王公大臣官员人等1969人，占总人数近三分之二；其他老民、商绅及兵丁等1031人，占三分之一强。宴席从乾清宫向外延伸（亦有说宴席

千叟宴图

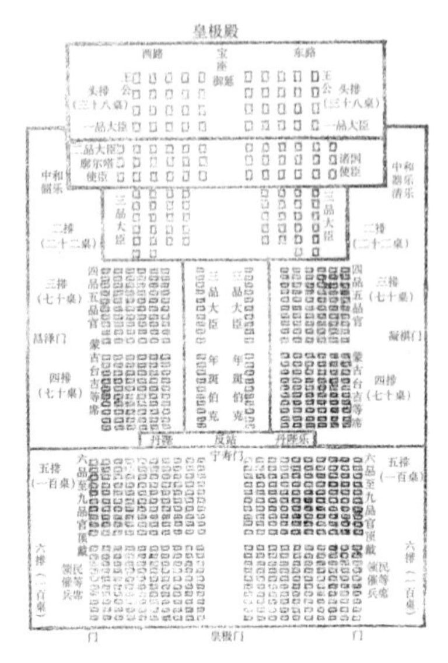

皇极殿千叟宴宴会座次位置示意图
（选自《紫禁城》1981年第2期）

全部摆在乾清宫外者），王公及一、二品大员所坐一等席 50 桌；三至五品官员 244 席列于廊外殿前红色石阶内，另 144 席列于甬道两旁；六品以下及一众老龄兵民等共 382 桌列于殿前红色石阶外左右两侧。除皇帝宝座外，宴席皆东西向排列。年纪在 90 岁以上的老人特恩与一品大员同坐，体现清廷以孝治天下、尊敬耆老的政策。

王公大臣、高官、外国使臣和高龄老人所坐的一等席，设火锅 2 个（银制与锡制各 1 个）、猪肉片 1 盘、煺羊肉片 1 盘、鹿尾烧鹿肉 1 盘、煺羊乌叉 1 盘、荤菜 4 碗、蒸食寿意 1 盘、炉食寿意 1 盘、螺蛳盒小菜 2 盘，还有肉丝汤饭。而三至九品官员及其他预宴者所上的次等席，桌上设铜制火锅 2 个，猪肉片、煺羊肉片、煺羊肉、烧狍肉、蒸食寿意和炉食寿意等各 1 盘，螺蛳盒小菜 2 盘，配有肉丝汤饭。仅席间火锅就有 1640 个，堪称一次盛大的火锅宴了。为了承做宴会食馔，膳房的厨役们特地在殿外临时设置膳所。

开宴之前，由内务府人员与宴会执役将大部分菜式及餐具摆放完毕，并用宴幕遮盖。乾清宫门内后檐下设丹陛乐，乾清宫檐下设韶乐队，以备开宴之需。开宴之前，所有二等席参宴人员由赞礼官引导入座，一等席王公大臣及高官人等于殿外台阶下站立静候。届时，乾隆由养心殿乘坐八人暖轿启行，御驾缓缓来到乾清宫。中和韶乐大作，乾隆升坐宝座之中。赞礼官同时引导台阶下王公大臣和耆老人等至御前行三跪九叩之礼，先行入座二等席的各级人员随同行礼。乐声止，王公大臣等入座，行一叩礼，后面二等席人员一并行一叩礼。

至此，宴会分进茶、进酒和进馔三个阶段进行。丹陛清乐起，茶膳房大臣率人进茶。帝进红奶茶一碗，执事人员为所有参宴人员进茶。数以千计的老人在音乐声中开席，场面蔚为壮观。皇帝赐茶、赐酒、赐馔时，与宴人员均行一叩礼致谢。老话说旗人礼多，指的是入关以后的满族礼仪特重，而朝廷宴会集中体现了这种多礼。所以我们说，这场宴会吃了什么、喝了什么似乎并不是特别重要，而见了谁、跟谁一起敬酒、跟谁一起吃才是最重要的。宴会的典礼成分似乎高过了饮食成分。有人统计当天参加宴会的人员一共要跪 33 次，叩头 99 次，虽不免夸张，却也道出了当时礼仪繁复的情况。当然，无论怎么说，千叟宴是清代甚至是中国传统饮食文化的集中体现了。

在悠扬的乐曲声中，皇帝饮茶后，由大臣和侍卫等分赐一、二等席的各级官员饮茶，饮茶后茶具均赏给与宴人员。饮茶毕，乐止，大家又向皇帝行一叩礼，以谢赏茶之恩。接着，在中和清乐声中，由首领太监等为皇帝的宝座摆放餐具、蒸食、炉食及果品等，揭开遮盖的宴幕。同时由执事人员为其他各席揭开宴幕，每桌摆放金勺、银勺各一把，玉酒盅 20 件等。斟酒后，皇帝亲自召一品大臣等和年届 90 岁的老人至御桌前，亲赐卮酒。皇子皇孙等为王公大臣敬酒并分赐食品，其他各桌分赐酒食。与宴人员再于座次行一叩礼，谢赐酒之恩。随后，执事人员执食盒上膳，分赐各席肉丝烫饭等，众人开始进馔，乐声始停。

整个宴会在融洽祥和的氛围中进行，清宫戏班于此时表演大型歌舞“千叟宴三章”，对康乾盛世和乾隆的“丰功伟业”给予最高礼赞。音乐声中，宴会达到高潮，乾隆与诸臣和老人赋诗唱和，并用“柏梁体”联句。这是一种不拘句数的七言诗，所有人都可以跟着接龙，一韵到底。歌舞声中，宴会走向尾声，乾隆在中和韶乐中乘兴起驾还宫。管宴大臣与执事人员分颁赏赐的诗刻、如意、鸠杖、朝珠、貂皮、文玩、银牌等物，与宴王公大臣等当即领赏跪谢，而三至九品官员，以及兵丁士农等员，则被引至午门外行礼。其赏物则由各该衙门出具印领，派委专员，从放赏处汇总领出赏物，然后按名散给。

有学者依据中国第一历史档案馆藏的清宫内务府档案“御茶膳房簿册”统计，此次宴会，共消耗主副食品如下：白面 750 斤 12 两，白糖 36 斤 2 两，澄沙 30 斤 5 两，香油 10 斤 2 两，鸡蛋 100 斤，甜酱 10 斤，白盐 5 斤，绿豆粉 3 斤 2 两，江米 4 斗 2 合，山药 25 斤，核桃仁 6 斤 12 两，晒干枣 10 斤 2 两，香蕈 5 两，猪肉 1700 斤，菜鸭 850 只，菜鸡 850 只，肘子 1700 个。再据清宫内务府档案“奏销档”记载，千叟宴每桌用玉泉酒 8 两，800 席共用玉泉酒 400 斤。同时为举办此次盛宴，内务府荤局还要烧柴 3848 斤、炭 412 斤、煤 300 斤。这仅是宴会的直接消耗。乾隆为了举办大宴，下令内务府营造司将与宴人员经过的各处宫门全部油饰一新，盛宴周围的宫殿楼宇也一律油饰一遍，务使其更富丽堂皇。御膳房专为大宴添造了捧盒、茶桌、木墩、端酒木盘等。推运“行灶”和端送菜品的杂役人员就雇用 156 人之多。

千叟宴赏赐物品也是一项巨大开支。宴会中使用的酒具、餐具等，当时即宣布散宴后全部赏给与宴人员。乾隆六十年（1796 年）千叟宴，为展示敬老之意，乾隆下令 70 岁以上的老人各赏银牌一面，银牌两边有孔，便于系挂，牌面左右雕有二龙戏珠和福山寿海图，正面横书“太上皇帝”、直书“御赐养老”，背面刻有“丙辰年皇极殿千叟宴”和重量。70、75、80、85 岁的嘉宾，分别赏 10、15、20、25 两重的银牌 1 枚，

乾隆六十年千叟宴御赐银牌

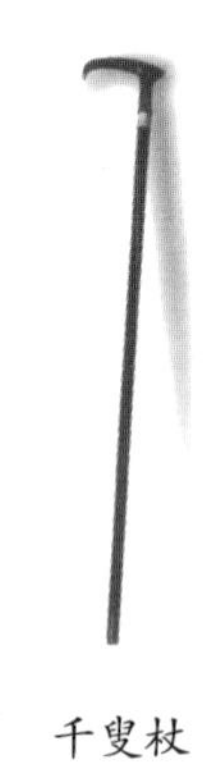
千叟杖

笔者在成都调查时所见到的晚清敬老牌

90 岁以上者赏 30 两银牌 1 枚。有学者根据《钦定千叟宴诗》作了统计，赴宴的 70 岁以上老人共计 1711 位，御赐银牌总重量达 22965 两。与宴老人受赐鸠杖一根，这根寿杖长达 9 尺，顶端刻有鸠形图案，取“鸠鸟不噎”的寓意，祈求老人们安泰长寿。赏赐鸠杖正合中国尊老尚贤的传统文化。据记载，当时采购的鸠杖就达 3000 副。宴会前后各类大小赏赐难以计数，如参宴的辽宁尚氏家族诸人，以家谱中所记，5 个人都受到不同赏赐，尚维翔获赏 17 件、尚维埙获赏 33 件、尚维枚获赏 17 件、尚维纶获赏 17 件、尚玉德获赏 34 件，共计 118 件。至今海城尚氏族人还保存着一根当时的寿杖。

千叟宴体现了清代尊老的社会风尚，也反映了康乾之际国运昌隆、经济繁荣的客观现实。如果以嘉庆元年的千叟宴来看，赏赐物品数量更大。由于参宴人数庞大，入座者 3000 余人，而未入座者还有 5000 余人，所以有人说参加这次大宴的总人数超过了 8000 人。当时未能入座的老人们，也在宴会后获得各种赏赐物品。

参与盛宴的外国使臣也各受上赏。以乾隆五十年朝鲜国贡使为例，其他赏赐不论，仅参与千叟宴一项，所得赏赐或带回赏赐朝鲜国王的物品十分丰厚，计有特赐国王宋澄泥仿唐石渠砚一方，梅花玉版笺、仿澄心堂纸、花笺、花绢各二十卷，徽墨二十锭，湖笔二十枝。正副使每员赏御制“千叟宴诗”一章，寿杖一根，锦、闪缎、漳绒各两匹，绢笺两卷，湖笔二十枝，砚一方，商丝茶盘两个，如意一根，蟒缎、大卷缎、倭缎各两匹，貂皮十六张，朱红绢福字二十方，徽墨十锭，文竹香盒一，牙火镰包一。朝鲜正副使在宴席间赋千叟宴诗，加赏八丝缎各一匹、绢笺两卷、笔墨各一匣。

紫禁城内一场盛世欢宴，耗费巨大，难以计数。

千叟宴不仅收获了物质赏赐，也为后世留下了大量诗赋。清宫辞旧迎新的宫廷宴会中，有一个项目是必不可少的，就是每年正月里的茶宴。在茶宴上，皇帝与文臣雅士品茶赋诗。千叟宴这样一次盛大宴会，当然不能没有诗。

最早的千叟宴诗，出自康熙五十二年的第一次千叟宴，但那时千叟宴是多方原因促成，宴会后也还没有千叟宴这个名称。到康熙六十一年（1722 年）再举大宴，康熙已经 69 岁了。在康熙五十一年（1712 年）出台“圣世滋丁，永不加赋”的政策后，全国丁口迅速增加，社会发展，国家日臻富庶。在场面宏大的宴会上，康熙感慨良多，乘兴赋七律一首：

> 百里山川积素妍，古稀白发会琼筵。
> 还须尚齿勿尊爵，且向长眉拜瑞年。
> 莫讶君臣同健壮，愿将亿兆共昌延。
> 万机惟我无休暇，日暮七旬未歇肩。

诗中主要表达的是对长者的尊崇，即所谓“尚齿勿尊爵”的一贯思想。末句“万机惟我无休暇，日暮七旬未歇肩”，既有老当益壮的豪情，也不免有对年迈之时太子尚未明确、国本无定的无奈。这种情怀，与宴的老臣们不知有谁能够理解，即使有人读懂了，又有谁能明言此事呢！大宴之中，年老的大臣们纷纷即兴唱和，依韵赋诗，极尽歌功颂德之能事，恭祝康熙万寿无疆。此次宴会中所赋诗后来整理刊印《御定千叟宴诗》四卷，共 1000 余首。大宴亦由此得“千叟宴”之名。

乾隆五十年（1785 年）举行的第三次千叟宴，乾隆依照其祖父原诗之韵再赋千叟宴诗，末句中有“祖孙两举千叟宴，史策饶他莫并肩”之句，仿效乃祖，盛世昌明的得意之情溢于言表。此次大宴，当场及随后举办的文臣雅士的茶宴上，君臣唱和，后来编定为《钦定千叟宴诗》，计三十六卷，收诗 3000 余首，号称“极千古咏歌之盛”。嘉庆元年（1796 年）

的千叟盛宴，规模更为宏大。盛宴不可无诗，乾隆仍依其祖父原韵再赋一首，其末句称“敬天勤政仍勖子，敢谓从兹即歇肩”。此时已然明确嘉庆皇帝登基了，乾隆以卸肩归政为说辞，却仍不免有恋恋不舍的意味。此番大宴，又编《钦定重举千叟宴诗》，收诗也有3000余首。大宴也成“万古未有之举”，为清代宫廷宴会之最。

国宴有诗，民间也有许多传闻。盛传第二次千叟宴时，康熙曾出一酒令：“叟，叟，叟，今日欣逢，松朋鹤友。朕虽老矣，为你祝酒，愿君活到九十九。”在场的儒生耆老，各依自己的身份，祝酒行令。如某儒生所说：“叟，叟，叟，三教九流，儒家为首。耆宿元老，功成名就，愿君活到九十九。”而乾隆五十年的千叟宴，传在场年龄最长为郭钟岳，已有105岁，据说乾隆专门为他出了一副上联：“花甲重开，外加三七岁月。”而文臣纪晓岚对出的下联是：“古稀双庆，内多一个春秋。”

虽系野老相传，却也透露出大清朝君臣沉浸于盛世景象之中的心态。乾隆曾多次就参宴人员问题发布谕旨，结果每每超出预定人数。他曾强调基层兵丁等，尤其是曾经打仗出力为朝廷立功的士兵，最宜酌情增加，其他无官职人员和匠役、士民等，“不妨多多益善”。这就使得千叟宴从一开始便具有了官民无禁、普天同庆的色彩。

康熙时的千叟宴颇有临时筹办，仓促上阵的感觉，规模也稍小。第一次千叟宴分成了三次，汉族耆老及年高德昭的文臣武将为一宴；旗籍老人、官员再开一宴；比较特殊的是旗下老年妇女也特地再开一次大宴，这也是中国历史上妇女宴聚中规模盛大的一次，由太后亲自出面主持大宴，值得大书特书，这也与满族人的女性观相关。

千叟宴成为中国饮食文化中美食美器的一次大展示，也是饮食礼仪的大表演。大宴一场国家庆典，不免所斥虚骄之气，造成铺张浪费，但它也是以当时国力强盛、经济繁荣为底气的。此后，清廷国力渐趋衰微，再也无力举办如此规模的宴会了。据说道光帝旻宁为效法其祖，也曾于道光三年（1823年）八月在万寿山玉润堂赐宴耆老，预宴老臣仅15人，而此宴距嘉庆元年皇极殿千叟宴不到30年时间，清王朝的衰败由此可见一斑。晚清时期的敬老牌已不似当年风采，清朝国力衰败也成为不争的事实。

第二章

宫廷饮宴

关键是得有仪式感

说起来，清代康乾时期盛况空前的千叟宴，本也不是什么空穴来风的东西，它本身也是基于清代宫廷宴会，并在其基础上形成的规模最大的宫廷饮宴。追根溯源，千叟宴与清宫饮宴互为表里，密不可分。

仔细品评千叟宴，大概不难感觉到通常所说的千叟宴其实是清宫宴会的集大成者，也是传统社会饮食文化的集中体现。具体来说，与千叟宴关系最为紧密的是清宫宴会。清自康熙中期以后，国力渐强，奢侈之风渐盛。宫廷宴会名目繁多，大体上主要有宫廷家宴和外廷大宴之分，但内、外廷宴会又不能完全区分开来，往往互相关联，很多内廷宴会由内务府操办，却又请许多外廷大臣参加，如每年正月里举办的茶宴，实际上主要是外廷文臣参加；宫廷以日常节令、节日为理由召集的宴会，按时按季节举行，往往也会有外廷大臣参与其中。

清初宫廷宴会在明代宴席的基础上，融入满族饮食特色，至康熙以降，社会安定，全国各地方菜式亦多进入宫中，宴会不仅讲究菜式，也规定了极严格的礼制，同时，音乐，餐具，宴中的舞蹈、杂技表演等也与规模宏大的宴会融为一体，将中国饮食文化推向了一个高峰。康乾盛世，外廷大宴达到极致，规模空前绝后，著名的千叟宴，与宴者多达八千人，铺排豪华，在饮食史上留下了浓墨重彩的一笔。

所有各项大宴中，宫中寿诞宴会与千叟宴最为接近。前面所讲的四次千叟宴基本上每次都与皇帝的寿诞有关，这当然也与清代特别重视万寿节有极大的关系。在清代，皇帝寿辰称为“万寿节”，后妃的生日称“千秋节”，而太后的寿辰则称“圣寿节”。万寿节与元旦、冬至合称为三大节，是清宫每年最隆重的节日，而万寿节又为三大节之首。万寿节宴会虽属宫中宴会，参加者却包括了宗室王公、内廷官役、朝野大臣，很多时候也包括外国使臣，规模往往较大。千秋节宴会一般为内廷筵宴，有时规模很小，外廷大臣一般不会参与。比较特别的是太后的圣寿宴，其虽属内廷家宴，却常常举办有外廷大臣们参与的隆重宴会庆典。乾隆六年（1741 年）、十六年（1751 年），逢皇太后五十、六十圣寿节，曾下令京城文武百官、大小臣工均穿蟒袍，以示隆重。太后六十圣寿节时，宫中各项庆祝活动和宴席一直待续了 9 天，《国朝宫史》中说“称庆凡九日”。到太后七十圣寿时，宫中庆典延续了 11 天之久，普天同庆。

太后寿诞有内廷家宴和外廷大宴两种。首先是宫中大排家宴。圣寿宴多于慈宁宫举行。届时，皇帝先要到寿宁宫恭祝，得到太后同意办宴的懿旨后，下令宫殿监承办，所有食谱等各项礼仪与宴人员名单等，均由皇帝钦定。到了日子，“陈乐于宫门，承应大戏人等毕集”，皇帝亲自去寿宁宫迎接太后，太后至，“乐作”。皇帝亲奉太后御辇至殿檐下，太后下轿入座，“乐止”。“皇帝跪问起居，随进茶侍早膳（饭面二品，汤一品，高头五品，膳菜十二品，糗饵四品），承应宴戏演‘九九’大庆。巳刻进小膳（饽饽五品，果实十品），未正刻进晚膳（饭面二品，汤一品，高头五品，膳菜十二品，糗饵四品），继进酒膳（酒二品，膳菜七品，果实八品，垂手果碟四品）。皇后率皇贵妃以下皇子、皇孙咸侍。”大宴也特邀王公及满汉大臣参加，各赐饮食酒果等。皇帝献寿时用“九九填漆盒”，内装远道而来的各类奇珍果品，如龙眼、荔枝、葡萄等。

太后是整个宴会庆典的主角，宴会的主持、主导者为女官。太后及后妃们的宴席由尚膳女官布置，太后的筵席置于宝座前，左右依次排列皇后席、皇贵妃、贵妃、妃、嫔席次。“钦派王公、满汉大臣、侍卫、外藩、回部于东配殿，王妃、公主、命妇于西配殿，各以次列坐观戏，恩赐酒肴果实。”宴会进行中，先饮茶，赐酒，大乐伴随饮宴。“申刻，宴毕，王公以下先出。皇太后起座，乘舆，乐作如初。皇帝恭送至宫门，皇太后还宫，乐止。皇帝乘舆还宫。”以记载来看，太后的圣寿节家宴，吃的内容较轻，演戏娱乐的内容更重。

皇帝的万寿节多在乾清宫、太和殿举办，典礼隆重。康熙六十大寿时，行礼队伍从太和殿一直排到天安门外。乾隆八十大寿时，五世同堂，举国同庆，化圆明园至紫禁城西华门 20 余里的长街之上搭建景点，其时百戏杂陈，仅表演杂技歌舞者就有 6000 余人。乾隆由圆明园还宫，一路卤簿、乐队相伴，沿途官民跪地迎驾。至大典举办之日，乾隆在太和殿接受百官恭贺，然后至乾清宫受内廷贺仪，最后大排宴席。至吉时，皇帝升座，院内阶下三鸣鞭，大宴开启，依次进茶、进馔、进酒。隆庆舞及各族舞蹈献上，皇子、皇孙、皇元孙亦进前献舞，杂技百戏各逞技艺。最后丹陛大乐起，群臣行一跪三叩礼，中和韶乐作，皇帝还宫。万寿庆典往往持续数日。

圣寿节与万寿节历来最为隆重，但到晚清时期，国势衰微，已与康乾之时不可同日而语了。

晚清何刚德《春明梦录》中记录了光绪甲午年（1894 年）万寿节宴会及慈禧太后六十圣寿的情况。光绪万寿宴在太和殿举行，各部派代表官员 2 人参加，宴席排列于丹陛及东西廊下，两人一席，席地而坐。宴桌用小几，码放饽饽数层，加果品一层，上置整羊腿一盘，并上乳茶和酒。六月盛夏，朝服衣冠，盘膝而坐，在赞礼官的指挥下，不时起身跪拜，汗流浃背，有人就叫随从在背后挥扇降温。历时两个小时，行礼作乐。宴席间仅水果可食，其他食物均可带回。次日，封赏“福”字、如意、瓷器、衣料等。此次万寿节是为慈禧太后圣寿节所作的铺垫。同年十月，为庆贺慈禧六旬圣寿，设庆典处，专门筹办典礼，各省官员纷纷进京祝寿，极一时之盛。慈禧乘坐六十四抬辇舆，由光绪亲自步行前导，所过之处，张灯结彩，官民同拜。然而，也就是这时，中日甲午战端已起，和议决裂，人心不稳，圣寿庆典也不过是粉饰太平而已。人们纷纷议论，慈禧太后每次寿诞，都有不吉之事发生：三旬庆寿，刚刚垂帘听政，大难未平；四十庆典，正是同治帝崩逝之时；五十庆寿，又遇中法开战；如今六十大寿，又遇中日开战。可见得太后办寿典，实有不利发生。

内廷家宴一般是皇帝家族在节庆、寿诞、婚嫁等时候举行的。此外，皇帝要时常择日陪太后开宴。

内廷家宴以节日期间皇帝恭侍皇太后家宴礼仪最尊，以太后寿辰家宴最隆重。清代号称以孝治天下，皇帝要时时关注皇太后。以乾隆来说，他平常要“常日问安”“进甘旨，献时新”，就是要常常去太后跟前问安，有什么好吃的、时令新鲜食物，都要首先想到给太后进献一份，平时也要时不时去陪太后吃顿饭。每岁正旦，就是正月初一，要专为太后举办家宴。这一日，皇帝要亲自去迎接太后进宫，侍候她在金昭玉粹宫进早膳，宁寿宫进茶果和晚膳，重华宫进酒膳，礼仪隆重。

内廷的节庆活动一般在乾清宫举行，高潮在除夕和元旦两日。元旦是所有节庆活动的集中时间。一进入十二月，宫中即着手准备迎接新年了。内廷词臣即撰拟椒屏吉语题、岁轴吉语联，开单呈览，钦定后，交内务府绘士按题作画，然后题字，以便新年时张挂。除夕进岁轴之俗由来已久，与民间贴新年画的风俗是相通的。这时，皇帝也开笔书写“福”字，贴于宫殿及园内各处，或赐给王公大臣等。至除夕申正（下午 4 点左右），乾清宫大宴开始，宫中团年大宴才算是正式开启。

乾清宫除夕家宴最为隆重。宫殿监先期奏请，得到皇帝批准后，饬令各所司衙门备办。届日，由尚膳监备馔、尚茶具茶、司乐陈乐，“承应宴戏人等毕集”。设御筵于乾清宫皇帝宝座前，御座东、西南向稍后设皇后宝座宴，皇后左右设皇贵妃、贵妃、妃、嫔筵席。届时，皇后率皇贵妃以下人等穿吉服，按序列分别入宴，而后奏请皇帝升座，奏乐。宴会进行中，后妃人等还要在祝酒、进膳等时刻多次向皇帝行跪拜礼。皇帝金龙大宴桌，桌上餐具为金盘、碗，由里向外摆八路膳食：头路正中摆四座松棚果罩（内放青苹果），两边各摆一只花瓶（内插鲜花）；二路摆高足碗九只（盛蜜饯食品）；三路摆折腰碗九只（盛满洲饽饽，即点心）；四路摆红雕漆果盒两副（内有果盅十件）；五路至八路摆冷膳、热膳、群膳共四十品，主要是关东鹅肉、野猪肉、鹿肉、羊肉、鱼肉、野鸡肉、狍子肉等制成的菜肴。皇帝大宴桌靠近座位处正中摆金勺、金镶象牙筷和小金布碟等进食餐具。餐具左边摆奶饼、奶皮及干湿点心；右边摆酱小菜、水摧菜、葬菜缨、青酱等佐餐调料。地平上，皇帝金龙大宴桌左侧设皇后座东面西带帷子高桌，桌上用金盘、碗或黄里黄面暗云龙盘碗摆冷、热、群膳三十二品，荤菜十六品，果子十六品。地平下东西向摆皇贵妃、贵妃、妃、嫔、贵人等宴桌。按照等级，皇贵妃、贵妃为一桌，妃、嫔、贵人两人一桌或三人一桌。妃嫔宴桌分别用“位份碗”摆冷、热、群膳十五品，荤菜七品，果子八品。位份碗是身份的标志，即不同身份用不同颜色的餐具：皇帝、皇后用金餐具和黄里黄面暗云龙餐具，皇贵妃、贵妃、妃用黄地绿云龙餐具，嫔用蓝地黄云龙碗，贵人用绿地紫云龙碗。“承应宴戏毕，皇后以下出座谢宴，行二肃一跪一拜礼。”此时丹陛大乐作，宴会结束，后妃以下恭送皇帝还宫。除夕家宴是皇家一年难得几次的团圆饭，礼仪繁缛。通常情况下，皇帝都是单独进膳，除夕这次与后妃同堂的团圆宴，特别强调仪式感。

内廷宴与外廷宴有时也很难完全隔离和区分开来，但很多宴席是以内廷为主举办的。万寿宴、圣寿宴外，内廷每逢除夕、元旦、上元（正月十五）、中秋、冬至等节日均要举办宴会，连日宴会，名目繁多，仪礼繁缉。

其中太和殿筵宴规格最高，皇帝亲临宴会主持大礼，体现庆典的规格，皇帝到场却不一定进食。说白了，就是一场出于政治与礼仪需要的庆典仪式。

按照规制，宴会之日五鼓，銮仪便率官校至殿前，仪制司郎中奉在京王公百官贺表入殿内陈左楹表案，内阁中书奉笔砚陈右楹案上。光禄寺于殿内宝座前设皇帝御宴桌张，殿内设前引大臣、后扈大臣、内外王公、额驸以及一二品大臣等人的宴桌共105张。太和殿前檐下东西两侧，陈设理藩院尚书、侍郎，都察院左都御史等人的宴桌及中和韶乐、中和清乐。太和殿前丹陛上御道正中，张黄幕，内设反坫（放酒具），丹陛上设宴桌43张，为二品以上的世爵、侍卫、内务府大臣及带庆隆舞大臣用。三台下丹墀左右设皇帝的法驾卤簿，卤簿旁东西各设8个蓝布幕棚，棚下设三品以下官员的宴桌。外国使臣的宴桌设于西班之末。太和门内檐下东西两侧设丹陛大乐及丹陛清乐。筵日，王公大臣穿朝服，按朝班排立。至吉时，礼部堂官奏请皇帝礼服御殿。午门上钟鼓齐鸣，太和殿前檐下中和韶乐奏《元平之章》。皇帝升座，乐止。院内阶下三鸣鞭，王公大臣各入本位，向皇帝行一叩礼，就座后，大宴开始：先进茶，丹陛清乐奏《海宇升平日之章》；进酒，丹陛清乐奏《玉殿云开之章》；进馔，中和清乐奏《万象清宁之章》；然后进庆隆舞，包括扬烈舞及喜起舞。舞毕，笳吹，奏蒙古乐曲，接着，进各族乐舞及杂技百戏。席上，除用四等满席外，还有馔筵。馔筵主要是由宗室入八分公以上爵位者所进献。乾隆三年（1738 年）元旦太和殿筵宴，馔筵 210 席，用羊 100 只、酒 100 瓶。亲王 12 人各进 8 席，郡王 8 人各进 5 席（均羊 3 只、酒 3 瓶）；贝勒 6 人各进 3 席，贝子 2 人各进 2 席（均羊 2 只、酒 2 瓶）；入八分公 15 人各进 1 席（均羊 1 只、酒 1 瓶），共进馔筵 173 席，羊 91 只，酒 91 瓶；又由光禄寺均备馔 37 席、酒 9 瓶；由两翼税务增备羊 9 只，以合命前数。最后，丹陛大乐作，群臣行一跪三叩礼。中和韶乐作，皇帝还宫，众人退出，宴会结束。

元旦和上元日要举办的另一个大宴是宗室宴会。这一天，由皇帝钦点皇子皇孙及近支王、贝勒（即一般所称的黄带子。清代把远支宗室称为“红带子”，近支称为“黄带子”）等，曲宴于乾清宫或奉三无私殿，高椅盛馔，每十位一席，赋诗饮酒，席间所行，为家人礼仪。宴会虽然没有后妃和亲王福晋参加，却也都是家人，算是内庭宴会了，只是比一般宴会更丰盛，规格更高。乾隆甲子年（1744 年），大宴王公及近支宗室于丰泽园，参加者达 100 余人，一派祥和，甚至将宫殿名称也改为“惇叙殿”，表达序长幼、话亲情的情感需求。乾隆四十七年（1782 年），大宴宗室于乾清宫，参加者达 3000 余人，规模盛大，颇有一场千叟宴的形式，只是参加者为皇室宗亲，且不限年龄罢了。到嘉庆九年（1804 年），再宴宗室于惇叙殿，也达百余人的规模，赐酒赋诗，其乐融融。

与之类似的是，上元后一日在奉三无私殿举办的大宴，不仅有宗室王公，蒙古王公、大学士与九卿中有功之人也参加，这就是有名的廷臣宴了其礼仪一如宗室大宴。

除夕和上元时节宴请外藩也是一项重要典礼。乾隆间，清廷直接掌控的区域扩大，所谓“大漠南北诸藩部，无不尽隶版图”。除夕时，大宴诸部首领于保和殿，一二品武职官员参加。典礼威仪，内外融洽。很多时候，宴请外藩多在紫光阁举行，也有于上元日在正大光明殿举行的。如乾隆五十三年（1788 年）正月初九，早膳后，乾隆至紫光阁，宴请胡土克图堪布喇嘛，额尔沁喇嘛，扎萨克喇嘛，达赖喇嘛，蒙古王，郭什哈额驸，乾清门额驸，外边行走蒙古王公，额驸，台吉，杜尔伯特，土尔扈特，库库纳勒，年班回子，番子，额思尹，朝鲜国、琉球国使节人等。乾隆升宝座后，呈进奶茶，赏与宴者奶茶后，送上饽饽五品、米面五品、蒸食炉食三品、奶子二品。外藩诸部大宴，也常常在山高水长殿或者承德避暑山庄的万树园中举行。其时，万树园中"设大黄幄殿，可容千余人"，外藩各部首领及宗室王公等皆参与，典礼一如在京城的保和殿，也称"大蒙古包宴"。

清廷与蒙古王公世代联姻，互相视对方为最尊贵的客人，政治上蒙古王公也是清廷最需要笼络的力量。史有所谓"明修长城清修庙"的说法，指的是明代靠修长城和积聚武力来抗衡蒙古诸部，结果"九边"以外，问题越来越严重，最终被满洲贵族夺了天下。而清廷与蒙古诸部结盟关系大于武力之争，有"满蒙一家亲"之说。新疆、西藏亦于清代纳入中央政权的直接治理之中，与这种笼络政策的成功有着千丝万缕的关系。大宴蒙古诸部首领，有"折俎之宴"，指的是将牛羊腿肉陈于俎上，由皇帝亲自执刀分割，赐给王公们食用。"官家猎罢多欢宴，亲执鸾刀割肉尝"，描绘的就是清廷与蒙古诸部这种亲密关系。

清帝每每于承德避暑山庄进行"木兰秋狝"的围猎活动，其实也是八旗军队的重要军事训练项目。其间，皇帝会见和宴请蒙藏各部，也是重要活动。承德避暑山庄万树园火树银花，张施穹幕，建起"大黄幄"殿，也就是一张特大的蒙古包，外藩首领多有宾至如归之感。兵燹刀枪，消弭于把酒言欢之中。康乾时期宴请外藩诸部，常有"全羊宴"，别具特色：将收拾干净的整羊腹腔内填塞各种调料，外涂料酒香油，在特制的炉内烤制，然后由皇帝亲自割肉赐食，游猎民族的豪迈气概油然而生。

宫廷大宴中另有一种独具特色的茶宴。清初以降，历朝帝后多有饮茶嗜好。最初，沿袭关外时期饮用奶茶的旧俗，后来宴请外藩诸部时仍有奶茶和饽饽奶茶。入关后，宫中饮茶之习渐兴，而且各地进贡各类饮茶不在少数。乾隆喜饮杭州龙井新茶，起初以谷雨前所采为贵，后来以清明节前所采之茶入贡称为"头纲"。乾隆不仅自己喜欢，也用来赐予臣下，"人得少许，细仅如芒"。乾隆又命以梅花、佛手、松子加雪水烹茶，称之为"三清茶"。每年宫中茶宴所用，就是这种三清茶。清代

《点石斋画报》中的《采茶入贡》图

宫中的茶宴，始于乾隆时，每年正月初十以前，由皇帝下令择期举办，多于重华宫举行，偶于圆明园中同乐园举行。这个重华宫，是乾隆作为皇子时的居所，他于此地宴请群臣，颇有亲近之感。茶宴的特点是不仅有茶，更得有诗。应命而来的，都是朝廷上下满汉文臣中能文善诗的人，茶宴中虽然也有戏曲助兴，重点却在联句赋诗。初期参加者为 18 人，后来为了合于“周天二十八星宿”之数而改为 28 人。乾隆往往于宴会上当场赋诗，令群臣和之，以为常礼。乾隆曾多次赋三清茶诗，宴会中大臣们所作联句诗，也多有以茶为内容的，也是中国茶史上的盛举。每年宫中为茶宴所制的“三清茶碗”，刻有乾隆御制三清茶诗，宴后即作为御赐之物，让与会的大臣们带回，“诸臣皆怀之以归”。茶宴成为宫中定制，也是当时规格最高的饮茶盛会。有资格参加皇上亲自主持的雅聚大宴，也是大臣们的一种荣耀吧。茶宴最具风雅之气，为文臣所重，乾隆一生曾主持茶宴 44 次。嘉庆时奉为家法，直至道光年间仍有举行。

以饮酒赋诗活动为主要内容的宴席，除了茶宴以外，最具特色的便是曲宴了。清代的曲宴较明代更具文采，入宴者多为王公大臣，其标准却与茶宴类似，须得文思敏捷，能随口吟诵诗词。康熙二十一年（1682年）正月十四曲宴群臣，康熙出首句“丽日风和被万方”，由群臣逐一联句，赋诗者93人，君臣唱和，对酒当歌，其乐融融。乾隆时，入宴之人甚至要经乾隆亲自审定，标准便是“能诗”。

外廷大宴实际上也是清宫大宴的重要内容，只是参与人员多有外廷大臣、官员，举办地点多在太和殿、圆明园等处，偶尔也会移到宫廷以外的地方。清廷历来有尊敬老人的习惯，以老人为对象的酒宴为数不少，其中与千叟宴类似、以老人为参加对象的较有名的是“九老宴”。九老宴亦称“香山九老宴”，由唐代著名诗人白居易晚年退居洛阳香山，召70岁以上老人聚饮欢醉而得名，历来被称为雅集风流之事，为唐宋以后文人推崇传颂，曾多次有仿行举办九老宴之举。乾隆初，曾有巧匠杨维占以沉香木制成“香山九老”。北京故宫收藏有乾隆五十一年（1786年）的“会昌九老玉雕”。乾隆素好风雅之事，于乾隆二十六年（1761年）为庆祝太后七十大寿、乾隆三十六年（1771年）庆祝太后八十大寿，两举九老宴于北京郊外香山。乾隆二十六年的香山九老宴，参加者均为70岁以上的老者，文职九老为和硕履亲王允裪、大学士来保、史贻直等；武职九老为盛京将军清葆、散秩大臣巴海、直隶提督吴进义和副都统班第等；致仕九老为礼部侍郎加尚书衔沈德潜、刑部侍郎加尚书衔钱陈群等。乾隆即席赋诗，有“分班各具九之数，两次命游白者须”等句，并命人画《香山九老图》，以志纪念。乾隆三十六年，为庆祝太后八十圣寿节，再召三班九老宴于香山，并命画工绘图以志盛会，文职老臣刘统勋，致仕老臣钱陈群等与会。相传，至道光二十八年（1848年），道光效法乃祖乾隆，也曾举办过香山九老宴，名臣潘世恩等人均得与会。

外廷宴会，遇有重大节日、科举考试完毕、大军凯旋、修书完成（如修《实录》《四库全书》等），多有举行。恩荣宴、经筵宴、鹿鸣宴、临雍宴、修书宴、凯旋宴等等，名目繁多，有时也会有临时举行的群臣宴会，如乾隆二十六年正月紫光阁武成殿落成，大宴群臣，170人入宴。

为慰问科考士子而举行的鹿鸣宴，历史悠久，在清代也得以发扬光大，颇有时名。《鹿鸣》本为《诗经》中宴请宾客的篇名，后来借指皇

《古今谈丛二百图》中的“鹿鸣盛宴”

帝宴请高中举人、进士的宴会。通常顺天府乡试揭榜翌日，大宴主考官及同考、执事各官，中式士人等。清人对于中式举子于六十年后重逢乡试之期重赴鹿鸣宴尤其看重，视为人生一大乐事。遇到高龄士人重赴鹿鸣盛宴，由督抚奏请批准重新参与鹿鸣宴，也成为清代优待老年士子的举措。乾隆三十九年（1774 年），顺天府孟绣，为康熙甲午科举人，至此刚好六十周年，成为获准再赴鹿鸣宴的老秀才。乾嘉时期著名学者，曾任小京官和广州知府等职的赵翼，嘉庆间应如重赴鹿鸣宴，途中他流连于秦淮河上，恰逢当地名妓朱玉怀孕，他为此题写了“怜卿新种宜男草，愧我重看及第花”之句，一时传为美谈。

恩赏进士的宴会为传胪宴，也称“恩荣宴”，在礼部举行。与科考相关的考官，监试御史，收卷、掌卷官等均可参加，皇帝特派大臣陪宴。恩荣宴极尽宫廷肴馔之盛，各种珍奇大菜铺陈。皇上特赐御酒三大鼎，甲科进士允许用金碗，任由尽兴大醉。宴后，皇帝特赏每人绣有“恩荣宴”三字的小绢牌一面，以示荣宠。

清宫宴会，有严格的规格限制，一般什么宴席用什么食材，花多少银两，是满席还是汉席，都有严格规矩。

清代承袭中国传统社会的等级制度，早在入关前即已开始确定筵宴等级，依据宴会参与者的身份地位制定筵宴座次、菜品和数量的等级。不同身份的人举行婚丧宴席，有多少桌、用多少酒均有规矩。清初以降，宫廷宴会已有满席和汉席两种模式，这是当时既要避免全面汉化，又要适应新的社会局面情况下，清代统治者一种明智的选择。清代是一个等级制度森严的朝代，以现有的记载来看，宫廷中的大小宴会都有非常明确的制度规定。比如什么规格的宴席用满席，什么规格的宴席用汉席，每席花费多少，用米面酒菜多少，尤其是菜的数量与样式，都有制度。《钦定大清会典则例》卷一五四所载，满席主要以用面多少、花钱多少来分类，共有六等：满席一等席用面一百二十斤，至六等席用面二十斤，并配以鸡、鹅、酒，各种果饼、点心，自清初至晚清，从制度上讲，用银从八两至二两二钱余，一直未变。满席的用途，《钦定大清会典则例》卷一五四载："万寿圣节、元旦朝贺、凯旋、公主郡主成婚各燕，皆用四等席；燕朝鲜国进贡正副使，西藏达赖喇嘛、班禅额尔德尼贡使，除夕，赐下嫁外藩公主暨蒙古王公台吉等馔筵，皆用五等席，每席用熟鹅一；经筵讲书、衍圣公来朝及朝鲜进贡押物等官，安南、琉球、暹罗、缅甸、苏禄、南掌等国贡使，都纲喇嘛，番僧来京，各燕皆用六等席，每席用熟鸡一，经筵用熟鹅一。乳酒每瓶十斤、黄酒每瓶十有五斤、乳茶以筒计。筵席茶酒数目，均照礼部札办送。"汉席也是宫廷宴会的重要内容，汉席则分上席与中席、下席。《钦定大清会典则例》卷一五四载：文武会试考官入闱出闱各燕用汉席。正副考官、知贡举等官上席；同考官、监试御史、提调官中席；内帘、外帘、收掌四所及礼部、光禄寺、鸿胪寺、太医院各执事官下席；实录、会典等书告成燕与入闱出闱燕同。文武进士恩荣燕会，武燕读卷、执事各官上席，进士中席。"查乾隆时所颁布的《钦定大清会典则例》与光绪时《钦定大清会典事例》，宫廷中大型宴会的基本规制未变。从这些规定来观察，清代规模最大的千叟宴，应该归为满席一类，虽然不免有逾制超标之嫌，但基本规矩未变。

不同等级的宴会，菜品数量也有很大区别。满席以饽饽等为主食，如四等满席用面六十斤，糕饼面食达二十多品，热菜、冷菜各二十品。汉席则以菜肴为主，鹅、鱼、鸡、鸭、猪肉等共二十三碗，果食八碗、蒸食三碗、蔬食四碗。无论满席、汉席，均有严格的礼仪规定，皇帝入座后才能正式开始，先上热菜，后汤菜，而后进奶茶，茶毕撤席，最后才是酒膳，有荤菜、素菜、果子等。

清代宴席规制，上承宋明以来历代制度，也融合了民族和等级统治的自身特色。宴会名称、等级、地点、办宴机构、座次、桌张规格、宴会程序等，均有一定之规。对于宴会饮酒，鲜见醉酒的情况，通常是酒过三巡，乐止舞息，皇帝退场，宴席就结束了。

宫中饮宴，规矩多且严，不仅参宴者举手投足均须合规，侍候宴席的太监和杂役人员也不得随意。据记载，康熙二十一年（1682年）七月，大宴诸王大臣，与宴者还未入席就座，侍候宴席的太监王进等4人竟然在宴棚内闲坐。康熙命总管等人议处，最后议定，4个太监鞭责50，康熙下令每人鞭80，惩处可谓严重。

清宫宴席，自乾隆以后，均载入国家典章，如《大清会典》《国朝宫史》《大清通礼》等，成为国家礼仪制度的一部分，也是清代社会生活中影响较大的内容。一方面，朝廷宴会是国家礼仪的重要组成部分，万寿节、廷臣宴会等都是国家典礼，千叟宴集万寿节与国家重大庆典于一体，自然成为规模盛大的典礼活动。另一方面，很多宴席也直接服务于国家政治的需求，不仅千叟宴突出清朝以孝治天下、尊老敬老的国策，其他如外藩宴之类也都是维护统一和维护清朝与外藩关系的手段。老话说“旗人多礼”，在宫廷宴会中更是礼仪繁复，关键是得有仪式感，很多时候，仪式的重要性甚至超越了宴会本身。这也是大家会将千叟宴一类宴会称为庆典的原因。

怎么吃和吃什么

与宫廷宴会紧密联系的，是宫中饮食。整个紫禁城，如同一个封闭的城堡，既与外界隔绝，又通过某些途径与外界紧密联系，其内部的日常生活制度威严，等级分明，凡事都有规矩。

中国古典小说的经典巨著《红楼梦》，被誉为封建社会的百科全书。实际上，作者生活于清代，许多生活细节都与清代宫廷及社会紧密相关。一些读者读到“元春省亲”一节，感到非常奇怪，贾元春作为宫里的妃子，怎么会到下午1点多用“晚膳”？宫里的用餐时间太奇怪了！《红楼梦》第十七回“大观园试才题对额　荣国府归省庆元宵”说，正月十五一大早，贾府上下人等即做好了迎接贾元春归省的准备，“自贾母等有爵者，皆按品服大妆。园内各处，帐舞蟠龙，帘飞彩凤，金银焕彩，珠宝争辉，鼎焚百合之香，瓶插长春之蕊，静悄无人咳嗽。贾赦等在西街门外，贾母等在荣府大门外”。这阵势，不免劳累，也不由人有些不耐烦吧。正在此时，有太监骑高头大马而来，贾母等人连忙接入府中，打探元春何时能到。太监回称：“早多着呢！未初刻用过晚膳，未正二刻还到宝灵宫拜佛，酉初刻进大明宫领宴看灯方请旨，只怕戌初才起身呢。”按中国传统十天干十二地支计时之法，一天分十二个时辰，每个时辰又分为初、正两部分。按此一说，元春在宫中，未初进晚膳，就是在下午一两点吃了晚餐。这个钟点，说是早餐肯定太晚了，说是晚餐，又未免太早了吧。难道那时的人们大中午就吃了晚餐？那他们的早餐和中餐又是什么时候吃呢？细心的学者们研究发现，《红楼梦》中贾府的人们从未进过午餐，一天之内，只有早餐和晚餐，并无午餐一说。早餐大约在上午10点，晚餐则到下午三四点了，中间当然免不了进一些点心之类。研究者们或许不了解清代宫廷的饮食规矩，只说是贾元春着急回府省亲才提前用了晚膳，却不知清代宫廷里就是只吃两顿正餐的。《红楼梦》的作者是清代人，虽然声称所写的故事不知是何时代，想蒙混过去，但他写到宫廷饮膳，却难免露出马脚来，分明写的就是清宫中的饮食制度嘛！

《清稗类钞》中记载，康熙曾说自己是一日两餐，食不兼味，而汉人一天吃三顿饭，晚上还要饮酒，并以此认为汉族一天三餐不是好习惯。随侍的大臣张鹏翮只好解释说小民不知道积蓄，一直就是这个习惯罢了。按此，康熙个人，乃至满蒙旗人都是日食两餐的了。《红楼梦》中作为妃子的元春、贾府上下只吃两顿就有了依据。

相对明代皇帝来说，清代皇帝大都是比较勤政的。清宫规矩，用餐称为进膳。为适应清帝的活动和满族旧俗，早膳约在卯时至辰时，即清晨6点至8点，晚膳在午正至未正，即中午12点至下午2点之间。两次正餐之间，则穿插进食两顿小吃和点心之类，时间则不是很严格，吃的东西也较为随意。正餐的时间，会根据季节和皇帝个人习惯提前或推迟，如夏季的早膳有时会提前到寅正即凌晨4点进行。清人吴振棫在《养吉斋丛录》中说，宫里“卯正二刻，早膳。午正二刻，晚膳”。其他时间，随意进食点心之类就“随意命进，无定供矣”。清宫中的这种用膳两餐的惯例，到晚清时仍一如其旧，只是视季节和当权者个人的情况，时间略有调整。慈禧太后贴身宫女曾回忆说，慈禧太后当政时，“传膳大多在10点半前后，晚膳在5点前后。午后的加餐约在两点，晚上的加餐约在7点以前。时间的安排是风雨不误的”。

说到宫中饮食，皇帝吃什么、怎么吃，这是普遍人常常疑惑和感兴趣的事。宫中饮食规矩的核心是，保障以皇帝为核心的皇室主要成员的饮食生活需求，同时也必须满足其皇家颜面的正面形象。因而，饮食问题提高到一个皇权统治天下并以天下为食的高度。与其他一切涉及社会上层的事物一样，在饮食方面，宫中也有极严的制度，如哪个等级的人能享受哪个等级的待遇，每天能提供什么样的东西、提供多少等等，同前面说到的哪个级别的宴会应该具备哪一种规格一样，不能稍有偏差。规矩是人定的，在执行时还有个分寸的把握、拿捏问题，这就是每个时期、每个掌权者的规定都有所不同的原因了。

在制度层面，清廷制定了一系列严格的日常饮膳规制，上起皇帝、皇后，下至宫女、太监，每人每天都有固定的粮、肉、菜、乳、茶、酱、醋等饮食原料的限额，称为“口份”。其数量的多寡，根据食用者身份高低而有所不同。按制度，“一切财用，岁有定额。至于内廷经费，则领于内务府，不以烦度支焉”。口份支出有定，并与户部经管的国家财政分开，原则上不相干扰，而必要时互相调剂。如今留下来的大量清代档案和《国朝宫史》等书都记录了这种具体、细致的规矩。

皇后每日的份例为：猪肉十六斤（盘肉），羊肉一盘，鸡鸭各一只，新粳米一升八合，黄老米一升三合五勺，高丽江米一升五合，粳米粉一斤八两，白面七斤八两，麦子粉八两，豌豆折三合，白糖一斤，盆糖四两，蜂蜜四两，核桃仁二两，松仁一钱，枸杞二两，晒干枣五两，猪肉九斤，猪油一斤，香油一斤六两，鸡蛋十个，面筋十二两，豆腐一斤八两，粉锅渣一斤，甜酱一斤六两五钱，清酱一两，醋二两五钱，鲜菜十五斤，茄子二十个，王瓜二十条。白蜡五枝(内一枝重三两，四支各重一两五钱)，黄腊四枝，羊油腊十枝（各重一两五钱），羊油更腊一枝（夏重五两，冬重十两)，红罗炭(夏十斤，冬二十斤)，黑炭(夏三十斤，冬六十斤)。

比较特殊的是皇太后的日常供给：猪一口（盘肉用，重五十斤），羊一只，鸡鸭各一只，新粳米二升，黄老米一升五合，高丽江米三升，粳米粉三斤，白面十五斤，荞麦面一斤，麦子粉一斤，豌豆折三合，芝麻一合五勺，白糖二斤一两五钱，盆糖八两，蜂蜜八两，核桃仁四两，松仁二钱，枸杞四两，晒干枣十两，猪肉十二斤，香油三斤十两，鸡蛋二十个，面筋一斤八两，豆腐二斤，粉锅渣一斤，甜酱二斤十二两，清酱二两，醋五两；鲜菜十五斤，茄子二十个，王瓜二十条，白蜡七枝（内一枝重五两，三枝各重三两，三枝各重一两五钱），黄蜡二枝（各重一两五钱），羊油蜡二十枝（各重一两五钱），羊油更蜡一枝（夏重五两，冬重十两），红箩炭（夏二十斤，冬四十斤），黑炭（夏四十斤，冬八十斤）。太后在清代以孝治天下的口号中，待遇较为突出，事无巨细，安排周到，从肉蛋米面到豆腐黄瓜、清酱调料，都有明确而具体的规定。规矩具体到位，就有了可操作性，宫中管理饮食的机构，就是依据各项规制来操办具体的宫内饮食。

说起皇帝及皇宫内的日常饮食，人们通常会想到影视剧中常常提到的御膳房。实际上，御膳房这个机构是清代新成立的机构，以前是没有这个专职机构的。清代入关后，由皇帝亲自掌握的上三旗中的包衣直接掌管宫廷事务。所以，清代内务府包衣，成为清代极为特殊的一部分人，究其身份，多为包衣奴才，但他们向居内廷，接近皇室、皇帝，甚至代皇室管理皇庄、皇产以及部分关税、盐业，身份卑微却常常出现势力极大的人物。清代内务府综合管理皇宫事务，诸如皇室的衣食住行，内廷的日常收支、财物费用、庆典活动、修造工程、安全防御等，并管理太监、宫女等等。可以看到，内务府的职责广泛，几乎无所不包。宫中日常饮食、宴会自然也是内务府的基本职责了。内务府专设“御膳茶房”和“掌关防管理内管事务处”，负责宫中饮食事务。同时，内务府所设广储司的茶库，营造司的炭库、柴库，掌仪司的果房和庆丰司的牲畜，均与宫廷饮食密切相关。御茶膳房负责皇室日常膳食，并承担部分宫廷筵宴。御茶膳房下又设茶房、清茶房和膳房，职责分明，各司其事。

御茶膳房负责具体饮食事务，自清初设定，几经扩充完善，至乾隆时始成定制。膳房又有内外之分，内膳房专门为皇帝服务，下又设荤局、素局、点心局、饭局、挂炉局五处，机构重叠，下属厨役 400 余人。各局的职司复杂而琐碎，曾在伪满洲国宫廷中居住过的爱新觉罗·浩在她的《食在宫廷》一书中，把膳房的职司讲得简单明了：荤局主要负责烹调肉类、鱼类和海鲜等；素局主理蔬菜等的烹调；挂炉局主理烧烤类烹调；点心局主要负责制作包子、饺子、烧饼等和宫廷独特的点心；饭局制作粥、饭等。每局日常分为两班，有主任 1 名、厨师 6 名。每局另设太监 6 名和负责材料的官员 5 名。当然，她的描述是简单易懂的，但伪满的皇宫与清朝鼎盛时期的紫禁城早已是天壤之别，不可同日而语了。伪满那个小朝廷的御膳房格局，只可略备参考罢了。此外，宫廷筵宴和内廷大臣值班、守卫人员的饭食，宫廷餐具、金银器皿、各地进献土特产品等，均由内务府下属相关机构管理。

另一个管理宫廷饮食事务的机构是光禄寺，是从明代继承下来的传统设置。提到京城各衙门职司时，京师有“翰林院文章，太医院药方，光禄寺茶汤，銮仪卫轿杠”的歌谣，说的就是光禄寺专司备办饮食宴会事务的职能。清代光禄寺设于顺治元年（1644 年），初隶礼部，康熙间分出成为独立衙门，此后屡次合并或分出，直到清末官制改革时又归入礼部。这种反复进出的情况，也说明清代光禄寺的职权被大大削弱了。光禄寺主要负责外膳事务，如外廷大宴、祭祀用品等，清宫三大节日宴会如元旦、冬至和万寿节，都由光禄寺筹办，一些大宴还要与内务府共同承办。著名的千叟宴，主要由内务府承办，光禄寺是协办衙门。正是由于这种职能的重要性，自乾隆十三年（1748 年）起，光禄寺设为满缺，由皇帝钦点一名满洲大臣负责管理。

宫廷之内，等级森严，除了帝、后、太后等各有其膳房外，其他居于“主位”的妃嫔人等，也各有自己的专属膳房，满语称为“塔塔”，费用也由内务府供给。一些身份地位较低、份例少而不足以自办膳食的，则将自己的份例附于某位主位的“塔塔”，就食于其中。例如宫廷剧中某位主位的妃嫔，自己有膳房，居住同一处所的常在、答应之类，份例较少，就附在其膳房中搭伙就食，反映的就是这一现象。生活在宫内的皇子皇孙，娶福晋后就可以有自己的饭房了，饭房所有份例、银铜器皿，到封王出宫自立时，按例都可以带走。

当然，所有这些膳房与材料的开支，最后都需要得到皇帝本人的亲自核准。如乾隆四十八年（1783 年），膳房报销上一年酒醋房用过的酒醋酱菜支出数目，乾隆感到奇怪，为什么一年中“玉泉酒”用了那么多，于是下令由军机处核查。随后，军机大臣们报告说，由于上年宴请宗室和哈萨克等，酒的开销增加了，这才草草地了结了此事。可见，宫中饮食，要讲排场，也得时时处处讲规矩。

有清一代，是中国饮食文化发展的一个高峰时期。讲到宫中的饮食，却是以皇帝为中心、为皇室服务的饮食制度。皇帝的日常饮膳，成为核心事务。皇上吃什么，这才是问题的关键。从现在保存下来的宫中膳单来看，从入关初到晚清乃至末帝溥仪退居紫禁城后部一隅之地，清帝的饮食有一个逐渐完善的过程，其间既有个人特点，也有时代特征。

被学者称为“节制膳食的康熙帝”，据说讲求饮食，探究医理，深悉养生之道。在清代诸帝中，康熙在位最久，达61年之久。康熙也是寿命较长的皇帝，达到69岁，近于古稀之年。康熙自称食不兼味，即吃什么就吃什么，“朕每食仅一味，如食鸡则鸡，食羊则羊，不食兼味，余以赏人”。而且一贯讲求养生，“不可食盐酱咸物，夜不可食饭，遇晚则寝”。清初，天下动荡，直到康熙二十二年（1683年）统一台湾后，社会才逐渐安定下来。宫廷各项规制也在逐步完善过程中，皇室和贵族们的宫廷生活，沿袭明代制度尚多，同时盛京内务府供给的模式也有所延伸。康熙崇尚节俭、戒奢华的宫廷生活就是在这种背景下形成的。其时，清宫每年生活消费较明代大为减少，文献记载明代光禄寺每年送进内廷用的钱粮达24万余两，而康熙时期，每年为3万余两。这一时期，宫廷饮食特点仍有许多关外时期的影子，如肉类以狍子肉、鹿肉等野味为多，其烹饪方式，也多用烧烤配以面食之类。

历经顺康雍等近百年的发展，至乾隆时期，国家统一，经济发展，宫廷饮食制度臻于完备。到这时再来看，乾隆的饮食就比较讲究了。学者们从乾隆健康长寿的角度，称他为“合理膳食的乾隆帝”。事实上，乾隆本人遵守宫中饮食规律，“定食、定量、定质”也的确对身体健康多有益处。他按宫中规矩，每日正餐两次，卯正（早上6点左右）进早膳，未正（下午2点左右）进晚膳，两顿正餐之间有一次点心，晚膳后稍进酒膳。每日晨起后，先进少量粥羹，至早膳时又先食一碗冰糖炖燕窝。

乾隆在位时间长，正值王朝鼎盛时期，清宫档案和相关文献中，他的膳单保留最多，撇开宴席、大宴不谈，只看看这位号称“十全老人”的皇上日常饮食。

乾隆十六年（1751年）六月初四日早膳，菜式为芙蓉鸭子一品、羊肉炖窝瓜一品、羊肉丝一品、韭菜炒肉一品、清蒸鸭子一品、额尔额羊肉攒盘一品、竹节卷小馒首一品、匙子饽饽红糕一品、蜂糕一品、葵花盒小菜一品、银碟小菜四品，随送肉丝汤膳一品、猪肉馅馄饨一品、果子粥一品、鸡汤老米膳一品。到了未时，晚膳则有燕窝肥鸡歇野鸡一品、葱椒肘子一品、鸭子火熏炖白菜一品，后送炒木樨肉一品、肉片炒扁豆一品、蒸肥鸡烧狍肉攒盘一品、象眼小馒首一品、白面丝糕一品、糜子面糕一品、猪肉馅汤面饺子一品、腿羊肉攒盘一品、银葵花盒小菜一品、银碟小菜四品，随送粳米干膳一品，次送芙蓉鸭子一品、羊肉丝一品。

这一天，值 40 岁壮年的乾隆，两顿正餐主菜约在十数品，加上小菜若干和粥、饭之类，均不足二十品之数。传说中乾隆奢靡无度，仅从菜品上是看不出来的，民间故老相传的，或者是宴席之奢华，甚至本身就不靠谱。

再来看乾隆十九年（1754 年）五月初十日的早膳记录：肥鸡锅烧鸭子云片豆腐一品、燕窝火熏鸭丝一品、清汤西尔占一品、攒丝锅烧鸡一品、肥鸡火熏白菜一品、三鲜丸子一品、鹿筋炮肉一品、清蒸鸭子糊猪肉喀尔沁攒肉一品、上传炊鸡一品、竹节卷小馒头一品、孙泥额芬白糕一品、蜂糕一品、珐琅葵花盒小菜一品、南小菜一品、炭腌菜一品、酱黄瓜一品、苏油茄子一品、粳米饭一品。

以上正菜九品，小馒头及糕点三品、腌菜五品，外带粳米饭一品，通计主菜加小咸菜之类，也是十余品，与传说中动则百余种大菜的规模，不啻天壤之别。爱新觉罗·浩在她的书中评价说："即使这样我们也可以知道，清代皇帝的饮食生活根本不像民间所传的那样奢华。"不过，乾隆的日常饮膳，似乎越到后来越丰盛了。学者们常常引用一份乾隆三十年（1765 年）正月十六日的早膳单来观察他的饮食：卯初二刻，请驾伺候，冰糖炖燕窝一品（用春寿宝盖盅盖）。卯正一刻，养心殿东暖阁进早膳，用填漆花膳桌摆：燕窝、红白鸭子、南鲜热锅一品，酒炖肉、炖豆腐一品（五福珐琅碗），清蒸鸭子、糊猪肉鹿尾攒盘一品，竹节卷小馒首一品。这一天，正月十五刚过，仍属于节庆期间，例有加菜。仅上面这些当然不足以说明皇上的奢侈，关键是上述这些菜式和主食之外，另有舒妃、颖妃、愉妃和豫妃送进来的菜品：菜四品、饽饽二品、珐琅葵花盒小菜一品、珐琅银碟小菜四品，随送面一品、老米水膳一品（汤膳碗五谷丰登珐琅碗金盅盖）。额食四桌：二号黄碗菜四品、羊肉丝一品（五福碗）、奶子八品，共十三品一桌；饽饽十五品一桌；盘肉八品一桌；羊肉二方一桌。加上这些妃嫔们进献的菜品，就显得丰盛得多了。

显然，节日期间，即使是皇上单独进膳，菜式也会丰富许多，如乾隆五十四（1789 年）年正月初二日，乾隆的早膳包括：燕窝挂炉鸭子挂炉肉野意热锅一品，燕窝口蘑锅烧鸡热锅一品，炒鸡炖冻豆腐热锅一品，肉丝水笋丝热锅一品，额思克森一品，清蒸鸭子烧狍肉攒盘一品，鹿尾羊乌义攒盘一品，竹节卷小馍首一品，匙子饽饽红糕一品，年年糕一品，珐琅葵花盒小菜一品，珐琅碟小菜四品，咸肉一碟，随送鸭子三鲜面进一品，鸡汤膳一品。额食七桌，饽饽十五品一桌，饽饽六品、奶子十二品、青海水兽碗菜三品共一桌，盘肉十盘一桌，羊肉五方三桌，猪肉一方、鹿肉一方共一桌。如同上文正月十六的节庆早膳，这一顿早膳是在正月初二日，主菜之外，也有大量的进献食品，显得较平时丰富得多。

大致可见，乾隆平时的正餐较传说中的奢华还是有些差距的，但节日正餐由宫内人等进献食物增加，则比平时要丰盛很多了。有学者将乾隆十九年（1754年）至嘉庆三年（1798年）的44份膳底档进行了汇总统计，发现乾隆正餐的主菜（不含小菜、糕点和汤类）一般在7~16道菜之间，其中所包含的鸡鸭等肉类菜肴在4~9道之间，这还未计算将肉类做成的多种带馅的主食。这当然是乾隆时期的基本情况。清代宫廷饮食，总趋向是越往后越丰盛，但也因皇帝个人因素和时代因素而变化。

据说道光是康熙以后最为节俭的皇上，坊间许多关于皇家过于抠门的故事，主角都是道光帝旻宁。我们来看一下道光五年（1825年）正月里，这位节俭皇上的早、晚膳记录，早膳为：燕窝红白鸭子一品、鸭子白菜一品、烩银丝一品、鸡蛋炒肉一品、羊肉包子一品。仅为四样菜加一份羊肉包子，其中还包括鸭子白菜和鸡蛋炒肉这类家常菜。到了晚膳时，又是燕窝红白鸭子一品、羊肉丝炖白菜一品、白煮鸡一品、鸭丝炖白菜一品、白糖油糕一品，与早膳差别不大。从档案所见和学者研究的膳单来看，道光六、七年间的多份膳单，都是菜四品加一道主食，共计五品。道光七年（1827年）二月初六日，还是在节庆期间，道光的早膳也是五品，“五样共使钱六吊七百二十八文”。同一天的晚膳，“五样共使钱六吊三百三十九文”。用度之省，为史上和平年代帝王中少见。即使到了节日加菜的时候，这位节俭皇帝的膳单也不免寒酸，如道光七年的除夕大餐，他的餐桌摆上的是鸭子白菜锅子一品、海参熘脊髓一品、熘野鸡丸子一品、小炒肉一品、羊肉炖菠菜一品。第二天，即道光八年（1828年）的正月初一，早膳是浇汤煮饽饽一品、羊肉丝酸菜锅子一品、熘鸭腰一品、鸭丁炒豆腐一品、鸡蛋炒肉一品。这样的大日子，他仍旧保持了一餐五样主副食的习惯。据说在嫁女儿时，他曾奢侈地举办过加菜的宴席。是宫中供给份例制度变化了吗？是道光时期比其他几个时期的财政更困难吗？显然未必。即便是内务府财政出现极大困难，也不太可能对皇帝个人的饮食造成如此大的影响，多半是财政出现困难的情况下，道光个人的节俭秉性显得特别突出罢了。

比较可笑的是命太监代为进膳的同治。祺祥政变后，两宫太后主政，改元同治。同治载淳，系咸丰的独生子，此时还是个6岁的小顽童。生长于深宫的这位小皇上如富贵人家的孩子一般，多少有些厌食。来看看咸丰十一年（1861年）十二月三十日这个过年的日子，刚刚登基的小皇帝的晚膳记录："大碗菜四品：燕窝'万'字金银鸭子、燕窝'年'字三鲜肥鸡、燕窝'如'字锅烧鸭子、燕窝'意'字什锦鸡丝。中碗菜四品：燕窝熘鸭条、攒丝鸽蛋、鸡丝翅子、熘鸭腰。碟菜四品：燕窝炒炉鸭丝、炒野鸭爪、小炒鲤鱼、肉丝炒鸡蛋。片盘二品：挂炉鸭子、挂炉猪。饽饽二品：白糖油糕、如意倦。燕窝八仙汤。"这个食谱比道光的可强多了，四品大碗菜，用燕窝摆出"万年如意"的喜庆之意。可是这么多好看的菜品，一个6岁的娃娃皇帝如何消受得起？再来看看同治元年（1862年）六月初一的一份早膳单："用填漆花膳桌摆：锅烧鸭子一品、肥鸡丝一品、羊肉炖豆腐一品、羊肉片炖冬瓜一品、猪肉炖白菜一品、山药黄闷肉一品、大炒肉炖鸡一品（此七品中盘），祭神肉片汤一品（此一品银盘）。后送肉丝炖酸菜一品（三号黄盘），肉片炖榆蘑一品、炒茄子一品（此二品四号盘），羊肉片闷扁豆一盘，羊肉片熘黄瓜一品，肉丁豆腐干酱一盘（此四品碟），白煮塞勒片一品、祭神肉下水一品（此二品银盘），烹肉一品（此一品银盘），枣汤糕一品、枣如意卷一品、黄面饺子一品（此三品黄盘）。随送羊肉丝冬瓜片面疙瘩汤、老米膳、老米溪膳、粳米粥，克食二桌，饽饽三品，菜三品共一桌，盘肉五盘一桌。"即便是清宫内皇上进膳常用的折叠桌，这几桌子的菜品也是小皇帝难以承受的。

不过，研究人员发现，这位幼小皇帝的膳单另有蹊跷，膳单边上写明："太监张文亮替万岁爷用膳。"原来，皇上平时是不吃这些"大餐"的，而是由太监张文亮代替小皇帝进膳。不仅平时如此，即使是大小节日，如万寿节、斋戒日等，也是他替皇上吃饭。也真是世界之大无奇不有，宫中还真有替人吃饭这等好差事。过年时候，皇家大餐上桌，较之平日，增加各式菜品十数品，此外，小皇帝还要按例接受母后皇太后慈安、圣母皇太后慈禧“每位晚膳一桌，克食二桌”。不过倒是不用替小皇帝担心，他这份节日膳单最后仍写着：“奉两宫皇太后旨，张文亮替万岁爷吃。”这个张文亮实际是同治帝的御前太监，长相耐看，又能说会道，深得太后之心。他不仅替皇上吃，吃完了还要替皇上向两位太后谢恩，报告“皇上进膳好”“进得香”。这种捏着鼻子哄眼睛的怪事，也是只有宫廷才有的稀奇事。可御膳都给替身吃了，小皇帝吃什么呢？原来，这位长于深宫的小皇帝，面对专门给成人做来的大餐，难免有些厌食，每每由两宫太后另外命人做些小米粥、面片汤之类的东西给他享用。

比较可怜的是光绪，深宫之内，堂堂天子居然也有吃不饱肚子的时候。晚清时期，慈禧太后大权独揽，势焰冲天，卵翼之下的光绪日子就不好过了，尤其是光绪成年后，居然有所谓“帝党”与“后党”之争。光绪与慈禧撕破脸之前，倒也问题不大，后来光绪被软禁起来，饮食就成了问题。清代笔记中对此类传言多有记录，据说光绪被软禁在瀛台之中，每餐上菜也还有几十品之多，但多半也只是做做样子而已，离他稍远一点的菜“半已臭腐”了，其他的也是热了多少次的剩菜，因此光绪经常吃不饱。偶尔叫御膳房换一道菜，御膳房必向慈禧报告，少不了又要遭到太后一顿训斥，什么不讲勤俭之类，弄得光绪不敢再说。就是软禁之前，待遇也好不到哪里。太监们多是善于察言观色之人，光绪不遭太后待见，太监们自然也就不太把他当回事，送给他吃的菜往往不新鲜了，光绪偶尔有所暗示或发点小牢骚，慈禧就教训他，说为皇上者怎么能放纵自已的口腹之欲呢，实在是有违祖训，如此等等。故老相传，也未必是空穴来风。不过，倒也有学者研究过光绪前期的膳单，年节之时，主副食品连同汤饭之类，大概也有三四十品之多，其中既有荸荠制火腿、鸡丝煨鱼翅、口蘑熘鸡片这些较为精致的菜肴，也不乏肉片炖白菜、肉片焖豇豆、油渣炒菠菜、豆芽菜炒肉、醋熘白菜等普通菜式，与社会上殷实人家的饭桌相去不远。说到用餐之奢侈，最厉害的要数慈禧太后了。

说起来，慈禧也是好吃的人，掌握清朝大权 50 年的她盛年寡居，在吃的方面更加讲究。早在当妃子的时候，她就曾因为“吃”的事情与大臣结怨。黄濬《花随人圣庵摭忆·补篇》中说慈禧与权臣肃顺等人结怨的原因之一，就是吃的供给问题。咸丰十年（1860年），第二次鸦片战争战火逼近北京，曾经大喊大叫要御驾亲征，与英法侵略者决战的咸丰帝奕詝，丢下一大摊子烂事，带着一群妃嫔和亲信逃往热河。在那里，他仍旧过着花天酒地、醉生梦死的日子，身边主要依靠的便是肃顺和载垣、端华等人，山庄有修缮等事，就命肃顺去监管，想要吃什么，这帮权臣也会曲意奉承。肃顺等人出入禁宫，甚至只穿便服，对妃嫔人等也不回避。但他们对于妃嫔等人的供给，却多有抑制。据说中宫所食，不过一碗汤、一碗肉、一砵饭而已；贵妃以下，每月仅给膳费五千钱而已。慈禧当时母以子贵，已是“懿贵妃”的身份了。她于咸丰二年（1852年）进宫，封懿贵人，咸丰六年（1856年）生载淳，得封贵妃。对于这样一种待遇，她怀恨在心，准备着有朝一日一定要好好报复一下肃顺这帮人。书中有所谓“灭门之祸起于饮食”一说。从根本上说，慈禧与肃顺等人的斗争，还是一场权力之争，这场斗争最后以慈禧联合恭亲王奕䜣夺取清廷最高权力的祺祥政变而结束。但多家笔记、日记对于咸丰在热河期间，肃顺等人“抑制宫眷，供应极薄”之事皆有记载，也并非是空穴来风。

说慈禧好吃，还有一个方面就是在她当政的数十年间，宫中膳单明显较清朝前期丰富了，不仅是制作方法的丰富，数量上也大大超出了以往。如国力极盛时期乾隆的膳单，正餐菜肴一般达十数种或数十种，以近年来公布出来的膳单情况来看，多数时候乾隆的正餐菜品在二十品左右。而清末的慈禧在饮食上更为奢侈，她每顿正餐所用肴馔，品种常常在百种之上，冷热大菜、烧烤炉食、时蔬小吃，应有尽有。清廷每餐菜品在一二百种之说，就来自慈禧。还有一个明显的例证是，1900年八国联军进攻北京，慈禧带着光绪逃往西安。西逃途中，怀来县地方官吴永接到“急牒”，要求为皇太后和皇上备办“满汉全席”一桌，当然最后由于时乱而没有办到。慈禧在逃亡的路上还不忘记吃，还要吃大席、全席，其好吃习性也可见一斑了。在西安驻跸的约一年时间中，虽是国难当头，所驻为临时行宫，饮食上却不马虎。在外由专人向地方官索要饮食，在内则由总管大臣管理，“行宫逼仄，远不若北京后宫之恢宏，然御膳房之规模，仍分为荤局、素局、菜局、饭局、粥局、茶局、酪局、点心局等，每局设管事太监一人，厨司数人至十数人不等”。

1861年祺祥政变后，慈禧实际掌握清廷最高权力。而在宫廷的实际生活中，她也须按制而行。那么，她在宫中的饮食状况是怎样的呢？

宫中的规矩，早餐前先有一顿简单的早点，晚餐前也有一顿点心，晚餐后至就寝前加一顿夜点或面食。据宫中侍候过慈禧的宫女回忆，这位太后的早点还保留着满族入关以来的习惯，主要是奶制品、糕点和粥类。“吸了两管烟以后，老张太监的奶茶就献上来了。老太后最习惯喝人奶和牛奶。宫里的早点还保留东北人的习惯，喝奶子要兑茶，叫奶茶。奶茶不由御茶房供应，由储秀宫的小茶炉供应，一来近，二来张太监干净可靠。就在这同时，寿膳房要敬早膳。”这顿早膳的内容“有各种粥，如稻米粥，有玉田红稻米、江南的香糯米、薏仁米等，也有八宝莲子粥；有各种的茶汤，如杏仁茶、鲜豆浆、牛骨髓茶汤……还有八珍粥、鸡丝粥，有麻酱烧饼、油酥烧饼、白马蹄、萝卜丝饼、清油饼、焦圈、糖包、糖饼，也有清真的炸馓子、炸回头，有豆制品的素什锦，也有卤制品，如卤鸭肝、卤鸡脯等等”。10点半是第一道正餐，这里有咸丰十一年（1861年）十月初十日慈禧刚刚掌握大权不久时的一份膳单：“火锅二品：羊肉炖豆腐、炉鸭炖白菜。福寿万年大碗菜四品：燕窝‘福’字锅烧鸭子、燕窝‘寿’字白鸭丝、燕窝‘万’字红白鸭子、燕窝‘年’字什锦攒丝。中碗菜四品：燕窝肥鸭丝、熘鲜虾、三鲜鸽蛋、烩鸭腰；碟菜六品：燕窝炒熏鸡丝、肉片炒翅子、口蘑炒鸡片、熘野鸭丸子、果子酱、碎熘鸡。片盘二品：挂炉鸭子、挂炉猪。饽饽四品：百寿桃、五福捧寿桃、寿意白糖油糕、寿意苜蓿糕。燕窝鸭条汤等。”

太后正餐的排场宏阔，《宫女谈往录》对此有较详尽的描述。首先，是寿膳房这个庞大的机构，专门供应慈禧的饮食。“寿膳房在宫里头是个大机关。我说不清楚有多少人，大约不下300多人，100多个炉灶，炉灶都排成号，规矩非常严。一个炉灶有三个人。一是掌勺的，二是配菜的，三是打杂的。这里配菜的最主要。打杂的对各种菜、各种原料，必须先进行择、选、拣、挑、洗、刷，各项工作完备以后，经内务府派来的笔帖式检查合格，然后才能交给配菜的。配菜的经过割、切、剁、片，把各种菜、各种调料准备好，又经过另外一个笔帖式检查，按照膳谱的配方，检查一遍，然后准备传膳。‘传膳’一声令下，由掌勺的按照上菜的次序，听总提调的指挥安排，做成一个一个的菜，顺序呈递上去。这期间内务府的人，寿膳房的总管、提调，眼睛盯着每一个菜盛进碗里或碟里。碗和碟都是银制的，据说如果菜里有毒，银就能变成黑色。然后交给太监，用黄云缎包好，挨次递上。黄云缎包袱不到餐桌前是不许打开的。这就是用膳以前的大概情况。宫廷里对膳食管理非常严，生怕有人暗害，平常任何杂人都不许进寿膳房。几乎是哪一个菜是哪一个人洗的，哪一个人配的，哪一个人炒的，都要清清楚楚，将来怪罪下来，或是受夸赞，要赏罚分明，有个着落。这就是制度严的好处。”而后是传膳，“‘传膳’必须老太后有口谕，谁也不能替老太后胡出主意。有了老太后的口谕，才能里里外外一齐行动。老太后用膳经常在体和殿东两间内，外间由南向北摆两个圆桌，中间有一个膳桌，老太后坐东向西，往来上菜的人，走体和殿的南门，上菜的人和揭银碗盖子都能清楚地看到。另有四个体面的太监，垂手站在老太后的身旁或身后，还有一个老太监侍立一旁，专给老太后布菜。除去几个时鲜的菜外，一般都是已经摆在桌上的。菜摆齐了时，侍膳的老太监喊一声‘膳齐’，方请老太后入座。这时老太后用眼看哪一个菜，侍膳的老太监就把这个菜往老太后身边挪，用羹匙给老太后舀进布碟里。如果老太后尝了后说一句‘这个菜还不错’，就再用匙舀一次，跟着侍膳的老太监就把这个菜往下撤，

慈禧太后泛舟西苑中海

不能再舀第三匙。假如要舀第三匙，站在旁边的四个太监中为首的那个就要发话了，喊一声‘撤’！这个菜就十天半个月的不露面了”。至于说到菜的多少，举一个例子，慈禧太后一次游湖时，正餐所供菜肴品种也有120种之多，其传膳、进膳规矩一如在内廷之时。在宫中的海子中游湖，进膳之所即设于御舟之上，进膳时两边小船靠拢上来，依次传菜和撤菜，“老太后的膳厅究竟嫌窄小了点，正桌和副桌的菜已经全摆满了。老太后无论何时何地一百二十几样菜是不能少的，无故减膳那还了得（国家出了大的灾难，才能下诏减膳）”。曾在宫中陪伴过慈禧太后的裕德龄，实地陪太后进膳并记录下日常进餐的情形，据她说，太后进餐跟此前历朝皇帝一样，没有固定地方，走到哪，在哪方便就在哪里进餐。比较多的时候是在宁寿宫等处。“太后进餐，固无一定餐室，随其足迹之所至而定焉。凡所用之碗，俱黄色，覆以银盖。间有绘青龙及中国之寿字者。”至于数量，以她的观察，正餐食品总数150余种，临时摆放的餐桌分为三列，大碗、碟和小碗各为一列，一顿日常正餐，以猪肉、羊肉、家禽和蔬菜数量最多，光猪肉制品就有十数种之多。这里列一份太后的膳单：“火锅二品：八宝奶猪火锅、酱炖羊肉火锅。大碗菜四品：燕窝‘万’字金银鸭子、燕窝‘寿’字五柳鸡丝、燕窝‘无’字白鸭丝、燕窝‘疆’字口蘑鸭汤。杯碗四品：燕窝鸡皮氽鱼脯丸子、鸡丝煨鱼面、木须肉、炖海参。碟菜六品：燕窝炒炉鸭丝、密制酱肉、大炒肉焖玉兰片、肉丝炒鸡蛋、熘鸡蛋、口蘑炒鸡片。片菜二品：挂炉鸭、挂炉鸡。饽饽四品：白糖油糕寿意、立桃寿意、苜蓿糕寿意、百寿糕。随克食（点心）一桌：猪肉四盘、羊肉四盘、蒸食四盘、炉食四盘。”此外还有数十种野味，如鹿脯、鹿胎、山鸡、熊掌、芦雁、天鹅、蛤司蚂之类。加之皇族、贵妃等的献食，总数也达百余种。有记载说宫中万寿节、冬至和元旦三大节，太后的菜品固定为108道。

春节期间，一顿饭吃得更是气派威严。由4个大太监率500个小太监，从御膳房一溜排开，直到摆膳的宁寿宫或体和殿。“菜分三大类：一是应节的吉祥菜，像寿比南山、吉祥如意、江山一统等等，都是寿膳房的厨子出的主意，什么好听叫什么；第二类是贡品菜，如熊掌、大犴子、飞龙（鸟名，长白山产）、鹿脯、龙虾、酒蟹等等；第三类是寿膳房按照节日膳谱做的例菜。”饭桌上，由皇帝、皇后侍候着慈禧进餐，每布上一匙菜，都要说几句“寿比南山”之类的吉祥话。进膳开始，500个太监齐声高呼“老佛爷，万寿无疆！”，声音由近至远传到外面，这时才鞭炮齐放，整个进膳期间不能停止。吃饭吃到这个份上，就不只是吃个滋味与营养，更重要的是一种气派、一种仪式了。

慈禧这种夸张的吃法，为宣统时期的隆裕太后所继承和模仿。隆裕太后正餐的肴馔即有百余种之多，虽然大清王朝已然是日薄西山了，太后所维持的却仍是一统江山，以天下为养的气派。

清代宫廷这种吃的排场直到民国初年废帝溥仪离开故宫之前，仍然保留着。宫廷里运转的是历史的惰性和惯性。民国时期到宫里陪溥仪读书的伴读溥佳，曾经回忆起那时吃饭之铺张：“每餐的饭菜，总要摆上三四张八仙桌。”辛亥革命后，皇帝的饭菜虽然已有削减，但菜仍然有六七十种之多。这些都是御膳房做的，另外还有4位太妃送来的二十几种精致的家常菜。米饭有三四种，小菜十几种，粥有五六种。在宫内流传着这样一句话“吃一看二眼观三”。溥仪只是吃他面前的几样而已。溥仪的御前侍卫周金奎也回忆说：“溥仪除点心外，每天吃两顿饭。早饭在十一点，晚饭在下午五点。每顿饭都由御膳房备好四桌菜，每桌二十余件，山珍海味，应有尽有。”还不仅仅是溥仪，宫中的太妃也仍旧维持着清代生活的规矩，民国时仍活着的同治妃子敬懿皇太妃，仍旧是每日四餐，早、晚正餐荤、素菜四十品，三样粥，四样糕点，四样面食。小餐都是糕点。晚粥有小菜十几样，粥两样，面食三样。见过这种吃法的人感慨说：“一个人哪里能吃这么多呢，连每样尝一尝也尝不过来呀！而且菜和点心的品种只能按季节更换，不到季节，天天、月月是不变的，不用说尝，就是看也会看腻的。”

宫廷之中，怎么吃和吃什么，几乎是千叟宴的一个缩小版，首先得讲规矩，一举一动，一碗一碟，规矩无所不在。其次才是具体的饮食，康熙、雍正时期大体是比较简单的，越往后越讲排场，但也与每一位核心人物即皇上或太后本人的做法有关，如道光出奇的俭省。就饮食文化而言，则前期难免保有关外时期的饮食特色，如野生动物肉类占比较大，后期则不断趋向精食美馔，代表着饮食文化的又一高峰。

吃出国家的高度

以皇帝为中心的宫廷饮食花样百出，每日正餐的品种繁多，也是饮食发展到顶点的表现，菜式少了，就难以体现皇家的气派。可是帝后也是人，食量是有限的，每餐的品种多到无法吃完甚至无法每一样都品尝一下，就成了问题。多余的食物往哪里去呢？好在中国自古以来就有一个传统的办法，这法子不是清代发明的，却在清代达到新高度，就是所谓“赏用”——把皇上和皇宫内的食品等赏给下面的人。赏用既是联络上下感情的桥梁，也是节约物品的办法。当然了，它的基础是皇宫中有大量的厨余物品，餐桌上有大量没怎么动过的美食。如果大家都如康熙那样“食不兼味”，或者如道光那样坚持每餐只有五道菜，大概也不会有多少东西可供赏用了吧。其实，即便如康熙、道光，也有可供赏赐之美食。

赏用的食物，大概是两类，主要的一类是皇上正餐的美食，另一类则是宫中多余的物品，如腌制的鹿尾、糟鱼和存货的人参之类。

餐桌上未动过的美食与大菜，是赏用最多的内容。以乾隆为例，他一天的两顿正餐，一般有二十几品，多的时候可达四十多品，如果是宴会，他的主桌上未动过的美食更多。有的时候加上后妃和臣下进献的东西，菜品可达百余品之多，这些食品成为赏用的基本内容。最初可能也是为了节约，皇上不可能只用三两品菜，要摆出皇家的威严与气势，非得几十道主副食品，可谁能吃得下？扔掉了岂不可惜？雍正曾经令御膳房“凡粥饭及肴馔等类，食毕有余者，切不可抛弃沟渠。或与服役下人食之。人不可食者，则哺猫犬。再不可用，则晒干以饲禽鸟，断不可委弃。朕派人稽查，如仍不悛改，必治以罪”。雍正算是比较节俭的皇帝，他下此令，无疑是以节约的视角。以节俭著称的康熙、道光也有过类似的做法。不过在实际生活中，赏用一事也成为上下交流的途径，甚至是笼络臣下的手段。

按制，凡帝、后、太后用膳所余，赐予妃嫔、皇子、公主和大臣等，妃嫔们餐桌所余，则赏与宫女、太监人等。有时候，这类赏用，也是一种排场和仪式。如晚清时，慈禧平日的正餐常常有一百数十道菜品，她也吃不了许多，通常是下令赐予有身份的妃嫔人等，这些妃嫔们多数时候也只是站在餐桌前表示一下，并不动筷子，随后这些精食美馔就赏给了下人们。妃嫔的动作，就是一种礼仪排场，一种仪式罢了。作为一种上下沟通联系的仪式，很多菜品端上桌之前就已确定好该赏给谁。吴振棫所著《养吉斋丛录》中说，宫中进膳例有膳单，膳单上写明了每一道菜品为哪一位厨师所做，膳后准备赏与哪一位，满语中的“克什”一词，就是专门指这种“赐食”的，按此，则今人把“克什”或“克食”理解为小点心之类，是不准确的。按他的说法，当年主位的阿哥、公主及御前内务府、军机处、南书房的值班大臣，都常得到这种“赏用”的东西。每天召见的外省文职臬司以上，武职总兵以上，也赐予饽饽一盘。后来甚至形成惯例，“军机章京每日蒙赐克食，年终例拜狍鹿之赏”。而曾任职于京师，后来从地方大员位子上退休的梁章钜晚年常常回忆过去宫中赐予的鹿尾等美味。

顺治时，少年侍卫宋荦年仅十三四岁，与年轻的皇上关系不错，常常得到赐食中和殿的待遇，赏用各种食品。一天，顺治发现他将得到的点心打包带走，他赶紧跪拜解释：“我有老祖母，特别心疼我，我把皇上所赐的食品拿回去献给她，让她也得到这种荣耀。”顺治听了很是高兴，自此以后有赐食就让宋荦带回家，在这里赐食已成为联络君臣关系的手段。康熙时，昆山徐乾学、徐秉义、徐元文一门三兄弟皆以文才名世，其中徐元文是状元，尤其得到康熙的赏识，常常在晚间召见他，夜半时分还赐食品给他。内阁大学士杜立德因病不能参加内廷宴会，康熙特派宦官携酒食赐之，这种赐酒食，成为一种殊荣。这种沟通的方式，有时也非常直白地成为拉拢的手段。清人罗惇曧《宾退随笔》中说，同治死后，慈禧准备立与同治平辈的皇族子弟，以便自己仍以太后的身份掌控权柄。为了拉拢大学士徐桐，特赐他御宴银鱼火锅。食毕谢恩，慈禧对他“慰劳备至”。这时的“赏用”就已经变了味了。

赏用一事，由来已久，明清尤甚。清代几乎每位皇帝都有赏赐食物的习惯，也有在开始进餐前就将某物拿去赏与妃嫔或下人的情况，居于主位的后妃们也常常将食品赏与下人。这种赏赐也成为太监宫女的一种荣耀和“恩宠”，有时也成为一项收入来源。至于有些书把皇上的赏用与当晚临幸某位妃嫔联系起来，就不怎么靠谱了。清代宫廷制度严密，妃嫔侍寝制度有常，不会以餐桌之余作为明显的标志。

当然，赏用这事，也与皇帝个人脾气性格相关。以节俭著称的道光皇帝，正餐的主副食被限定在五品，往往还要拿出两品来赐予中枢大臣，所以干脆就罢去给妃嫔赐食的惯例。

赏用还有另外一种形式，就是将宫中所得贡品，如人参、鳇鱼、鹿尾之类和一些腌、糟食品直接赐给官员们，大概可算是宫廷饮食的延伸吧。

赏用之制作为上下联系的手段，也会出现一些弊端。一则，内廷菜品往往是提前烹饪并做好保温，以便能在皇帝一声“传膳”令下，马上能端上桌子来的。再从桌上撤下来，赐给臣下，有时候到达大臣们手上时已是隔夜之食了，乾隆时沈德潜曾因吃了皇上所赐“克食”而致“腹疾”。至于办事太监们的索贿与陋规，甚至有官员通过贿赂内监之流，达到参与廷宴，接近最高层的目的，就已经使事情走向了反面。一个典型的例子是，传说慈禧赏给袁世凯一只烧鸭，袁就赏给送鸭子的人一万两银子。

清宫之内，太后与帝、后是金字塔的最顶层，其他宫内生活的各色人等的饮食，也有一定之规，等级分明。宫中份例，具体到什么地步呢？比如当年在宫中专事绘画的西洋画师，也有具体份例，并不因其并非宫内长住人员而有所忽略。康乾时期，一些供职于宫廷的西洋画师往往被授予职衔，即便是一般画师，也制定了膳食标准。如乾隆时西洋画师德天赐和巴茂正的饮食份例为每日各盘肉三斤，每月菜鸡七只半；潘廷章、贺清泰二人则是每日各盘肉三斤，菜肉三斤。此外，四人每天还有白面十四两，白糖、澄沙各五钱，甜酱一两六钱，水稻米七合五勺，随时鲜菜三斤。另有水果份例，红枣、桃仁、桂圆、荔枝、西葡萄各二两，随时鲜果八个。可谓是应有尽有，待遇丰厚，也可见得宫中规制的具体和详明。

居于主位的太妃、妃嫔和皇子，各有自己的膳房，称为“茶膳房”，也是御茶膳房的一个部分，每个茶膳房按不同等级配备茶房首领、侍监、茶房太监和厨役人员若干人。宫中一些身份稍低，有份例而无力单独开伙的答应、常在之类，就附于这些膳房中搭伙。嘉庆年间，曾专设寿康宫茶膳房，专门承应太妃的膳食。清代自雍正以后没有明确的太子，皇子们成年封爵封王之前，待遇相同。出居王府时，饭房的家什之类可随带出宫。

侍候主子的宫女，理论上按等级享有饮食，主子的地位很高，则各类供应充足而新鲜，但另一方面，她们所受到的限制也多。晚清时期侍候慈禧太后的宫女后来回忆说，她们的份例供给当然不缺，但她们多年不敢吃鱼，怕有腥味；长年不敢吃饱，怕“出虚恭”（放屁）；不敢吃生冷食品；不准吃韭菜、葱蒜等等，所受限制甚多。稍有不慎，或遭到惩罚，丢了差事，连累甚多。

太监一类，差别最大。最高的太监总管之类，份例较高，晚清时有的大太监每月饭费银可达百两白银之多。有的太监有自己膳房，有专门侍候的人。也有太监跟主子在一个膳房供应，大太监李莲英跟慈禧太后共一个膳房，“生活享受和皇帝、太后几乎没什么两样”。如隆裕太后的大总管张兰德，就是和隆裕太后吃同一个灶，每餐和隆裕太后一样，菜四十品，有太监27人伺候。至于处在最底层的小太监，就只能吃大锅饭、大锅菜了。晚清时何刚德在《春明梦录》中记录他曾见到宫中许多院落都积攒贮存了数量较多的饽饽，后来才知道，饽饽之类的东西，是宫人们的日常食品，不由得感慨，“宫禁之中，崇尚节俭，不似人间富贵家也”。其实他所看到的只是底层宫人的窘困之状而已。

宫廷饮食要做到高大上，若干必不可少的条件中，厨师是一个硬杠杠。有了过硬的厨师团队，宫廷饮食才有了最基本的保障。宫廷之中，有两种职司最有技术含量，一是太医院的医师，二是御膳房的厨师。可厨师与太医不同，太医可以通过专门的学校传授技艺，同时具备师徒授受的条件，而厨师只有依赖师徒传授之一途。清代宫廷中的厨师来源比较单一，主要由内务府旗人组成。内务府是宫廷的管理机构，内务府旗人当然地成为内廷各机构事务性人员的来源，这种制度源自清入关之前。内务府旗人厨师父子相传，代代承袭，有清300年基本不变。此外还有两种身份的厨师，一是清廷入关后接收的明代宫廷厨师，多数系制作山东菜肴的师傅；二是随着时代发展，各个时期的皇帝从外面招纳而来的厨师，这类师傅以乾隆南巡时从江浙等地带回或招来的最多。按制，宫廷饮食原材料常年不变，每天都有一定数目的肉类和鲜菜，厨师们每天面对的都是大体不变的食材，按照惯例制成各类菜肴，这样的方式，必然使食用者日久生厌，增加外来厨师也就成为顺理成章的事了。

宫廷厨师各擅一技之长，不必成为全才。宫廷日常饮食和宴饮，菜式往往过百种，当然也不可能也不需要由一家厨师全部承担。厨师们往往只需有一门过硬的手艺，擅长一道或几道被上面喜欢的菜式，就可以在宫廷中生存并传袭下去。皇宫中材料来源丰富，选材精细，名贵食材众多，对厨师手艺的要求自然也很高，刀工、配料和烹饪细节都十分讲究。即以刀工而言，鱼类制作就有“让指刀”“兰草刀”“箭头刀”“棋盘刀”“金蝉脱壳刀”“葡萄花刀”等切法，分别运用于红烧鱼、干烧鱼、酱汁鱼、清蒸鱼等作法中。一条黄瓜为不同菜肴作配菜，则要切成羽毛片、佛手片、柳叶片、蝴蝶片等形状。其中功夫与讲究实非一日之功。

以菜系类别而言，用东北所产原材料制作的北方风味饮食，一直在宫廷饮食中占有一席之地。内务府厨师源自东北盛京宫廷，在紫禁城中长期存在。如东北野味的代表性菜肴烧鹿尾、煮鹿筋、扒熊掌、蒸驼峰、烧羊肉、炒鲟鱼、焖猪肉、烀肘子、炸丸子、熏猪爪、卤鹌鹑等，一直是宫廷菜的一个系列。满洲饽饽是形状各异、馅酱不同、材质有别的面食糕点，一直是清宫饮食的主要内容。随着时代变化，宫廷满洲饽饽也融入了各地尤其是北京风味，成为清代御膳的一大特色。如乾隆初年，北京市井流行“豆汁”小吃，内务府就招募民间厨役进宫，专做此种小吃，因此，市井元素也成为宫廷饮食的内容。

外来厨师进入御膳体系，最典型的是江浙名厨应召入宫。康熙、乾隆都有六次南巡的大举巡游、视察活动，清代历朝皇帝也都有北巡盛京祭祀、东巡、西巡的活动。在这些活动中，久居深宫的皇帝得以品尝各地官员进献的美食，很多时候也品尝到各地厨师的手艺。乾隆三十年（1745年），乾隆第四次南巡，途中品尝了苏州织造府推荐的厨师张东官烹饪的菜肴，对其大加赞赏。自此，张东官进入北京，起初还是在离开宫廷期间召他随行，后来就直接成为宫廷御厨，乾隆至京郊圆明园，去承德避暑山庄，也都要带上他随行备膳。清宫膳单上按制标明每道菜由哪位厨师制作，甚至可以追溯到洗菜、配菜的厨役人员，保证皇家饮食安全的同时，也保证手艺高超的厨师受到奖赏。张东官这位大厨，擅长制作江南糕点和下江大菜，档案中记录他多次受到乾隆的嘉奖，表扬他“尽心效力”。乾隆的膳单中，多次出现指名道姓地叫张东官加菜的记录，张东官做的菜也常常成为膳单的第一道菜。乾隆四十二年（1777年）夏秋间，乾隆再次北巡盛京，张东官随行备膳，两个多月的时间里，连得五次大赏，赏赐的物品包括一两重、二两重的银锞子和缎子等物。乾隆四十九年（1784年）第六次南巡时，70多岁的张东官腿脚已不灵便了，乾隆特命他骑马随营备膳。这一次，乾隆下令苏州织造府再推荐两名厨师随队返回京城，以替代年迈的张东官。直到十多年后，推荐的沈二官等人还在乾隆身边烹饪江南菜肴。

清宫御膳房、御茶房和御茶膳房的厨师长期保持在400人上下的规模，加上监管太监和杂役人员，队伍人数相当可观。他们成为清宫饮食基础性硬件，为宫廷饮馔提供了基本保障。

宫廷食材来源充足、丰裕，也是紫禁城饮食的基本保障。清代宫廷食材来源大体有三个方面。

自产自种的食品来源。清廷入关之初，即圈占无主土地分拨给八旗人口。此类土地虽以明代王公贵族土地和明末混乱中的无主土地为源头，却也对京畿地区造成极大的骚扰。“圈地”直到康熙时期才基本完成，为了使圈占土地连成一片，便于耕作和管理而推行的置换办法，又对京师周边地区汉族民众造成极大损害。京畿圈地不仅造就了大量的王庄、旗庄，也建立了为数不少的皇庄，成为清代宫廷食材的来源之一。皇庄与皇家园林内物产，当然为宫廷所享用。很多记载都提到，清朝的御米，主要产自玉泉山、丰泽园和汤园等处，实际就是皇庄的产品。传说丰泽园的稻米，就是康熙亲自发掘培育的种子。某年收获时节，康熙来到园内，行走于田间，发现一株稻穗粒大实满，命人收藏为种，次年再次试种，果然是棵高先熟。自此作为稻种，反复培育，终成良种，在皇庄中多有推广，后来宫中所用御米，也多用此种。玉泉山等处也多有种植，成为宫中优质御膳米。清廷的皇庄，分布于京畿的顺天府、永平、密云、张家口、保定、喜峰口、古北口等地，上三旗所领大小庄园近六百所，果园百所，定期向宫中缴纳粮食、蔬菜瓜果和蜜蜡等用品。

采买也是宫廷食材物资的来源。内务府所属掌关防管理内管领事务处是专门负责备办清宫膳食原料和有关膳事的机构，其他如广储司、营造司、掌仪司、庆丰司也是膳食原材料管理机关。光禄寺每年向户部支银两用于各类筵宴的开支，其他如油料、调味料、燃料之类亦须支银购置。因为有些御厨善于辨别物品的优劣，所以内务府有时便直接派他们去采买。每天采买什么东西由御膳房总管开出单子，依单行事。对应宫廷的食材需求，社会上也出现专门的供应商，如供应果品的御果商，日供白肉的白肉馆等等。有时候供应商与采买人达成默契，由供应商记账，到一定时候一起结账。曾经当过溥仪随侍的周金奎回忆说，他入宫前，常在伯父开的店铺里帮忙，这家店就在紫禁城外西北角楼下的城隍庙内，专卖苏造肉与火烧。苏造肉是来自苏州的特色小吃，宫中上下都喜欢，御膳房常常派人到铺子里拿肉，太监们也不时来取食。这家小铺子 5 个伙计中有 3 个是专门往宫里送苏造肉的。在这家店铺时，凡是宫中所取，都不付钱，到三节时，宫中派人核对在小店赊欠的原材料等，一次性结账。

紫禁城食材来源的另一大宗是进贡。任土作贡，古来有之，大一统的天子，似乎天经地义可以由天下供养，是传统社会的运行规则之一。清承明制，但清代土贡制度较明代更为明晰、内容更为丰富。不只是宫廷所需食材，从内容上看，清宫所需所有物资、物品，均可以从进贡这一渠道取得。如闽海关、粤海关等大量进口各类西洋物品，有时是主动地，有时是奉令搜罗各类用品；江宁织造府和苏州织造府，直接可以视为皇家的私人口袋，除了各类政治需求外，经济上也为皇宫制作、采购各类物资，有时也为皇宫的需求提供大量的报效银两。而从食材供应的角度来看，土贡主要是三个方面：一是东北各地大量从事捕猎、采挖的旗丁，以贡品抵税赋，以保证东北土特产品能源源不断地供给宫廷；二是内地直省地区，也有部分以贡物抵赋税的情况，如许多地方的贡茶和进贡食品等；三是各地督抚等官员，用养廉银等项收入搜罗地方土物产品进贡，这一类从制度本身来看，是官员的个人进贡，而实际上往往是羊毛出在羊身上，弊端百出。按清代贡制规矩，不同季节、地区，不同进贡者的身份，必须进贡各类不同的宫廷用品和食材。三大节日之贡和皇帝外出巡视的进贡（路贡），也有一定的规矩。贡品无所不包，满足宫廷的各项需求，也成为清宫食材的基本保障。

清代东北土贡中，除人参、貂皮和东珠外，食品是其大宗，内务府档案和《吉林通志》及清人笔记中，对此多有记载，如粉子蕨菜、蜜饯山楂、蘑菇、野菜、水果、干果、蜂蜜、米面制品、鹿肉制品、熏制肉食、鱼类、家禽、兽类、鹰隼、各种活体观赏动物、军器原料、树皮等诸多品种，表现出满族统治者对于故乡土产的特殊偏爱。清人吴振棫在《养吉斋丛录》中，记载了各省督抚端阳节贡物的大概情况，如山东巡抚贡麒麟菜五匣、海带五匣、紫菜五匣、松子五桶、鱼翅五桶、扁豆五桶、蛏子五桶、莲子五桶；安徽巡抚进徽墨一分、歙砚一分、朱锭一匣、宣纸五十张、青阳扇一百柄、珠兰茶一箱、松萝茶一箱、银针茶一箱、雀舌茶一箱、梅片茶一箱、樱桃脯一桶、枣脯一桶、青饼一桶、青螺一桶、琴笋一桶、藕粉一箱。这还是两位大员在端阳节的进贡，东北和全国各地的官员全部胪列出来的话，数字更为庞大惊人。

嘉庆十八年（1823 年）谕旨，将旧国史馆改为膳库房，存放各处岁例进贡膳用品。存放物品中，以御膳食材为多，盛京鱼肚、炙鱼、鲤鱼、扁花鱼、花鲟鱼、白鱼、腌鱼、獐、狍、鲜鹿、鹿肉、干腌鹿、干鹿筋、各种熊、野猪、腊猪、东鹅、东鸭、东鸡、树鸡、虾油、山菜、山葱、韭菜子，吉林鲟鳇鱼、白鱼、鲫鱼、炸鱼、细鹿条、晾鹿肉、鹿尾、野猪、野鸡，黑龙江赭鲈鱼、细鳞鱼、野猪、野鸡、树鸡、白面，湖北香荸，山西银盘蘑，四川茶菇、笋把，湖南笋片，广东南华菇，广西葛仙米，福建番薯，河东小菜，湖广蛏干、银鱼、干木耳、虾米，安徽琴笋、问政笋、青螺，杭州小菜、糟小菜、豆豉、糟鹅蛋、糟鸭蛋、笋尖、冬笋，江西石耳，江苏小菜，山东鱼翅、万年青，两淮风猪肉，五台台蘑，打牲乌拉燕窝、鲟鳇鱼、鱼条、炸赭鲈鱼、鳟鱼、茶腿、冬笋、板鸭、小菜等，张家口外马群总管乳酒，蒙古王、额驸、台吉等乳油、乳酒、熏猪，王多罗树打牲人丁鹿肉干等等。

进贡物品和食材数量过大，宫廷用不完也会拿来赏赐亲贵的大臣等，甚至也有一些物资会按清宫惯例变现，成为内务府的常项收入。同时，为了保证御膳食材的质量和新鲜度，宫内设置了五所冰窖，不仅保证内廷夏季用冰的需求，也可以保存其他食材。

清宫冰窖，建于清初，窖藏冰块，取水于通州和京河，特设满汉冰窖监督各一人，掌管藏冰与颁冰等事务。五所冰窖，其中四所各藏冰五千块，另一所藏冰九千二百余块。按清初制度，每块冰为一尺五见方，必须长年保持坚硬与洁净。主要供应宫廷夏季用冰，其他官府衙门也有取用。最初八旗衙门也有定量取冰之权，康熙时停止八旗和各部院衙门取冰，冰块成为宫廷专用和赏赐大小臣工的物资。雍正间，夏季曾用冰块置于京师公共场所，成为一种公共福利，如京城正阳门等九处，设立冰桶，为行人提供冰水暑汤。宫中用冰，主要是夏季饮用冰镇饮料等，兼用于食材果品的贮存。清宫中夏季多用冰镇水果、酸梅汤等，使宫廷饮食水准大幅提高。《清稗类钞》记载："冰果者，为鲜核桃、鲜藕、鲜菱、鲜莲子之类，杂置小冰块于中，其凉彻齿而沁心也。"乾隆曾赋诗说："一例冰盘朗，坐教暑气消。"

冰果与冰鲜，使得本来就居于饮食文化高峰的宫廷饮食更上一层楼，在没有冰箱的时代，达到民间难以企及的境界。而清廷作为中国最后一个统一集权的王朝，其饮食器具更是极尽人间美器。美食配美器，不仅是饮食与美学的高度结合与统一，也是王朝统治者至高无上地位的标配。同时，一个时代饮食美器的发达，也是经济、艺术与饮食文化发展的结果。

清代大才子、美食家袁枚在《随园食单》的《器皿须知》篇中说，"美食不如美器"，片面讲求十大碗、八大盘之类，则难免笨俗，"惟是宜碗者碗，宜盘者盘，宜大者大，宜小者小，参错其间，方觉生色"。清代御膳中，肴馔盛器材质往往珍贵，多有金、银、玛瑙、玉、象牙、

康熙青花万寿纹尊

康熙掐丝珐琅盏托

乾隆粉彩山水纹方斗杯

金瓯永固杯

水晶及珐琅等制作，远非民间市肆可比。清宫档案中保存的膳单，很多菜式都注明了用什么样的桌子摆放，用什么盛具装盘等。嘉庆四年（1799年）十二月三十日的一份膳单上明确说明，晚膳用“填漆花桌摆”，各类菜肴则用不同盘、碗来搭配，如芽菜炒肉丝和五香鸡丝攒盘两品，标明用“青白玉盘”；青韭炒肉丝、蒸肥鸡鹿尾攒盘、烧猪肉卷攒盘、象眼小馒首、荷叶饼、年糕等六品，则注明“此六品用珐琅盘”；鸡汤一品，则标明用“五福珐琅碗”。这类搭配既是宫廷用膳摆放的惯例，也是追求菜肴与器皿在色彩、纹饰上的和谐。通常凉菜与夏令菜品用冷色食器；热菜、冬令菜、喜庆菜则用暖色盛具，如芽菜炒肉丝，用青白玉盘，两相映衬，清爽悦目。菜品与盛器形态要和谐，如鸭形盛具盛装鸭子汤品，八珍汤配水晶碗，如此等等，美食必与美器相匹配，太平天子的等级地位、美食品位都在一点一滴中表现得淋漓尽致。

清宫传世藏品中，保存了大量的饮食器具，美轮美奂。

宫廷盛器、餐具等，也是等级与地位的匹配，不同身份用不同器皿，不得僭越。皇贵妃以下不准用金器，其壶、盅、铫等用银、铜器，碗、盘为瓷器等；至贵人、常在、答应等不得用银器，只能用铜、锡、瓷和漆器等，秩序井然，不得逾越。传统社会中，制作精美的金银铜瓷等器皿，也披上等级体系的外衣，不是普通人能随意使用的。《红楼梦》中贾府被抄家时，抄出许多“逾制”的器皿，只得解释说是准备送入宫中给贵妃备用的。另一方面，清代作为距今最近的统一王朝，在经济发展的同时，也将器皿的制作、瓷器的烧制技术推向一个顶峰。不仅宫内造办处等机构有极强的制作、修改、仿制能力，清廷向各地官窑订制的瓷器也是海量的。这类器皿甚至也打上订制者的个人色彩，其耗费也是巨大的、惊人的。光绪十年（1884 年），为慈禧 50 寿辰大典，仅赏赐用瓷的烧制，就花费白银 15000 两。光绪二十年（1894 年），为慈禧 60 寿辰大典，烧制一般器物耗银 89900 两；烧制赏赐诸官吏和更换祭祀用瓷，耗银 39400 两。光绪三十年（1904 年）慈禧 70 岁寿辰，耗银 38500 两用于烧制成套餐具和圆器类。这些饮食器具及制度在将宫廷饮食推向高峰的同时，也为王朝的衰亡埋下隐忧。

帝、后也有个人嗜好

有人仔细研究过康熙、乾隆时期前后四次千叟宴，发现虽然相隔数十年，宴会规模也不断扩大，桌席数量大增，但菜品样式却变化不大，每桌都以等级不同的火锅为主体，其菜式也以满席为主。这种情况固然与宴会举办的季节相关，京师的冬季，室外温度极低，大正月里的，虽然也搭建了防风棚、墙，如果没有火锅支撑，精食美馔将难以入口；但另一方面，也与当年紫禁城的饮食习惯紧密相关，事实上，千叟宴与当年的其他各类大宴一样，所用菜品都与宫廷常用菜肴相关，即便是到了乾隆时期，日常菜肴中的满族因素仍然明显。

我们就来看看宫廷的日常菜肴。

前面曾经提到，清末有人进宫从事修缮，发现宫中各院落都贮存有饽饽这种传统食品，认定清宫一般女眷生活比较清苦，但事实上，饽饽是清代宫中最富满族特色的食品，在宫廷日常饮食和饮宴中居于很重要的位置。所有的谷、粟、豆类等均可磨成粉，用不同的方式制成各种口味的饽饽。下层太监和宫女食用贮存的饽饽，也是日常生活的状况。清廷入关后，御膳机构中专设内饽饽房和外饽饽房，分别承办帝、后与妃嫔日常所需各类饽饽。以《钦定大清会典事例》所载，清廷筵宴，均设饽饽桌，也分不同的等次，如一等席、二等席，来不及吃完的饽饽均可带回家去。

节庆期间，内外饽饽房都要准备大量的饽饽食品，元宵节、立春的春饼，二月初一的太阳鸡糕，端阳节的粽子，七夕的巧果，中秋的月饼，重阳节的花糕等等，品种繁多，各应其时。节庆时的饽饽桌也有等级之分，头品用面35斤，中品用面25斤，炸、炉、烤、蒸而成不同口味的饽饽。遇到祭日、礼佛、敬神、祭祖等更得制作大量的饽饽。帝、后的正餐中要摆饽饽桌，正餐以外两次进小吃，也以饽饽为主。帝、后出巡中，随带庞大的御膳团队备餐，但宫中留守的妃嫔仍要派人送去大量的饽饽，每三天一装运，供帝、后于巡游途中享用。

随着时代的发展，清宫日常饮食中的饽饽，原料日渐丰富，作法也间有更新，内地厨师的进入，也使这种传统食品内容更加丰富，花样翻新。故宫中保存了大批的饽饽模具，可见旧时的生产规模和繁盛的样式。宫廷饽饽不断受到社会食俗的影响，它本身也流传于社会，产生广泛的影响。直到近代以后，北京地区的点心仍然颇负时名，显然不仅仅是区域饮食文化发展的结果，也与宫廷饮食文化的传播密切相关。有学人谈到近代北京蜜饯时评价说，北京蜜饯名扬四海，不能忽视清代宫廷蜜饯食品的历史作用。

《乾隆皇帝围猎聚餐图》轴

清宫常用膳食中，猪肉无疑是最重要的一项。宫廷档案中，从未见过内廷有食用牛肉的记录，显然，牛作为农业社会的重要生产资料，是不允许随意宰杀和食用的。宫中膳单所载，猪肉类一直是主要菜肴。用烤、煮、炸、蒸等各种方法制成特色菜品，每餐必备，如烤乳猪、煮白肉、酱猪爪、扒肘子、炸丸子等等，都是宫中日常美食。汆白肉等以猪肉与传统酸菜配合的满族特色肴馔，至今仍为东北地区盛行美食。祭祀中大量使用的煮白肉，所有参与祭祀者均得分享，吃祭肉成为食俗，煮白肉也成为宫廷帝、后日常饮食的特色。以猪皮为食材熬制的“皮冻”，在宫廷御膳中，变幻为“水晶冻”“红冻”和“虎皮冻”等，透明晶莹，色味俱佳。从现代营养学角度观察，清宫后妃佳丽长期食用猪皮、猪爪一类食品，似乎也颇具美容养颜之功。

以肉类而言之，当然是猪肉为餐桌之最，而清宫膳食的特点更在于大量食用东北地区特产和野生动物。如乾隆四十九年（1784 年）的除夕宴中，一桌所用的猪肉即达 60 斤。除了鸭、鸡等外，东北地区的野猪、关东鹅、野鸡、鹿尾、细鳞鱼等，也是宴席和日常膳食的基本内容。清宫对故乡东北的食材、食物的偏好直至清末一直保持着。

清宫日常饮食的另一特点是随节令而食。最高统治者以天下为食，所有时鲜果蔬，按季节调剂，以“物生有时”为原则，符合中国传统中医理念中的养生观念。康熙也曾从养生角度理解这一问题，认为所有可吃的果品，“于正当成熟之时食之，气味甘美，亦且宜人”。对于下面人进贡的刚刚采摘的新果，他往往只是略尝一口，做做样子，“未尝食一次也”，内心里认定“必待其成熟之时始食之，此亦养身之要也”。宫中一直有按月份、节令变化而吃时令果蔬之俗，莲藕成熟时吃莲藕，秋收时节吃苹果等等。晚清宫女在回忆中总结说，宫里“吃东西讲究分寸，不当令不吃”“到了清明节，就有豌豆黄、芸豆糕、艾窝窝等；到立夏，就有绿豆粥、小豆粥；到夏至，就要吃水晶肉、水晶鸡、水晶肚之类的。暑天，也给凉碗子吃，像甜瓜果藕、莲子洋粉攥丝、杏仁豆腐等，经常吃的是荷叶粥，都是冰镇的。瓜果梨桃按季节、按月有份例”。

比一般社会上的殷实人家更为讲究的是，宫廷中可以吃到产于万里之遥的果蔬，如我们在乾隆的“寄信档”中见到，他常常能吃到产于新疆的葡萄、哈密瓜等当时比较新奇的果品。乾隆二十六年（1751 年）九月，乾隆专门下令询问新疆送来葡萄的事。此时，他正在避暑山庄，据报，舒赫德派人从新疆送了 12 盆葡萄，乾隆专门过问此事，问道也不知枝上有没有葡萄，如果有的话，为什么不直接送到承德避暑山庄来。既然能送到京城，就应该能送到山庄，如果等到皇上还京，这葡萄还不都落光了。传谕质问管事的，来保年事已高，那个吉庆难道是吃闲饭的？言语中很有些恼火。

产自新疆、福建和台湾等地的特殊果蔬，宫廷内甚至专门建立档案，记录其分食情况。截取整段荔枝树运到京城的荔枝，可以保鲜食用 20 天左右，受到珍视。应时的水果当然是健康食品，但晚清宫女回忆中却说，慈禧太后当年曾经把水果当作香料来使用，“太后的寝殿里不愿用各类的香薰，要用香果子的香味来薰殿，免得有不好的气味。除储秀宫外，体和殿也有水果缸。这些水果多半是南果子，如佛手、香橼、木瓜之类。每月初二、十六用新的换旧的，叫换缸”。更有甚者，夏季宫廷内不仅享用冰镇果蔬饮食，还制造过冰箱。下图中的两台冰箱，柏木冰箱显得古朴，高 82 厘米，长 91 厘米，宽 92 厘米。箱盖四个铜钱纹开光，可以将箱盖提起。箱内四壁均为铅皮包镶，内设格屉。屉下层放置冰块，上置食物即可起到冰镇效果。冰箱外壁铜箍三道，两侧各有铜环。箱座为柏木制成，包镶铜片。另一台掐丝珐琅冰箱似乎更华贵一些，高 76 厘米，长 72.5 厘米，宽 72.5 厘米，双开活盖，盖上有钱形孔向外散气，以达降温效果。外皮为掐丝珐琅，箱内镶银里，同时可以将冰块与食物、

清柏木冰箱

乾隆掐丝珐琅冰箱

果品置于箱内，以达到冷冻效果。这台掐丝珐琅冰箱下部有专门出水口，冰块融化的水由此缓缓流出。冰箱通体画有精美图案，底部有乾隆年款，并有大龙图案。

正月初一、二月初二、五月初五、七月初七等节日，清宫食俗与京城民俗大同小异。如正月十五吃元宵、中秋吃月饼等等亦同，只是宫廷之中规模更大、更讲究罢了。用于赏赐的月饼、饽饽之类，数量甚多。乾隆四十八年（1783 年）中秋节，仅仅用于赏赐的月饼就有大月饼十五品一桌，二寸月饼三十二品两桌，攒盘月饼二十品一桌，内管领月饼十五盘两桌，自来红月饼十二盘一桌等。中秋节月饼之类也常常作为赏赐之物驰送到皇帝的宠臣手中，成为皇帝笼络臣下的手段。

雍正初，年羹尧以镇守西北边疆并在雍正登基一事中起到重大作用，一门显赫，不仅自己被封为一等公，其父也封了个一等公，年氏子侄辈也多荣宠，“极人世之荣宠”。雍正二年（1724 年）中秋，年羹尧在西北大营中收到御赐中秋饼果 8 篓，雍正甚至还亲笔抄录了一首《水调歌头·丙辰中秋》赐给他。年大将军赶紧按例写了谢恩折子，其中有“从此人长好，万里共婵娟”之语。雍正收到折子后还用朱笔把这句诗圈了出来发还给年羹尧，意思是说，朕心中也是如此之念。

清宫与民间不同的一个特殊节日是八月二十八。是日，宫内上自皇帝、后妃，下至宫女、太监等全体吃素一天，据说是为纪念大清开国时期征战艰难的祖宗。全体“皆不食肉，以生菜裹饭而食”，以示不忘创

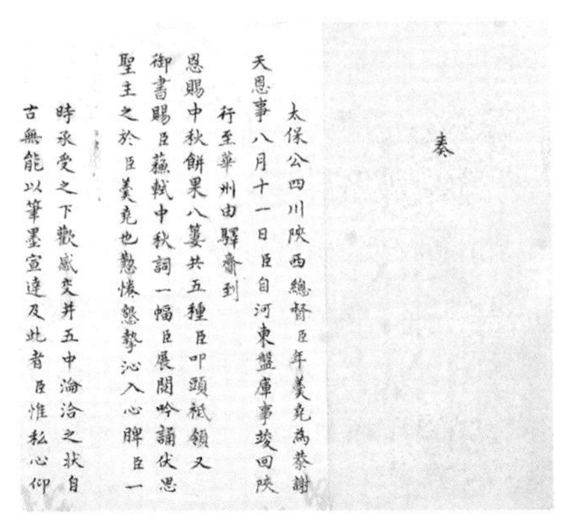
奏
太保公四川陝西總督臣年羹堯為恭謝
天恩事八月十一日臣自河東盤庫事竣回陝
行至華州由驛齎到
恩賜中秋餅果八簍共五種臣叩頭祗領又
御書賜臣蘇軾中秋詞一幅臣展閱吟誦伏思
聖主之於臣羹堯也懃惓懇摯沁入心脾臣一
時承受之下歡感交并五中淪洽之狀自
古無能以筆墨宣達及此者臣惟私心仰

年羹尧收到中秋饼果的谢恩折（部分）

业艰难。

清宫祭祀活动也保持着特殊的食俗，比较典型的是坤宁宫祭神，与满族民间祭索罗杆类似。入关后，紫禁城“春秋立竿大祭，皆依昔年盛京清宁宫旧制”。坤宁宫祭神有每日的朝祭、夕祭，也有大祭、春秋祭等，以猪为主要祭品，用纯黑无杂毛、膘肥肉厚的猪为祭猪，称为“神肉”“福肉”。所祭皆有食肉之典，参加祭祀者每人肉一盘，盐一碟，食毕而出。宫中膳食中，每餐必有盘肉，即以祭祀之法制成，切片装盘，白肉、攒盘肉皆与清宫祭神有关，也与历代食俗区别，打上满族习俗的烙印。

无疑，宫廷饮食也受帝、后个人嗜好的影响。清代入关后，累朝皇帝各有饮食好尚，既与民族传统和关内社会影响相关，也与个人好恶联系，反过来也影响了宫廷饮食，而他们所居庙堂之高的身份，也使他们的个人嗜好对社会产生影响。例如，清室源自盛产大豆的东北，豆类是八旗满州和关外汉人的常见食品。入关后，继承盛京时代的传统，豆面饽饽、豆面卷子、豆腐、豆粥等仍是宫中日常食品。宫中供应份例中，各种豆制品所占份额很大。柄政长达数十年的康熙就特别喜欢豆腐，御膳房对此也特别用心。康熙曾特赐老臣豆腐，并特别交代宫中御厨将制作之法传授给老臣的家厨，作为该老臣晚年的享受，传为清代饮食史上的一段佳话。康熙四十四年（1705 年），康熙南巡来到江苏，照例颁赐食品等给地方官员，时任江苏巡抚的宋荦得到特别照顾：“有内臣颁赐食品，并传谕云：‘宋荦是老臣，与众巡抚不同，著照将军、总督一样颁赐。’计活羊四只，糟鸡八只，糟鹿尾八个，糟鹿舌六个，鹿肉干二十四束，鲟鳇鱼干四束、野鸡干一束。又传旨云‘朕有日用豆腐一品，与寻常不同，因巡抚是有年纪的人，可令御厨太监传授与巡抚厨子，为后半世受用’等语。”宋荦为明代降臣之子，入汉军旗，少年时曾入选为宫廷侍卫，后官至吏部尚书。康熙此次南巡时，他在江苏巡抚任上，年过七十，已是第三次接待皇帝南巡了。御赐豆腐这件事，清代笔记中多有记载，记录者对康熙关怀老臣感慨良多。康熙自己十分喜欢这种小食品，并特别交代御厨把宫中做豆腐的秘方传授给宋荦的厨子，也算是历史上一段趣事了。

宫廷中豆腐菜谱特别丰富，乾隆也是十分喜爱豆腐制品的皇帝，甚至在出巡时的也是每餐都有豆腐。近年来，学者们研究发现，乾隆的膳单中有一种菜式是他的最爱，就是鸭子。清宫膳单中，鸭子无疑是食用较多的菜品，甚至连包子都有鸭子口蘑馅的。乾隆的餐桌上，一顿饭的鸭子菜品往往不止一样，如乾隆三十年（1765 年）南巡途中，正月十七日早膳有清蒸鸭子糊猪肉、鹿尾攒盘一品，另有鸭子粥一品。到晚膳时，又传胡鼎做葱椒鸭子一品，奶酥油野鸭子一品，暴露出乾隆对鸭子菜品的钟爱。乾隆四十八年正月初一早膳，居然有五品鸭子，包括燕窝挂炉鸭子、燕窝芙蓉鸭子热锅一品，万年青酒炖鸭子热锅一品，托汤鸭子一品和清蒸鸭子鹿尾攒肉一品，燕窝冬笋野鸭汤。中医认为鸭肉性温，能清毒补虚，或许也是长寿的乾隆喜爱它的原因之一吧。乾隆不喜欢鱼翅，膳单中就少见鱼翅。鱼翅大量出现在宫廷膳单中还是慈禧太后掌政以后的事。

慈禧太后柄政 50 余年，用膳排场最为铺张，她喜好的奶制品、甜品等也有明确记录，尤以肉类为甚。裕德龄在《清宫禁二年记》里多次提到慈禧太后对肉类的嗜好，有一种葱炒肉，“太后所嗜，余尝之果佳”。各种形状的面食，制作精巧，其中“另有一种，中有肉馅”，太后亦甚嗜之。日常用膳中，烤鸡烤鸭，当然是常见之物，而“另有一盘为太后所最喜者，则烤肉也”。裕德龄在宫中较长时期观察，得出“太后食肉，固甚多也”的结论。慈禧年事渐高时，也常常有吃素的想法，《清稗类钞》

民国初年居住在紫禁城中的少年溥仪

银质咖啡具（故宫博物馆院藏）

说，她曾听人劝，同意常常素食，但她身边的人觉得，太后“非肉食不得饱，遂罢”。

到了末代皇帝溥仪时期，居然开始享用西餐。辛亥革命后，居于故宫一角的小朝廷，仍然维持着旧时的传统，但逐渐长大的溥仪却是一位剪辫子、穿西装、戴眼镜、骑自行车的年轻人，时不时就有非常之举。饮食方面，他竟然对西餐非常有兴趣，为此还专门设立了“番菜房”。冰激凌、咖啡进入皇宫，虽然怎么看都觉得不伦不类，却也是时代变迁在小朝廷中的反映。

久居深宫的帝王，对宫廷以外的社会或多或少有些隔膜，这样的隔膜被文人们演绎成为传说，故老相传，言之凿凿。

最典型的是几朝皇帝与鸡蛋价格的故事。相传，乾隆有一次问大学士汪由敦：“你一大早就进宫来上朝了，在家可曾吃过点心了？”汪答称：“臣家贫，早晨上朝前吃了 4 个鸡蛋而已。”乾隆大惊，心想：内务府报账中，一个鸡蛋要 10 两银子，你一早就吃了 40 两，我都不敢这么奢侈，就这你还说家贫？汪由敦知道是内务府蒙骗皇上，只好打马虎眼，街市上的鸡蛋，往往是破了不能供宫里用的，所以便宜，每个只需几文钱而已。乾隆不知是真糊涂还是装糊涂，这事就这么不了了之。还有一个故事也是说鸡蛋的价格，主角却是光绪了。这一时期，鸡蛋价格竟然是 30 两银子一枚了，光绪常常觉得自己一年光吃鸡蛋一项就花了上万两银子，有些负罪感。一天，光绪问他的老师翁同龢：“鸡蛋是好吃，可就是贵了一点，老师吃得起吗？”翁师傅也是个老道的人，回答说：“过节时买几个给孩子们尝尝，平时是不敢买的。”说得最多的还是道光。相传道光某天想吃片汤，传令膳房做点上来，第二天，内务府报告说，做这个东西得要加一所御膳房，开办费少说也得几千两，日常费用和管理人员开支又得几千两。道光说前门外某饭馆就卖这东西，派个小太监去买点来就行了。去了半日，回来说，那家饭馆已关门多年了。这位以抠门著称的皇帝也无可奈何。

这类故事，人言藉藉，流传甚广，说的是深宫中的帝王昧于外情，被内务府的管事和奴才们骗了。明清以来的笔记小说，记载颇多，实际上却未必靠得住。乾隆经常出宫巡视，是不太可能这么容易被蒙骗的。

清代密折制度，规定官员要经常给皇上“打小报告”，上“请安”折子，其中各地风土人情、地方官名声、庄稼收成、物价水平等等，无所不包。皇帝要微服私访可能有点困难，但他也是个耳目众多的人，鸡蛋价格之类的事，想骗他还是比较困难的。但有一点是肯定的，内务府的管事人员收入丰厚，贪污浪费的事常常发生，引起社会上和官员的不满，人们编排和传播这类故事，原因也多半在此。

事实上，清代宫廷饮食也不是孤独存在和独立发展的，人们出于对上层社会日常生活的好奇，了解甚至传播宫廷饮宴的热闹和菜品的样式，使它对普通社会产生影响。另一方面，宫廷菜式无疑也受到社会上的影响。

宫廷菜式肯定不会是无根之木、无源之水。任何菜式进入宫廷后，都会在材料的精选、做工的考究等方面发生变化，当它传播到宫廷以外的社会上，必会对地方菜式乃至饮食文化产生影响。就说康熙曾经当作宝物赐给江苏巡抚宋荦的豆腐来说，这款豆腐后来成为社会上著名的“八宝豆腐”，也称“王太守八宝豆腐”。原来，康熙对这个菜非常喜爱，还曾将它赐给了大学士徐乾学，据说徐去取这个菜单时，还给了御膳房白银千两。徐乾学吃着不错，又传给了他的弟子楼村先生，即状元王式丹，楼村先生又将这款豆腐的制作方法传给了自己的后人、曾经当过知府的王箴舆。此人为康熙后期进士，与著名才子袁枚交好。乾隆时，袁枚在《随园食单》记录下了这道菜的配制与烹饪方法：将嫩片豆腐切至极碎，加香菇屑、蘑菇屑、松子仁屑、瓜子仁屑、鸡屑、火腿屑，加上浓鸡汤汁炒滚。这道王太守八宝豆腐，成为一道名菜，在社会上的豆腐食品中产生影响。其成为名菜，既因为它源自宫廷，也由于传播这道菜的都是一时名流。

社会上的菜品菜式传入宫廷，途径也是多种多样的。乾隆时期，宫中有一道名菜——豆丝锅烧鸡，就源自江南陈家。陈氏一门，明清两代多才子和高官，乾隆巡视江南时多次驻跸陈家，小说家们甚至以此为由杜撰了乾隆是陈氏后人的江湖故事。一次，乾隆驻跸陈家时，陈氏敬献了这道菜，乾隆品尝后大为赞赏。自此，这道菜传入宫中，直到当代，北京的仿膳还在经营这道名菜。乾隆一生六次南巡，遍尝江南美食，又从江南带回张东官等名厨，把一批南方菜引入宫中，成为宫廷菜式的一大源头和重要组成部分，红烧狮子头、苏造肉、五香鸡、清炒虾仁等等，后来都成为宫中常用菜。

通常讲，这种传播与影响都是双向的。宫廷菜往往是在吸取民间饮食精华的基础上并将其推向精致和奢华，当其重新传回民间时，又得到争相效仿，从而互相促进，推动饮食文化发展。腊八粥，起源于民间，所用原料都是常见食材，凑足八样，和而煮之而已。清代，传入宫廷的腊八粥已经变了样，雍和宫每年腊月熬制此粥，精选糯米、粳米、黄米、小米、赤白二豆、黄豆、芸豆、三仁（桃仁、棒仁、瓜子仁）、麦牙糖等原料，又掺入栗子、莲子、桂圆、百合、蜜枣、青梅、芡实等果料，派大臣监制。每年清宫煮粥耗费的银子竟达十二万四千余两。这种制法，自然对民间产生影响，晚清时，社会上殷实人家的腊八粥，多以名贵的八样食材为主料，成为名副其实的“八宝粥”了。

第三章

盛世饕餮

这个可以有：说满汉全席

认真参详清代规模最大的千叟宴，不难发现，它实际上是以满族饮食范式为主的宴会模式，宴席的布置当然是宫廷式的，突出的是以火锅为中心的菜品和点心。人们很容易将其定性为满族宴席，甚至有人直接将其视为满汉全席中的一种。

说到满汉全席，它是清代饮食文化的精品，是满点与汉菜结合的典范，至今仍是品种和菜式最多、最豪华的宴会形式之一。但人们对它的认识还颇有争议，有人认为它是产生于宫廷，而后传播到社会上的，它只是一种宫廷宴会式样。实际上这种说法是不确切的。还有一种说法，说清代根本没有所谓满汉全席，它只是后人的一种臆造。如《京城旧俗》等书就说清宫御宴“满汉全席”只不过是一种虚构，满汉全席这一名称来源于一段相声。20世纪20年代在北京和天津献艺的著名相声演员万人迷编了一段“贯口”词，罗列大量菜名，名为“报菜名”，颇受听众欢迎。直到20世纪30年代，相声界仍称这段贯口词为“报菜名”，后来也成为相声演员表现基本功的段子，传来传去竟被讹称为满汉全席。有人竟然将满汉全席分为蒙古亲藩宴、廷臣宴、万寿宴、千叟宴、九白宴、节令宴等不同的宫廷宴会种类；也有人以地域为标志，又将其分为成都满汉全席、扬州满汉全席等。

清代社会上到底有没有满汉全席这种最高规格的宴会？最大的误区在于，后人认定它是清代宫廷的产物，既然是菜品菜式最齐全的清代宴席形式，就以为它一定起源于宫中；人们遍查文献，并未见到宫廷的菜谱中有“满汉全席”，就认为清代根本没有满汉全席。然而，满汉全席其实并非产生于宫中，而是来自社会上，在官场接待中最早出现了将满席与汉席合并的形式，只是没有全席的称呼。至晚清时，社会打着宫廷御宴招牌的各类宴席颇多，满汉席也跻身其中，成为“全席”了。另一个有力的证据是，八国联军侵华时，慈禧太后与光绪西逃，回归途中向地方上要吃的，明确提出要准备“满汉全席”，可见满汉全席产生于清代社会，并为宫中认可和接受，是有证据的。

查乾隆时所颁布的《钦定大清会典则例》与光绪时的《钦定大清会典事例》，宫廷中大型宴会基本规制未变，均分别设“满席”与“汉席”，未见有“满汉席”或“满汉全席”的。满席有用料多少的规矩，汉席虽未明确用料多少，却也有用多少道菜的原则。据说一等汉席每桌可以达到 23 碗菜，另加果食 8 碗、蒸食 3 碗、蔬食 4 碗。虽然清代统治者讲究饮宴的奢华，不时有逾制的情况，但根据上述规定来看，基本上可以排除满汉全席产生于清代宫廷的可能。

直到晚清时期，宫中的规矩仍然有满席与汉席的分别。曾在宫中近距离与慈禧打交道的裕德龄在《清宫禁二年记》中记录了慈禧接待俄国勃兰康夫人的情况：接见后，引入餐室，“所备者满席也”。以她的视角，满席与汉席的区别在于满席似乎更接近西餐的分餐制：汉席的菜，一盘盘放置于桌子中央，进餐者各自用筷子，选择自己喜欢的东西吃；而满席是每个人都有自己的专菜，跟西人的差不多。老太后比较喜欢满席，认为它比较省时而且干净。按制，慈禧以满席接待外国来使，是符合清宫规制的。而从裕德龄的视角来看，这种满席与西餐的差别，不过是略有变更而已，增加了鱼翅、燕窝、布丁之类中式的菜式。可见宫中有满席与汉席分别使用的惯例。当然不可否认的是，清代宫廷中那种大排满席、汉席的风气，对于后来社会上形成的满汉全席无疑具有很大影响。

清代官场公费吃喝之风极盛，公务往来亦多大排宴席，对于社会上满汉全席的形成也起了重要的推动作用。满席与汉席的合并使用，当为满汉全席的前身，而此事当始于地方政府的公务接待活动当中。雍正五年（1727 年），江苏巡抚陈时夏给皇帝的一份奏折中，记录这样一件事：

当年八月间钦差大臣护送苏禄国贡使回国，途经苏州，当地吴县、长洲、元和三县的县令，于公所备下了满汉席和果点各二桌，宴请贡使，请陈时夏与布政使相陪。苏禄国贡使因病不来赴席，于是，官员们即将所备之席送去。事情不知怎么就被人告到了朝廷，说陈时夏接待外国贡使不合规矩，宴请贡使不仅使用了满汉席，而且备了看二席，极尽奢华。陈还违背当时礼法，亲自去请贡使来赴宴。“迎接贡使，款待失体。”陈即受到雍正的申斥，他随即写了这份奏折进行回复和辩解。从这份奏折透露的情况来看，地方政府公务接待中，满汉席并用的宴会，是一种常见的方式，并不违规，违规是另备了看席，而且陈又不顾自己地方大员的身份，亲自去请一个小国的贡使赴宴。这件事情发生于雍正时期，也说明地方上满汉席合并使用早于乾隆时期。这个记载也可以与乾隆时李斗所记录的满汉席互相参照，显然，作为一个落第的读书人，李斗能较详细地记录扬州的满汉席，说明乾隆时地方政府公务接待中，此种筵宴形式已经较为普及了。可见，满汉席的并用，并非始于宫廷，而是始见地方政府的公务接待中。因为，在宫廷中，满席与汉席历来都是明确分开使用，其所需银两、应用场合及参与人员都有明确的规定。从乾隆时著名文人袁枚所作《随园食单》中也可看出，满汉席实际上是始于地方上的官场应酬：“今官场之菜，名号有‘十六碟’‘八簋’‘四点心’之称，有‘满汉席’之称，有‘八小吃’之称，有‘十大菜’之称，种种俗名，皆恶厨陋习。”显然，乾隆时官场上满汉席并用已成一时之风气。

清代社会上层的饮宴无度，对于满汉全席的产生起到了推波助澜的作用。归根结底，饮食文化在一定时期的高度发展，除了社会物质的丰富外，更重要的就是社会上层大兴吃喝之风。而清康、乾以降，社会安定，各种矛盾相对缓和，公款吃喝大行其道的同时，社会上层人士往来酬酢，挟妓饮酒，饕餮之风颇盛。宴会风气，京师为盛。《清稗类钞·饮食类》载：“京师为士夫渊薮，朝士而外，凡外官谒选及士子就学者，于于鳞萃，故酬应之繁冗甲天下。”在地方上，如《扬州画舫录》所说“一碗费中人一日之用”的饮宴场面司空见惯。即使是在地处僻远的地区，饮宴之风亦不稍逊。《清稗类钞·饮食类》载：“甘肃兰州之宴会，为费至巨，一烧烤席须百余金，一燕菜席须八十余金，一鱼翅席须四十余金。等而下之为海参席，亦须银十二两，已不经见。”通都大邑，挟妓饮酒之事成为一时风气，清人钱泳《履园从话》卷七载：“时际升平，四方安乐，故士大夫俱尚豪华，而尤喜狭邪之游。在江宁则秦淮河上，在苏州则虎丘山塘，在扬州则天宁门外之平山堂，画船箫鼓，殆无虚日。”饮宴风气日盛，而菜肴的讲究也日渐繁复。清欧阳兆熊和金安清的《水窗春呓》载：“宴客肴数，（从前）至多者二十四碟，八大八小，燕菜烧烤而已。甲午以后有所谓拼盘者，每碟至冷荤四种，四碟即十六种矣。而八大八小亦错综迭出……与乾嘉以前迥别也。”晚清时，这种饮宴无度甚至也会成为参与者的一种精神负担，清人陈其元在《庸闲斋笔记》中说，那些年江南地方小官每到年节，饮酒吃饭成了很大的负担，同僚之间你来我往，常常是一天之内要赴四五处宴席，菜式丰富，穷极水陆。但是一听到有人邀请就发愁，提筷子就皱眉头。细想想，也不是什么口味变了，只不过是每天吃得太多太饱罢了。这种饮宴无度的风气，成为社会上奢华无度的满汉全席产生的一个重要动力。

满汉席以菜式齐备、品种繁多和极尽奢华而著称，无论从哪个角度来说都是中国饮食文化的点睛之笔。李斗在《扬州画舫录》卷四中记录了当时的“满汉席”的盛况：

上买卖街前后寺观皆为大厨房，以备六司百官食次。第一分头号五簋碗十件：燕窝鸡丝汤、海参汇猪筋、鲜蛏萝卜丝羹、海带猪肚丝羹、鲍鱼汇珍珠菜、淡菜虾子汤、鱼翅螃蟹羹、蘑菇煨鸡、辘轳锤、鱼肚煨火腿、鲨鱼皮鸡汁羹、血粉汤、一品级汤饭碗。第二分二号五簋碗十件：鲫鱼舌汇熊掌、米糟猩唇猪脑、假豹胎、蒸驼峰、梨片伴蒸果子狸、蒸鹿尾、野鸡片汤、风猪片子、风羊片子、兔脯、奶房签、一品级汤饭碗。第三分细白羹碗十件：猪肚、假江瑶、鸭舌羹、鸡笋粥、猪脑羹、芙蓉蛋、鹅肫掌羹、糟蒸鲥鱼、假班鱼肝、西施乳、文思豆腐羹、甲鱼肉片子汤、茧儿羹、一品级汤饭碗。第四分毛血盘二十件：镬炙哈尔巴小猪子、油炸猪羊肉、挂炉走油鸡鹅鸭、鸽臛、

> 猪杂什、羊杂什、燎毛猪羊肉、白煮猪羊肉、白蒸小猪子小羊子鸡鸭鹅、白面饽饽卷子、十锦火烧、梅花包子。第五分洋碟二十件，热吃劝酒二十味，小菜碟二十件，枯果十彻桌，鲜果十彻桌，所谓“满汉席”也。

以这份食单来看，它是乾隆时扬州地方衙门各大厨房为官方重大活动准备的宴席，从前后文来看或许与接待乾隆南巡有关。作者称为“满汉席”，并未冠以“全席”之称。但仅以此观之，已经是满汉合璧、山珍海味杂陈，极尽奢华了。

毫无疑问，民族间关系的融洽、民族文化的交融，是满汉全席产生的一个基本前提。清入关初，民族间矛盾一度十分尖锐，至康熙以后，民族间文化交融，民族矛盾逐步缓和。曾经发生过“扬州十日”“嘉定三屠”的三吴之地，到乾隆时官场已盛行“满汉席”，便是民族矛盾缓和的明证。袁枚在《随园食单》之《本分须知》中有段话对当时流行的满、汉菜交流的现象进行批评，却也道出了乾隆时民族文化互融，饮食上互相学习与交流的情况：

> 满洲菜多烧煮，汉人菜多羹汤，童而习之，故擅长也。汉请满人，满请汉人，各用所长之菜，转觉入口新鲜，不失邯郸故步。今人忘其本分，而要格外讨好，汉请满人用满菜，满请汉人用汉菜，反致依样葫芦，有名无实，画虎不成反类犬矣。

事实上，正是这种“汉请满人用满菜，满请汉人用汉菜”，造成了民族间饮食文化的融通，为满汉席并用乃至产生满汉全席打下了社会与民族的基础。

从满席、汉席、满汉席到满汉全席的发展过程中，商业，具体说是餐饮酒楼业的发展也起到了重大的推动作用。康熙以降，社会安定，饮宴之风趋盛，京师到各地通都大邑，“酒肆如林”，餐饮酒楼业得到发展。《清稗类钞·饮食类》载：“京官宴会，必假座于饭庄。饭庄者，大酒楼之别称也，以福隆堂、聚宝堂为最著。”酒楼中宴席种类繁多，以《清稗类钞》所载，有烧烤席、燕菜席、鱼翅席、鱼唇席、海参席、蛏干席、三丝席诸名目，亦有以碗碟多少、大小而称呼者如十六碟八大八小、十二碟六大六小、八碟四大四小等。其中烧烤席已经有了“满汉大席”的称呼：“烧烤席，俗称满汉大席，筵席中之无上上品也。烤，以火干之也。于燕窝、鱼翅诸珍错外，必用烧猪、烧方，皆以全体烧之。酒三巡，则进烧猪，膳夫、仆人皆衣礼服而入。膳夫奉以待，仆人解所佩之小刀脔割之，盛于器，屈一膝，献首座之专客。专客起箸，箧座者始从而尝之，典至隆也。次用烧方。方者，豚肉一方，非全体，然较之仅有烧鸭者，犹贵重也。”酒楼为了商业利润，常常以“全”席为号召，招揽顾客，如全羊席、全鳝席等等。晚清时，酒楼饭庄仿制宫廷御膳成风，并以“全席”相号召，“满汉全席”已成为被社会广泛接受的奢华宴席了。

满汉全席传播到全国各地，很快形成了不同地区各具特色的满汉全席，如广州、四川、沈阳、大连、天津、开封，甚至后来的台湾、香港等地，都出现了具有地方特色、流派纷呈的满汉全席。广州的满汉全席，明显具有粤菜风格，与川派满汉全席、北京的满汉全席呈现不同的风格。这种情况，既是上层社会与宫廷、民间饮食文化交融的反映，也是人们从头至尾怀疑世上曾出现过真正的满汉全席的原因之一。

传承千年的孔府菜

清代历次千叟宴都少不了孔府的参与。中国历史上从未有一个家族能像孔子家族这样，千年来为中央政府所倚重。儒学自汉晋以降成为中国的主流政治和学术思想，而孔子一门也成为社会政治生活中很少缺席的力量。孔子的封号历朝历代呈现不断增加之势，孔门也成为中国一个独特、谱系清晰、传承不衰的名门望族。唐宋时期，孔子已被追封为至圣先师文宣王，从那以后，孔门嫡传族长也代代被封为“衍圣公”。全国各地的学校，都有孔庙和祭孔殿堂，私家学堂也有祭孔的仪式。清代，甚至曲阜地方官的任命与升黜，都需要征求孔府的意见，一段时间甚至直接由孔府派人担当，这在中国发达的中央集权制时代是一件不可思议的事情。孔府“天下第一府”的名声，也不是凭空而来的。

清代历朝皇帝多次赴曲阜祭孔，孔府成为皇帝驻跸之所，孔氏一族的带头人衍圣公的地位，理论上是高于一般王公大臣的。清代宴席等级中规制中，特地规定了衍圣公入朝时用六等满席招待，与朝鲜贡使等享受同等宴席；衍圣公上朝，位于文臣之首，礼仪位次甚至高于一品大员。孔门地位之隆，于此可以想见。

孔府一门，代表着中国传统文化的正宗，历代王朝统治者都需要考虑孔府地位的象征性意义。对于宣称自己是中华传统最正宗的继承者和推行者的清政府来说，孔府的地位更是不容忽视。乾隆曾 8 次亲临孔府，举办隆重的祭孔大典。民间难以理解祭孔背后的原因，以至于民间多有

山东曲阜孔庙主殿（德国恩斯特·伯施曼摄于1906—1909年间）

传闻，说乾隆有一公主，因脸上有痣，怕是出嫁有困难，请算命先生一算，认定会嫁给比王公大臣更富贵的人家。乾隆一思忖，觉得只有山东孔府比普通贵族地位更高。可是限于满汉不通婚的惯例，无法直接与孔府结亲，只好让公主认了大学士于敏中为父，以于大学士女儿的身份嫁入了孔府。至今孔府和曲阜地方仍流行于氏公主嫁给第 72 代衍圣公孔宪培的故事。公主下嫁，孔府与皇室联姻，故老相传，孔氏一门地位尊崇，自不待言。

孔府一门，与皇家互相支撑，交往频繁，各取所需。孔府的支持，很大程度上代表了中国士人对朝廷的态度，而朝廷的恩宠，也使孔府的地位更加巩固。孔府与中央和地方各级官员也有密切交往，以山东而言之，从山东巡抚到藩、臬大员，至州县官员，每逢年节，孔府都向官员们一一赠送食品和礼物。对皇室，除了接待南巡的圣驾，也要备办专程前来山东祭孔和封禅的皇室成员和钦差官员。另一方面，在你来我往的密切交往中，一项重要内容是孔府向朝廷进贡，以及朝廷对孔府的恩赐。孔府每年将耿饼（山东特产大柿饼）、山药、荸荠、挂面、香稻米、猪、羊等土特产与风味食品作为贡品，献给皇帝与皇室。孔府在乾隆四十九年（1784 年）进贡两次，贡品中就有山东的土特产品和食品，以为御膳房烹饪佳肴之用，供皇上品尝。在二月那一次进贡的贡品有：“猪九十口，羊九十牵，鹅九十只，鸭九十只，挂面三箱，耿饼三箱，林薠三箱，荸荠三箱，小菜三箱，野菜五味，点心五种。”

与此对应，康熙、乾隆都曾多次赴山东孔府祭孔。尤其是乾隆三十六年（1771 年），乾隆南巡江浙回銮时专门转道曲阜，衍圣公孔昭焕远赴德州接驾，整个山东士子代表率族人迎驾。此次接驾，乾隆特地颁赐“商周十供”，亦称“商周十器”，包括木鼎、册卣、牺尊、亚尊、伯彝、蟠夔敦、宝簠、饕餮甗、夔凤豆、四足鬲，其中，木鼎、亚尊和册卣三件为商朝时期所造，其余七件为周代所造。据说是因为他觉得曲阜孔庙所陈礼器不够古雅，不足以承载祭孔这类大典。这套礼器至今在孔子博物馆展出，被专家们誉为“稀世至宝”“古器之冠”。

在这种你来我往之中，清代孔府菜也承载了千年孔氏的饮食文化，发展到一个新的高度。作为千年世家的文化，孔府菜的突出特点是等级分明。所谓“中国礼仪尽出齐鲁”，在孔府菜式和宴席上也须有所体现，并且不断程式化，成为贯穿始终的烦琐礼节习俗。菜式上、席面款式上等级分明，各种宴席的席面菜点丰盛，搭配讲究，主菜、大件菜、配伍菜都有一定的程式。规格上，则以用料高低和上菜的多少而定。孔府菜在历史上最高规格的也是“满汉全席”，菜品达到 196 道，仅餐具就有 404 件。其次是燕菜席、鱼翅席、海参席等等，依不同季节变换时令佳肴。而宴饮的享用者，根据其身份和地位来入室归座，等级分明，不得有丝毫的差错。

据《天下第一家衍圣公府食单》载：上席主要接待钦差或一、二品大员，格式是围碟全套，有二海碗、四大碗、六中碗和二片盘等主菜，总计 62 道；中席主要接待钦差随员或三至七品官吏，格式是围碟半套，有四大碗、四中碗和一烧烤等主菜，总计 50 道；下席主要接待钦差护卫和八、九品属官之类，格式是围碟仅小半套，有二大碗、四中碗和一烧烤等主菜，总计 2 道。之所以这样划分，目的是通过吃的待遇来体现身份、礼仪和典章制度。饮食制度的一切细枝末节都贯穿着君君臣臣、父父子子的等级观念。

对文化的重视，使孔府菜富含典故，如“孔府一品锅”“带子上朝”“怀抱鲤”等等。这些菜非常注重创意，且造型完整，色彩鲜艳，味道精美，体现了极高的烹饪造诣。孔府菜对盛装器具的讲究，对进食程序的推崇，对饮食气氛的追求，使得它有一种饮食的唯美主义倾向。

世人普遍称孔府菜为官府菜，实际上它的礼仪与讲究远高于一般官府菜。它与清代宫廷菜有颇多类似之处，又极富传统世家大族的特色。例如，孔府菜追求菜式的精美，可以不计成本，不惜物力，即便是宫廷和官场，也往往难与其匹敌。即以原料与调料的采集而言，孔府的大部分役户向府内源源不断地供应肉蛋禽奶和时令果蔬，均为第一时间送到，品质均要达到最佳，而且无需立即支付报酬，仅此一点就不是哪一个普通的大户人家能够达到的。

孔府一族自汉晋至清代绵延不断，文化传承从未中断，其烹饪文化的传承，不是一般贵族所能企及，其能在清代达到高峰也是事出有因。孔府用人，号称是“有例不减无例不添”，不轻易开除和更换。在厨师任用上，形成了一套独有的家族继承，厨师们也是父死子继，兄终弟及，若干个姓氏的厨师家族，代代相传，互为师徒。

乾隆时期关于孔府菜的故事也特别多。相传，乾隆首次到孔府时，阖府上下紧张异常，到进膳时，看家的孔府大筵菜鱼贯而入，无非是熊掌燕窝、猴头虾仁之类，可是万岁爷对这类东西是司空见惯，并无多大兴趣。厨师把硬功夫、看家的本事都拿了出来，乾隆爷却没怎么吃，各种菜式几乎原封不动地又从桌上往下撤。衍圣公不免着急，叫人连催厨房再上好菜，弄得厨师不知如何是好。一位厨师情急之下，抓了一撮花椒下油锅爆炒了几下，然后抓了一把豆芽菜入锅翻炒装盘。乾隆见到亮

孔府菜

晶晶、脆生生的豆芽，夹杂着几粒黑色“豆粒”，顿感有趣，尝了几口，连声称妙。花椒豆芽竟然解了孔府之围，得到皇上的称赞，却也是奇事一桩。原来，宫中做菜，也常常使用花椒之类的调料，却多是在装盘之前将花椒剔除出去，所以皇帝虽然常吃花椒的味道，却未见直接与青菜合在一处的菜式。皇上对豆芽的欣赏，促进了孔府对豆芽菜的“粗菜精作”。此后，孔府的豆芽，精雕细琢，花样百出，比如有将豆芽掏空塞进鸡丝等的菜式，成为孔府菜中的一道名菜。据说，这道菜被带回宫中，晚清时慈禧太后也喜欢这道菜。

孔夫子曾经提出“食不厌精，脍不厌细”的饮食原则，孔府菜也成为中国官府菜中传承历史最悠久的一脉。孔府菜的“不时不食”，指的是不合时令的菜不吃，菜式讲究“色香味形器”的统一，使得孔府菜成为官府菜中特别讲究、特点突出的菜式。孔府菜自成体系，自有一套严密完整的制作、配菜方法，与清宫御膳一样，成为中国古代饮食文化的珍品。其特点在于，以鲁菜传统为主体，兼容江南和中原烹饪技艺，同时也受到清代宫廷菜式的影响，融会贯通；选料广泛，用料讲究，精工细作，美食美器；命名讲究，古朴典雅，如“诗礼银杏”“阳关三叠”“黄明迎春”等名菜，其来有自，而“御笔猴头”“金钩银条”“带子上朝”“玉带虾仁”等，也都有典故依据，即使是用燕窝、鱼翅等食材排列而成的“万寿无疆”“吉祥如意”“合家平安”“连年有余”这类吉祥话，也都透露出世家大族的气度。

自康熙以来，孔府按例每年向皇帝和皇室进贡“孔府菜”。甚至连孔府的野菜经特别加工后成为酒席上的珍品，也要进贡皇帝。直到晚清时期，进贡筵席的惯例仍然保持着。光绪二十年（1894年），为庆祝慈禧太后60大寿的万寿节，衍圣公孔令贻率妻随母前往京师贺寿。孔令贻随行还带上了孔府厨师张昭增等一行人，提前一个月进京，住进了京城太仆寺街的圣公府。十月初一日，衍圣公母亲和夫人得到太后接见，闲谈之间，太后还问起山东特产：“你们那里出产挂面、冬菜、细粉，是不是？”到十月初四日，老太太和夫人各进贡早膳一席，既是孔府特色菜肴，也照顾到慈禧的个人口味：

海碗菜二品：八仙鸭子一品，锅烧鲤鱼一品。中碗菜四品：清蒸白木耳一品，葫芦大吉翅子一品，“寿”字鸭羹一品，黄焖鱼骨一品。大碗菜四品：燕窝“万”字金银鸭块一品，燕窝“寿”字红白鸭丝一品，燕窝“无”字三鲜鸭丝一品，燕窝“疆”字口蘑肥鸡一品。怀碗菜四品：熘鱼片一品，烩鸭腰一品，烩虾仁一品，鸡丝翅子一品。碟菜六品：桂花翅子一品，炒蕉白一品，芽韭炒肉一品，烹鲜虾一品，蜜制金腿一品，炒王瓜酱一品。片盘二品：挂炉猪一品，挂炉鸭一品。克食二桌：蒸食四盘，炉食四盘，一桌；猪肉四盘，羊肉四盘，一桌。饽饽四品：“寿”字油糕一品，“寿”字木樨糕一品，百寿桃一品，如意卷一品。燕窝八仙汤，鸡丝卤面。

夫人所贡席面与老太太基本一致，唯有将黄焖鱼骨改为黄焖海参。既以传统鲁菜为主，也照顾慈禧的习惯，多做了几道鸭子菜品。大碗菜四品，拼成“万寿无疆”的吉祥祝福，既是孔府的传统厨艺，也适应了太后万寿节的时节。早膳开始时，老太太捧进长寿面一碗，慈禧亲手接过面碗并感叹说：“人真好，真稳当，你这碗面总要吃的。”

随园菜与谭家菜

清代官员与世家大族多蓄私厨，追求饮食排场，一时风气使然，流风所及，人数众多，不繁类举。就饮食文化而言，清代官府菜除去记录一个家族的兴衰发展过程，也承载着社会饮食文化的发展脉络。“累世同居”的世家大族，祖传的各项技艺中，烹饪也是重要文化传承的内容，俗语所谓“三辈学穿，五辈学吃”，大概就包含着这个理念。一个小家庭或许会使回归的游子感受到“母亲的味道”，而官府菜则会有本家族或本地区的风味之意。官府菜在当时可能是引领一时之潮流，后世则成为饮食文化的组成部分。礼乐排场演绎到极致的孔府菜，是官府菜中特殊的个案，而清代京师与各地官府和世家的美食，不少具有明显的家族风格，各有千秋。官府菜省去了宫廷饮宴的礼制局限，具有一定的个性和自由，却也是一般寻常百姓难以企及的。清代的高官大族，大多有自己的厨师和饮食特色，难以列举，这里只以随园菜与谭家菜为例来说说。

随园菜是乾隆时期江南地区极负盛名的官府菜。虽说是官家菜，却又颇似民间富贵人家的私厨菜式。说起这随园与随园菜，首先当然得说说清代大名鼎鼎的才子袁枚。袁枚出身世家，出生时虽已是家道中落，却仍得到良好教育，其善诗文，12 岁已有长篇论著问世，“莫不异之”。乾隆初年，袁枚赴广西省亲，其叔父“奇其状貌”，命赋诗，辄下笔千言，大为叹赏。15 岁举博学鸿词科，当时入选者多为耆老宿儒，袁枚成为最年轻的一位，“天下骇然，无不想望其丰采也”。这博学鸿词科在唐以来为制科之一，早清代实为科举以外招纳海内名士的一种办法，因为很多名重一时的大学者不屑于参加科举与清廷合作，所以清廷采取了这种专以文才取人的考试办法，所取中者多为饱学的著名之士，袁枚以15岁幼龄参与其中，算是个特例了。24岁时，他进士及第，入翰林院为庶吉士，春风得意，名动天下。这位年轻才子，却因满文考试不合格，未能留任京中。25岁时外放县令，先后任江宁、上元、江浦、沭阳等地县官，官声极佳，而做官事迹往往为其才名所掩。袁枚官场不得意，两度辞官，终于在37岁那年以赡养母亲为名，挂冠归乡。时人说他拥书万卷，优游林泉，诗酒会友，“著作如山，名闻四裔”。盛名之下，不免夸大其词，却也道出了他此后数十年优哉游哉的生活状况。

退隐之前，他用300两银子在江宁小仓山购得一片私家园林。据说这座园子是《红楼梦》作者曹雪芹笔下“大观园”的原型，曹家败落后，园子转到了新任江宁织造隋赫德之手，人称“隋园”。至袁枚购买时，园林已然荒废很久，破败不堪了。袁枚下功夫对园子进行整治修筑，甚至一度因为资金缺少而中断，袁枚也曾因此再度出山。很快又因官场碰壁再次回到小仓山时，他改变了修建方略，打开院子，随地势高低，池塘陂堰位置，因势利导，逶迤而建。所谓造屋不嫌小，开池不嫌多，屋小不遮山，池多不妨荷，一时成为江宁胜境。有学者考证，改造后的园林，共有38处建筑，24个景点，一年四季皆有景，风景、雨景、月景、雪景、声景，各占一时之胜，增添雅韵。袁枚将园名改为随园，并摘录晚唐诗句作为门联：“放鹤去寻三岛客，任人来看四时花”。每逢天气晴好，往往游人如织。袁枚就园栽种四时花果的同时，也开建菜园，放水养鱼，并将园子东西两侧十余块土地出租，以园养园，解决了园内日常开支问题。

袁枚就在这座宜人的园林中，撰文赋诗，品评天下诗文，交游天下文士与过往官员。他的传世著作《小仓山房诗文集》《随园诗话》《随园随笔》以及《随园食单》等等，都与这座园林息息相关，他也因之得名“随园先生”，晚年时他还自号“随园主人”“随园老人”等。文化上，他曾与纪晓岚齐名，有“南袁北纪”之称，他还是乾嘉时期代表诗人，与赵翼、蒋士铨合称“乾隆三大家”，同时也是当时性灵派诗人的代表

大才子袁枚

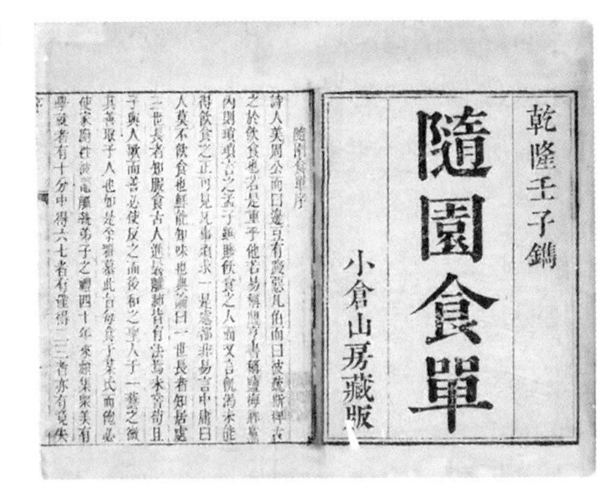

《随园食单》书影

人物之一。从我们所关注的饮食文化与官家菜来看，他的《随园食单》之所以受到后世推崇，与他当时的这种身份地位是分不开的。袁枚曾坦言自己“好味，好色，好葺屋，好游，好友，好花竹泉石，好珪璋彝尊、名人字画，又好书”，而将“好味”摆在一切嗜好的前列。袁枚具备了一切条件，如他自己所说的，除了新鲜猪肉和豆腐要上街采买外，塘中鱼、山边菜，还有租户供给各种食材，随园中随时可以满足开宴请客的需求。他在美食方面可谓见多识广，饮食研究者和学界人士多认为袁枚虽系美食家，却并非是一个真正能下厨献艺的实践家。但事实上，袁枚还真跟一般文士不同，他还真能下厨学艺。《随园诗话》就记录了他曾为了学习厨艺三折腰的故事。

某日，大学士蒋溥次子蒋赐棨请客。蒋赐棨是世家子弟，自己也曾担任户部左侍郎，颇有身份，自然是高朋满座，珍馐罗列。席间，蒋赐棨忽然问袁枚：“你吃过我亲自做的豆腐没？”袁答：“没吃过。”于是，蒋居然起身，系上围裙，亲自下厨去了。良久，蒋赐棨手擎一盘豆腐回来。用袁枚的话说就是“一切盘餐尽废”，吃了这盘豆腐，桌上菜品尽皆无味了。于是袁向蒋求烹制之法，蒋氏也不客气，叫袁才子向他作揖，袁枚竟然不以为意，真的作了三个揖，蒋这才口授了这盘豆腐的制作方法。袁枚回家试作，果然是一盘好菜，得到宾客们的一致赞赏。袁枚的朋友毛广文曾作诗打趣他：“珍味群推郇令庖，黎祈尤似易牙调。谁知解组陶元亮，为此曾经三折腰。”蒋赐棨不仅家世显赫，自己也是侍郎的身份，居然亲自穿上围裙下厨，烹制一盘豆腐，这美味令当代才子为之三折腰，可算是一段佳话。这故事也说明真正的老饕为了美食是不计较身份的，而袁枚实际上也是能下厨试制的。

当然，随园菜是官家菜，肯定不能靠寄情于山水诗文的袁才子亲自掌勺。随园的宾客多有来历，随园的厨师自然也得是一流的。随园最负才名的良厨是王小余，与袁枚颇为相得，一主一厨，各得其所。袁枚吃遍公卿，王小余颇善博采众长。据传，王小余既能粗菜精做，一蔬一蛋，可做成精馔美食，也能制作高档大菜。随园的条件和袁枚的欣赏，使王小余得以大展厨艺。尝过他的手艺的亲朋好友，也常常请他去家中一展厨艺。王小余信奉“作厨如作医”“一心诊百物之宜”，他尽力发挥每种食材特质，使精食美馔，物尽其用。随园有个好吃懂吃的才子，得了一个擅长烹饪的大厨，又能就地取材，再加上天南地北的食材，相得益彰。一次袁枚曾问王小余：“以你的手艺，干吗不去找个大户人家，而要终老于随园？”王小余回称：“知己难得，知味更难得。”一语道出了随园菜的天时地利与人和。不仅如此，随园厨房，也是团队出马，各擅所长。比如勤快聪慧的招姐，缝纫浣洗之外，亦擅长烹饪，随园常有不请自来之客，招姐即于园中摘蔬果，池中捞鲜鱼，一顿随园特色家宴，顷刻立就，袁枚对此也深感得意。到招姐 23 岁出嫁之时，袁枚颇有不舍之意：“鄙人口腹，被夫己氏平分强半去矣。”虽系一句笑谈，却也是一番主仆情分。随园之中另有一主厨名叫杨二，就是《随园食单》中所说的派出去学过“端州三种肉”的那位厨师，但他在随园仅两年多就去世了。袁枚专门为他写诗，有“护世城中失好厨”之语。随园的厨师，为随园菜提供了基本保证。大才子能为厨师作传、写诗，也体现了一代诗人的真性情。

袁枚交游甚广，在外吃到过什么美食，或见到别家厨师有什么绝技，往往请厨师来随园展示厨艺，也常常派自家的厨师前往学习，这也是随园菜能够兼容并包的缘由之一。有一位张姓朋友的家厨所做的月饼颇有特色，被袁枚称作“花边月饼”。这位家厨竟是一位女厨师，袁枚就曾派轿子去请这位女厨师来随园制作月饼，“看用飞面拌生猪油子团百搦”，此饼“含之上口而化，甘而不腻，松而不滞”。随园菜的秘诀就在这“走出去”和“请进来”之中，成就了自己“涵盖八方、博采众长”的特色。

说到随园菜的特色，总体上来说应该是这“涵盖八方、博采众长”八个字。袁枚 37 岁就辞官归乡，不再出仕，按说久已远离官场，随园菜也谈不上是官府菜了。但事实上，袁枚交游甚广，与其把酒言欢者，有显赫的中枢官员和退休致仕的官场老将，当然也有官场失意的文人墨客，也不乏落第举子、诗坛新秀之流，甚至还有青楼常客“小姐班头”。审读《随园食单》的标题中，制府、方伯直至中丞，所在多有。要知道，制府是明清时期对总督一级高官的尊称，能够称为方伯的，也是巡抚一级高官。那位多次在酒席间出现的尹继善更是袁枚的官场知己，尹系满洲镶黄旗人，屡任封疆，如江苏巡抚、云贵总督、两江总督，最后升任大学士、军机大臣，成为权力中心的人物。至于某某“明府”，也是历代对县令的尊称。袁枚出入这些高门大户，成为他们的座上宾，必然见多识广。随园能将各地高官大户的私厨拿手菜取为己用，随园菜的名气自非一般文士家厨可比。袁氏作为诗画名家，也常常外出游历，遍尝各地菜肴，以他敢于为一盘豆腐三折腰的个性来说，了解许多地方饮食特色，也是有条件的。袁枚所记录的菜品，地域跨度非常宽广，有学者说他“地缘涉徽菜、鲁菜，记忆为浙菜，游学有京菜、粤菜。南北交融，汉满碰撞”，确是点明随园菜“涵盖八方，博采众长”的特征。

随园菜的地域特征十分明显。袁枚生于杭州，归田后久居南京，又经常活动于扬州等地，处于淮扬菜的核心区域，随园菜也就自然打上了淮扬菜的烙印。《随园食单》记录了三百数十道各类菜肴（有学者统计为 320 多道菜，也有计算为 340 多道菜品的），也写下了烹饪菜肴的要诀与禁忌，成为后世了解清代饮食文化乃至社会风俗的重要典籍。当然，其中也体现了随园菜的特征。

随园菜以南京、苏州和扬州的菜品为多。南京人喜食蟹，且与北方人蒸食不同，常用淡水煮蟹。袁枚在《随园食单》中记录了多种食蟹之法，如蟹羹、蟹粉、剥壳蒸蟹等，而对南京一带的水煮蟹表示赞赏，认为北方蒸蟹的味道虽全，却失之于太淡，“蟹宜独食，不宜搭配他物。最好以淡盐汤煮熟”。袁枚生于江南，居于此地，家厨也都出自此地。清代苏州的食肆名声远扬，各式店铺名目繁多。《随园食单》记录的苏州地方菜点也较多，主要品种有鲟鱼、风肉、蜜火腿、野鸭、煨鹌鹑黄雀、青盐甲鱼、鱼脯、玉兰片、熏鱼子、虾子鱼、软香糕、三层玉带糕、乳腐等。清代扬州的食肆，售卖菜品已很丰富。扬州的菜点在清代已较有名气，袁枚在《随园食单》里记载的有红煨鳗、猪里肉、鸡圆、程立万豆腐、煨木耳香蕈、冬瓜、人参笋、小馒头小馄饨、蚌蟓、裙带面、素面、运司糕、粽子等。在袁枚的笔下，扬州菜精美可爱。如蚌蟓，“从扬州来，虑坏则取壳中肉，置猪油中，可以远行……捶烂蚌蟓作饼，如虾饼样，煎吃加作料亦佳”。食单中所记录的许多菜品，具有可操作性，同时也要求烹饪者视具体情况做出一定的调整，如杭州菜中的鲢鱼豆腐，“用大连（鲢）鱼煎熟，加豆腐，喷酱、水、葱、酒滚之，俟汤色半红起锅，其头味尤美，此杭州菜也。用酱多少，须相鱼而行”。

作为沿江地区美食的集大成之作,《随园食单》当然记录下了如鲥鱼、鹿尾、熊掌一类普通人家难以见到的珍馐。鹿尾、熊掌一类当然是清代特别时兴的来自满洲人故土的美食，而鲥鱼则是产自江南的“长江三宝”之一。清承明制，江南鲥鱼成为向朝廷进贡的食品，但此鱼产量极少，出水即死，运至京城颇为不易。清初在南京设有专门的冰窖，每三十里立一站，白天悬旗，晚上悬灯，飞速传递。清初吴嘉纪有《打鲥鱼》诗说：“君不见金台铁瓮路三千，却限时辰二十二。”用冰填、箬护、飞骑相送，限22个时辰送到京城。鲥鱼进贡，在当时成为民间的一种纷扰。康熙二十二年（1683年），因山东按察使司参议张能麟上疏，清廷取消了鲥鱼之贡，此后鲥鱼仍为江南等地的名贵食品。清人黎士宏《仁恕堂笔记》记：“鲥鱼初出时，率千钱一尾，非达官巨贾，不得沾箸。”陆以湉《冷庐杂识》卷五载：杭州等地鲥鱼上市时，豪门贵族争相饷遗，作为一种贵重礼品，其价甚贵，不是一般百姓吃得起的。一般宴席中，鱼类按例放在后面，但鲥鱼不同，大宴往往先上，以提升宴席的品位。鲥鱼烹饪之法，明代李时珍有详细记载。而袁枚《随园食单》中也有说明：“鲥鱼用蜜酒蒸食，如治刀鱼之法便佳。或竟用油煎，加清酱、酒酿亦佳。万不可切成碎块，加鸡汤煮；或去其背，专取肚皮，则真味全失矣。”

《随园食单》当然也记载了民间社会常见的大众菜肴，这类菜肴，民间与官府菜或有共通之处，但如清人所说，精粗不一，不可以道里计。以豆腐而言，作为中国人的一种传统食品，宫廷里常用，民间的食用之法更是千差万别。食单上记录了一款八宝豆腐，却是源出宫廷之中。我们前面曾简要提到，康熙曾将他的私厨之方“一品豆腐”传授给老臣宋荦和大学士徐乾学。徐乾学又将烹饪之法传给了他的学生——时称“楼村先生”的王式丹。楼村先生以此为传家之宝，后来传到了他的孙辈王箴舆手里。王箴舆，字敬倚，号敬亭，于康熙五十一年（1712 年）得中进士，历官河南等地，重教育，办书院。其人工诗词，有《敬亭编年诗》之作。王箴舆与袁枚交好，袁枚曾聘请他参与江宁志书的修纂，素有往来，因此袁枚从王箴舆处得到了这一品源自宫廷的豆腐烹饪之法。《随园食单》中记为“王太守八宝豆腐：用嫩片切粉碎，加香菇屑、蘑菇屑、松子仁屑、瓜子仁屑、鸡屑、火腿屑，同入浓鸡汁中，炒滚起锅。用腐脑亦可。用瓢不用箸”。袁枚于结尾处总结，来了一个“用瓢不用箸”，说吃这个豆腐用勺不用筷，很有画面感，让人想象到当年他们品尝这豆腐的惬意场面。不过，一块豆腐加了七种调料，还得配上浓稠的鸡汤，不免有一点像《红楼梦》中贾府的茄子，不是一般百姓人家所能承受的。官府菜不计成本，追求味觉的极品享受，于此也可略见一斑了。好在，袁枚此人很喜欢豆腐这道菜,《随园食单》中豆腐一词竟出现数十次之多，在“戒耳餐”一条中，袁枚直接评价说“豆腐得味，远胜燕窝”，也说明随园菜追求烹饪技艺与口味，却也不是刻意显示奢华之辈可比。

有时候，袁枚也将追求不得的遗憾记录下来，下决心找机会访得烹饪之法。乾隆二十三年（1758 年），袁枚在扬州程立万家中吃到一味豆腐，此豆腐煎得两面金黄，没有一点卤汁，细品之下有蚌蛼的鲜味，盘中却不见蚌蛼。袁枚觉得这款豆腐真是“精绝无双”。第二天，他把这款美食告诉一位查姓朋友，朋友却夸下海口说：“这菜我也能做，我专门做这个菜来请你们吧。”随后，袁枚和友人同去查府品尝，谁知根本不是什么豆腐，完全是用鸡、雀脑所制，肥腻难吃，费用十倍于程家的豆腐，味道却差远了。袁枚临时因妹妹的丧事赶回江宁，未及向程立万求得烹饪之法，而程转年就去世了，袁枚因此留下遗憾，久久难以忘怀，以至于将此事写进了食单，表示将来要找机会访得此方。

袁枚久居江宁，也记下了当地的特色野菜。俗语说：“南京人，不识好，一口白饭一口草。”说的就是当地人喜爱野菜的习俗，致有“旱八鲜”“水八鲜”一类说法。这“旱八鲜”“水八鲜”实际上都是取自田野和水上的野味。袁枚在食单中记录下了不少当地的野味，如野芹、茭白、苋菜、鲜菱、马兰、杨花菜、瓢儿菜、香干菜等等。

袁枚在随园优哉游哉地生活到81岁去世，其后人不善经营，随园渐至颓败。江宁布政使伍拉纳之子，曾三次到随园，见证了随园由盛转衰的情景。第一次，伍子刚刚入学不久，随其塾师来到随园，见到袁枚。此时袁大才子有60多岁，胡须半白，“面麻而长”，康健如少壮。随园各处的窗户上镶着各色玻璃，袁枚亲自出面请客，自然是“肴馔精雅”。第二次，伍子20岁，省亲途中路过随园，这次袁枚不在随园，转道苏州时见了一面。袁枚让身边的女弟子做了两盘点心和两味当地特色菜肴招待。第三次，嘉庆末年，伍子再过随园，袁枚已逝，随园“则荒为茶肆矣”。太平天国农民军占领江宁后，袁家人逃避出走，随园渐渐成为残垣断壁，一片瓦砾。

风流总被雨打风吹去，令人叹息。随园菜在清代官府菜中别具一格，记录随园主人所食、所制美食的《随园食单》也成为史上饮食文化的瑰宝，甚至其中的《须知单》和《戒单》也成了后世美食家与烹饪大师们的准则。

清代官府菜门派众多，官府间的美食佳肴各逞一时之盛，各有一技之长，家族私厨的风格比较明显，时有“家蓄美厨，竞比成风”之说。高门大宅的官员家族，家厨也往往与家乡美食相联系，既有地方特色，也有个人的独创个性。流传极广的潘鱼、宫保鸡丁等，都出自官员府邸。官府菜精细而且追求品位，每家往往都很有特色。晚清时期名气很大并传承至今的随京师的谭家菜。谭家菜在清末民初盛名广播，有“戏界无腔不学谭，食界无口不夸谭”的说法，将谭家菜与京剧泰斗谭鑫培并称，名声之隆可见一斑。

清末京师的谭家菜，是由翰林学士谭宗浚（1846—1888）创制，由他的儿子谭瑑青（后以谭青名于世）发扬光大的。说起来，这个谭家也是书香门第，世宦之家。谭宗浚，原名懋安，字叔裕，广东南海人。幼聪颖，敏于记，语出惊人。8岁作《人字柳赋》，街衢传诵。年幼聪慧，被称为神童如袁枚之类，史上并不罕见，但谭宗浚天资好且勤于学习，孜孜不倦，就更为出色了。谭宗浚的父亲是有名的文献学家和教育家。

“钦赐翰林院”匾

谭家菜之黄焖鱼翅

相传，谭父为了磨炼他的心性，曾把他关在书楼上，用功读书达十年之久。咸丰十一年（1861 年），谭宗浚中举，次年进京会试未中，归家苦读十年，同治十三年（1874 年）再赴会试，得中一甲二名，即榜眼，所以后来他创制的谭家菜也有“榜眼菜”之名。谭宗浚工诗文，精掌故，书画俱佳，才学淹贯，名满都下。诗有《荔村草堂诗钞》十卷，文集有《希古堂集》等，其他著述亦颇多，有《辽史纪事本末》《晋书注》《金史纪事本末》和《国朝语林》等。但才子们官场似乎都不太顺利，谭宗浚以榜眼之名，入翰林院为编修之职，后外放历任江南乡试副考官、四川学政、云南盐法道道员，署云南按察使等，后托病辞官，病逝于归途。谭宗浚在京师，官场不得意，颇留意于美食，常呼朋唤友于家中雅集，每宴必亲自定菜单，选食材，菜肴精馔。其官声不显，善做美食之名却日渐隆盛。

谭宗浚此人，学问虽大，却也不是书呆子，据说是个很有情调的人。酷好美食者也多半是能亲自动手的人，他和儿子谭瑑青都是爱美食也研究美食的人。谭宗浚不仅定菜单，选食材，也曾高薪聘请京师名厨，了解其烹饪技艺。谭家菜也是京菜与粤菜结合，并自成体系的成果。

谭瑑青受到父亲的影响，以精于饮食为乐事，年少时就养成搜集各式菜谱的习惯，且跟随父亲外任，从小就接触到各地美食。谭家菜前后开发 300 余种菜式，以烧、烩、焖、蒸、扒、煎、烤、炖、煨为主，长于干货发制，精于高汤老火烹饪海八珍。有研究者评价说，谭家菜在饮食界无人不知、无口不夸，除了博采众长外，一个重要原因是谭氏父子官运不佳，只好寄情于饮食，加上后来家道中落，不得不以谭家菜变相对外营生，谭家菜因此得到长足发展并留传下来。这个分析结论是很有道理的。

谭家菜能够为人们接受和广泛传播，就菜品本身而言，有许多特色，但最大的特色在于吊高汤，这就是老话说的“厨师的汤，唱戏的腔”，意思是说厨师的汤好不好，与唱戏的腔是同等重要的。谭家菜自谭宗浚创始就立下了一条规矩，即高汤要“分项吊制”，这才是谭家菜的核心要诀。谭家菜的高汤，选用三年以上且是自己觅食而不圈养的三黄鸡。皮紧、皮薄、皮下有黄油的母鸡，配上鸭子吊成浓汤；配合的干贝和火腿则另外单独制作，加水后放入“蒸箱”，蒸制后取其汁。到烹制菜品时，干贝和火腿汁按比例加入浓汤，然后慢火煨制。三种食材分别吊制汤品，便于掌控高汤的浓度。而且干贝和火腿都是常见含盐的食材，一旦与汤一同煨制，容易损伤汤的浓度，且容易变质。分开吊制，再按比例调和，则保持了原汤的风味和营养，随时兑入干贝汁和火腿汁，也保持了食材的口感和风味。然后根据不同的主菜原料，配合不同的头汤或二汤，依主材的特点来勾兑汤的比例，如鱼肚、鱼唇、冬笋等主材，煨制时需要提鲜，则火腿汁要少，干贝汁需多；而像“黄焖鱼翅”这道对香味要求高的菜品，则用头汤煨入味，火腿汁肯定得多于干贝汁。谭家菜靠高汤提味、调味，高汤通常不直接使用，与一般意义的汤不同。汤清而味浓的谭家汤在谭家菜烹制中起到了决定作用，是对中国传统饮食文化的传承与开新。

谭家菜融汇众家之长，咸甜适口，南北皆宜。调料讲究原汁原味，做工追求慢火细煨，火候足，下料狠。炝锅时不加花椒一类香料，菜做成时也不加胡椒之类的调料，追求的是食材的原味，吃鸡就得有鸡味，品鱼须得是鱼的鲜味，不用其他材料干扰本味。过分调味其实分散了食材的本味，“其实是对‘官府菜’理解上的偏差”。

清代从宫廷宴饮到传承千载的孔府菜，至社会上风行一时的官府菜，既注重菜式的讲究，也注重饮食礼仪的规矩，谭家菜也不例外。

谭家汤讲究的是小火慢煨，一道汤甚至得煨 20 至 30 个小时，一个煨字透露出来的，是精益求精的态度。这汤要直到用手拈一下，汤汁如丝绸一般飘落，方才合格，按比例配制后烹饪每一道主材，成为人间至味。对于主要食材则更为讲究，如一盘普通的白切鸡，得选用喂食特别草药、生长期在 16 至 18 个月之间的鸡，且能摸到鸡胸颈间一块人字骨软而有弹性，才符合要求。至于熊掌，只用左前掌，因为它是熊冬眠时常舔之掌。鱼翅须得是“吕宋黄”，鲍鱼须得是紫鲍。烹制方法上，仅鱼翅就有 18 种烹制之法，如三丝（海参、鲍鱼、冬笋）配鱼翅、蟹黄鱼翅、鸡茸鱼翅、砂锅鱼翅、干贝黄肉翅等等。而燕菜也有清汤、白扒、鸡茸、佛手等各种菜式。据专家们研究：“谭家名菜‘黄焖鱼翅’选用珍贵的‘吕宋黄’整翅，先用温水泡透，然后用鸡鸭干贝火腿汤腌制，须在火上连续焖六个小时。‘清汤燕菜’也绝不用碱水发，只用温水浸泡以保持燕菜的原味，浸泡后注入鸡汤上笼蒸，然后分装进小汤碗配以‘鼎汤’，汤内加几丝金华火腿。燕菜浅黄，汤清如水，显得越发高贵。”

谭家菜特别讲究进餐程序。客人到达后先在客厅小坐，上茶水与干果，待客人到齐后一起进入餐室，十位一桌，先上六道酒肴，如红烧鸭肝、蒜蓉干贝等，并上烫热了的绍兴黄酒。酒过二巡，连续上十道主菜，每道都有讲究，有间隔。比如头道大菜上“黄焖鱼翅”，二道上“清汤燕菜”，两道菜之间就请客人用温水漱口，因为头道菜味厚，软烂浓鲜，二道菜鲜美纯粹，需要净口方能更好体会其中美妙。其他每道菜也都特色鲜明且各有规矩，如鲍鱼一道，鲜美不可言传，汤汁却仅有一勺之饮，不再加汤，令客人回味悠长，想要吃只有下次再来了。海参须得尺许之长，熊掌必是左前掌。如此等等，不一而足。最后一道甜菜上完，随奉甜点若干，然后客人离座移步客厅，奉上四干果、四鲜果，各上一盅普洱茶或安溪铁观音，茶香浓厚，唇齿留香。至此，宴会结束，客人们尽兴而返。

清末京城之中，这西四羊肉胡同的谭府，成为官员的一个好去处，谭宗浚虽然仅仅是一个翰林院编修，却引得京城的官员常常争赴谭府，谭家菜成为大家魂牵梦绕的美味。曾有吃过的人感叹说：“人类饮食文明，至此为一顶峰。”

谭家到谭瑑青这一代，家道渐衰，谭瑑青不善治生，由西四羊肉胡同迁居于米市胡同，谭家菜也开始对外营业，“以吃养吃”。但官府菜的架子不倒，谭家菜号称只请不卖，席上须得象征性地给谭家主人留一座位。谭府的家宴，每次只应三桌，不点菜，主家上什么就吃什么，食客得以礼金、礼物的形式酬谢主家。即便如此，预约宴席者纷至沓来，最初还是数日，后来竟然预约到数月之后了。入民国后，谭瑑青虽被称为“谭馔精”，但他并不亲自下厨，谭家私厨的操刀人是他女儿和几位太太，其中三太太赵荔凤名气最大，成为谭家菜的集大成者，当时的报纸说：“掌灶的是如夫人和小姐，主人是浮沉宦海过来人。”这个如夫人便是赵荔凤。

清代的官府菜是较普遍的，以上只是比较著名的三家，实际上，为适应当时官场奢靡之风和官员社交与享乐的需求，各地都有自成一体、各具特色的官府菜。世家大族一道平常菜，配料复杂，手续繁复，绝非普通人家所能想象。《红楼梦》中贾府一道“茄鲞”，制作过程之复杂，刘姥姥这样的平民百姓是无法理解的。配菜的鸡和豆制品、香菇、果品之类，少说也有十来种，刘姥姥一句“倒得十来只鸡来配它，怪道这个味儿”，虽是一句笑谈，却也道出了官府菜追求极致口味、不惜物力的奢靡情形。李斗在《扬州画舫录》中讲到“满汉席”的时候，也提到这些菜在哪里、准备来做什么用的：“上买卖街前后寺观皆为大厨房，以备六司百官食次。”有人以此断定，这些菜是为乾隆南巡的大队人马所准备的，也有人说是科举考试结束后宴请考官的备菜。无论哪种说法，它都不是民间菜。此外，清代各地有名的官府菜，如直隶官府菜，以其地连中央到地方的地利，成为北方菜肴的代表之一。成都官府菜、陕西官府菜各擅所长，为一方饮食文化的代表。

清代官府菜是中国传统饮食文化的组成部分，引领一时之风气，记录的不仅是家族的兴衰，也是饮食文化传承的体现。据说新中国成立后，谭家菜也曾被定名为“国菜”。

上层社会的饕餮与名士风流

中国饮食制度与习俗发展到清代，大体具备了现代所能见到的规模和内容了。自清前期的所谓康乾盛世，到晚清光宣之际，王朝体系由盛而衰，饮食文化却渐趋繁盛。宫廷的千叟大宴流风所及，整个社会对于饮食的追求，尤其是上层社会的吃喝之风，日见增长。

饮食的豪奢，主要的还是公款吃喝。但这类吃喝，多是制度之外的行为。如果是在宫廷之内的正式场合，也得按规矩吃“工作餐”。直到晚清时，宫廷里的工作餐也并不奢侈。朱彭寿在《安乐康平室随笔》中写到了一次内廷阅卷享受“工作餐”的情况。某年，朱彭寿奉命入宫阅卷，入万善殿南书房，随同12位阅卷官一同阅卷，到中午，将排定了名次的阅卷结果交内监送呈皇帝。随后，宫内按例赐筵席一桌，大概也就十来种菜肴，考官们“围坐而食。饭罢，仍在室待命”。这显然是制度之下宫廷中的事，虽然已是晚清时期，类似工作餐的饭菜，还是比较规矩的。但在缺乏制度监督的情况下，社会上公款吃喝之风日益严重。康熙以降，公门往来，相互宴请已成风气。各地官场讲究排场，名贵食材多半是由公款购买。四川边远地区交通不便，商贷商人将螃蟹贩入，其瘦无比，大失其味，贵到二两银子一只，官吏们争相购买，用来宴客。一盘蟹要花好几两银子，“价抵贫家三月粥”。公款吃喝中，最讲究排场是乾隆以后的河工，就是修水利的工程，其公费吃喝达到了令人瞠目结舌的地步：宴席上所用柳木牙签，一个大钱可以购十多枝的，报销就在数百两至千两银子；燕窝都是成箱购买，一箱耗费数千两；海参、鱼翅的费用，往往过万。宴席从下午到半夜，不停戏，不撤席。小碗菜可达一百数十道之多。厨房中煤炉动辄数十，一位厨师专做一种菜，所做之菜上席之后，就可以外出看戏游玩了。

上层社会互相宴请及官场交往，腐败与奢侈并行，形成清代特有的豪奢习气。《扬州画舫录》中所录的“满汉席”，所备菜式已达百余种之多。繁华都市，上层社会“一碗费中人一日之食”，视为常见情形。其所食之物，所谓“食不厌精”，如乾隆时的王亶望吃鸭，专门用“填鸭”；吃驴肉则以活驴临时剖肉，即时下锅。官场中应酬往来更是“穷极水陆”，五方杂陈。扬州一地，食风颇盛。自乾隆初起，即已出现各擅一技之长的酒家，玉坡以鱼面有名，而徐宁门问鹤楼以螃蟹面胜，其他如涌翠、碧芗泉、槐月楼、双松圃、胜春楼等，楼台亭榭，水石花树，争新斗丽。而鳇鱼、班鱼等名贵食材，所在多有。清中叶以降，应酬之繁，以京师为最，这里是士大夫集中之地，王公大臣、八旗贵族官场交际，

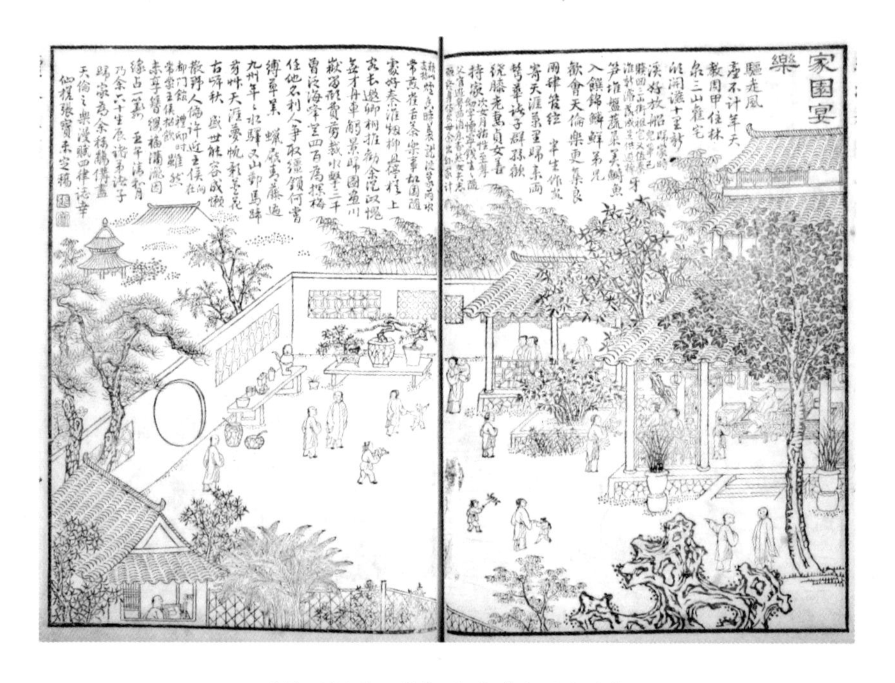

《续泛槎图三集》中的《家国宴乐》

《古今谈丛二百图》中的酒宴场景

往来酒宴，有一日四五次之多者。“都门为人物荟萃之地，官僚筵宴，无日无之。然酒肆如林，尘嚣殊甚。”晚清时更变本加厉，在二十四碟、八大八小、燕菜烧烤的名目之上，又推出“所谓拼盘者，每碟至冷荤四种，四碟即十六种矣。而八大八小亦错综迭出，不似前此之呆板不灵”。在此种风气之下，酒楼饭庄生意兴隆，得到很大发展，福隆堂、聚宝堂等酒楼宾客盈门。

远在长江以南的长沙，宴客讲究不断发展，嘉道时已有蛏干席、海参席，后来更改用鱼翅席，咸丰时改用燕窝席，宴席丰盛，一日靡费高达二十万钱，还认为并不奢侈。素以美食闻名的江宁、苏州、扬州等地，开席宴客，不仅有美食，甚至多有乐伎美人相伴。时际升平，四方安乐，上层社会俱尚豪华，而尤喜“狭邪之游”。“每开筵宴，则传呼乐籍”，美人侑酒，香艳无比，野史说“真欲界之仙都，升平之乐国也”。官僚与文人士子，常常用科举的名词来命名有名的妓女，“才子佳人，芳声共著”。两淮盐商，富甲全国，奢靡之风极盛，由来已久。康熙时著名才子、进士卢见曾任两淮盐运史，与富商们打成一片，“醴酒之费，岁辄巨万”。商业风气败坏，挪用公款请客送礼成为一时风气。曾有盐商在扬州平山堂开宴，歌童舞伎，笙歌灯火之盛，绵延十里。宴后送客，礼盒之内，累累皆是叶子金和纸币。

贪官污吏更是以口腹之欲累及草民，乃至借机搜刮，祸及地方。贪官阿精阿任河南巡抚，奢侈成性。省城自布政使以下，轮番设宴。开封知府陈文纬为了讨好他，花数月功夫架设明瓦棚，罗列奇玩名花，精食美馔，更精益求精，无不玉杯金盏，歌舞欢饮，席间抬出来供打赏用的铜钱，居然是用红绳穿起的青铜钱八十万。阿精阿在河南任职五个月，“豫民膏髓已竭矣”。

上流社会人家的美食，是一般下层百姓难以想象的。雍正间显赫一时的年羹尧，追求美食较之前文提到的王亶望更甚，史籍屡见雍正赐予他美食的记载，谢恩折中也有感谢主子赐予美食与果品之句。年羹尧死后，家人星散。杭州一书生娶得年府一婢女，从前在府内只负责一件事，就是专管“小炒肉”这一道菜。年大将军每餐开饭前，家人进呈食单一份，如果点到了小炒肉这道菜，这位婢女就得忙半天了，但一两月也不一定能点一次。书生想让女子为他烹制此菜，女子说：“你这家里猪肉都是从市场上论斤买回的，我做这菜需要在活猪身上直接取肉，根本做不了。”事有凑巧，这一年村子里赛神会所用的猪由书生负责，他把全猪抬回家里让女子试做此菜，女子不得已只得一试。少顷，捧一碟子让书生先尝一下，女子再去厨房忙去了。等她再回来，发现书生倒地，奄奄一息了。原来，这菜太好吃了，书生一时来不及，居然连自己的舌头也咬下来吞吃了。这个故事见退休高官梁章钜的《归田琐记》，这里当然是作为一个笑话来说的，却也反映出社会上层饮食之奢侈。同类的故事还有一个，说的是一位秀才娶了盐商家的丫鬟，让她做一盘韭黄炒肉，丫鬟说“这菜你家吃不起”。原来盐商家里这道菜，是取猪脸上一块特殊的肉来烹制的，一道居然要十头猪。两个故事异曲同工，都是以玩笑的形式说明上流社会的饮食之奢侈，不是一般人能够想象的。

清代社会长期稳定，生活渐趋富足，书生士子，文人雅集，亦属常见之事。京师之地，人文荟萃，但酒肆嘈杂，人声鼎沸，一些文人士大夫就相约到精室古刹中喝酒饮茶，诗词觞咏，往往一聚就是一整天。乾嘉时，著名文士赵怀玉、洪吉亮、张问陶和吴鼒等人同朝为官，大家经常在一起诗酒往还，相约每遇大雪天就去郊外陶然亭聚饮，不特别通知，各自前往，后到的人出酒资，一时传为美谈。文士朱彭寿回忆在京师参加编纂《清儒学案》一书时，大家邀集了12位同人，按月轮番做东，把酒言欢。后来时局不好，人员星散。相传，同光时，大学士潘祖荫与刚刚在京师政界崭露头角的张之洞邀约了赴京师参加科举考试的举子们在陶然亭聚会。一下子聚集了上百人，各分学识所长，按地域分座，相谈甚欢。可是到午后，大家腹中饥饿，渐渐没了兴致，潘祖荫觉察到可能有些不对了，就问张之洞筵席由哪家酒店操办。张之洞大窘，仓促之间，赶紧派人到酒楼去采办。一时之间哪里赶办得来，只好草草弄了点吃食过来，有的人吃后回家甚至闹肚子。张之洞一向谋事之缜密，这事倒不一定是真事，却也成了京师文人聚会的谈资。

请客吃饭的事，有时也还真有一些小笑话。有些时令菜肴刚上市时价格极贵，不是一般贫民吃得起的。京城中人喜食黄瓜，此物虽极普通，但初春刚上市时，价格极昂，嘉庆时京中竹枝词说："黄瓜初见比人参，小小如簪值数金。微物不能增寿命，万钱一食是何心。"京师正、二月早春时节，小黄瓜细长如指，宴客时有此一菜，显示宴席的品位。光绪时曾任夔州知府的潘炳年有一次在广和居请客，把一位新认识的朋友请到上座。京师的规矩，请客人自己点菜算是一种客套，这位客人以为蔬菜比较便宜，就点了一品黄瓜，"食而美之"，又连加了两盘，潘炳年脸色都变了，而客人毫无察觉。结果，一顿饭下来，光是黄瓜就用了五六两银子，气得潘炳年写信去与这客人绝交，事情一时传为京中笑谈。

饮食方面的豪奢与习俗，折射出社会生活变化之一斑。清自康熙中叶以后，社会总体上处于安定状态，上层社会吃喝之风颇盛，一些文人士大夫和社会贤达、官宦人家也讲究饮食。而一些名士的饮食习惯，也在历史上留下风流佳话。

乾隆时期名士纪昀，字晓岚，一字春帆，晚号石云，道号观弈道人。通过近年影视剧的戏说和各种媒体的传播，他已经成为今天家喻户晓的人物了。他生于清雍正二年（1724年）六月，卒于嘉庆十年（1805年）

二月，历雍正、乾隆、嘉庆三朝，享年82岁，谥号文达。有清一代，像他这样历事三朝、盛名一时的文人，并不多见。他在文化方面的贡献，主要集中于主持官修的《四库全书》，还亲自撰写了《四库全书总目》，总汇三千年间典籍，持论简而明，修辞淡而雅，人争服之。撇开野史传说，清代文人的记录中，纪氏的吃也是很有特色的。一般人们以为纪晓岚是一个文弱书生的形象，其实不然，记载中的纪氏却是一个身材魁伟的粗壮汉子。在饮食方面，他也与一般书生大异。清人昭梿在《啸亭杂录》中说纪晓岚是一位无书不读的博雅之士，当昭梿在世时，纪晓岚年已80岁，“犹好色不衰，日食肉数十斤，终日不啖一谷粒，真奇人也”。年纪到了80岁，仍能近女色，每天食肉达数十斤之多，而且常年不吃一粒谷子，也真是一位奇人了。与纪晓岚同朝为官的协办大学士英和曾看到他吃饭的情形：到了吃饭时间，仆人捧上来烤肉一大钵，约有3斤，纪晓岚一面与人说话，一面大块吃肉，不一会儿肉已吃完，而吃饭的事也就结束了。平时的饮食中，纪晓岚从未吃过米饭，面食或偶尔一吃，主要食物就是肉类。遇到请客时，纪氏“肴馔亦精洁”，但作为主人的他只不过举举筷子请大家吃，而自己面前只是摆上一盘肉、一壶茶而已。纪氏饮食的另一特点就是平居之时零食从不离口。他只要在家，案台上必定陈放各种干鲜果品和榛子、栗子之类，“时不住口”。由于人们对纪晓岚这种特殊的饮食习惯无法解释，就传出了纪晓岚是火精转世，或说是蟒精托生。也有人因他常年吃榛、栗之类，说他是猴精转世。

其实，北人食肉，南人食鱼，无足为奇。纪晓岚生性好动，又多从事编书、写书等脑力劳动，能吃肉亦属正常。但一顿能吃数斤，一天能吃十数斤乃至数十斤，就令人称奇了。不过，在肉类中，纪晓岚也有不吃的东西：一生不愿吃鸭。他自己说鸭子这东西，就是再好的厨子来做，也难免有腥秽之气，难以下咽。这与乾隆每天每顿必吃鸭子完全相反。纪氏虽然不吃鸭子，却写了一首诗：“灵均滋芳草，乃不及梅树。海棠倾国姿，杜陵不一赋。”意思是说，芳草虽然很滋润，但还是不及梅树。海棠有倾国的姿色，杜甫却从未为它写过一首诗。暗喻鸭子虽然不错，但他就是不喜欢吃。纪氏虽然不吃鸭子，但以梅花一类美好的事物来与鸭子作比，有人说这鸭子能入纪大学士的诗，也是非常幸运的事了，“而鸭之幸固已多矣”，这也是饮食史上的一件趣事吧。

说起忌食某物，倒也不必特别较真。纪晓岚不吃鸭子，没什么特别，许多厨师都知道，鸭子烹饪不得法，就会有一种腥气，也许就有人因为某次吃了烹调不得法的鸭子，导致以后总也不喜欢吃鸭子，也不稀奇。有的人就是某次的特殊经历，造成喜欢乃至忌讳某种食物，也是正常的事。史上这类记载也不少。康熙时著名学者姜宸英，就是一辈子不吃猪肉的人。此公为科考探花出身，博学多才，兼能书画，名重一时。他虽然不是个素食者，可就是不能吃猪肉，或许是猪肉也有某种腥味。更有甚者，清末淮军名将潘鼎新不吃火腿，却吃猪肉。与他一同出身于淮军的川督刘秉璋认为潘鼎新能吃猪肉却不吃火腿，是故意标新立异。肉既能吃，火腿也是猪肉的一种，有何不能吃的？事实上火腿中确有一股烟熏味，也许潘鼎新就真的不能适应呢。

纪晓岚吃荤不吃素，一日食肉十数斤乃至数十斤，食量可谓大矣，而清代如此食量的名人也并不少见。

旧时，官员们上朝，要早早地起床赶往宫中，那么吃饭的问题怎么办呢？有两个人，有着截然不同的吃法。大学士徐乾学是个有名的能吃的家伙，每日早朝，他要先吃上实心馒头 50 个、黄雀 50 只、鸡蛋 50 个、酒 10 壶，这样下来，就能保证一整天不饿了。细想想，不说那个馒头有多大，只说 50 个鸡蛋加上 50 只黄雀和 10 壶酒就不是一般人所能承受得了的。可偏偏有人与他截然不同，与他同朝为官的大学士张玉书每天也一样上朝，此人生得“古貌清癯”，瘦骨嶙峋，每天上朝前只吃土豆两片，喝清水一杯，也可以保证一天不饿。查有关历史传记，张玉书卒年为 70 岁，在当时也可算长寿。而徐乾学活到 64 岁，在当时也属正常。大约此等饮食多少，与个人需求量有关，并不过分影响健康。

纪晓岚一生食肉，活到了 82 岁，同样在乾隆时为官的大学士陈士倌是清史上著名的海宁陈家后人。金庸武侠小说中把他家与乾隆的身世联系起来，不过是小说家的附会之说。此人一生为官，堪与纪氏相提并论。陈世倌于康熙四十二年（1703 年）考中进士，授庶吉士，后官至大学士，历事康、雍、乾三朝，为官近 60 年。与纪晓岚相类似的是，他也多次主持科举考试，“门生故吏遍天下”。而不同的是，他“生平崇节俭，讲理学”。在乾隆时期，他任大学士达 17 年。他有一个特点，每次在皇上面前说到民间疾苦，“必反覆具陈，或继以泣”，反复唠叨，甚至哭泣。每次看到他这个样子，乾隆往往笑着说：“你又来为百姓哭泣啦。”这位常常为百姓请命的大学士，每天吃些什么呢？有记载说他每天不过是吃一缽饭或者几颗莲子罢了。到乾隆二十二年（1757 年）他致仕退休时，已经 80 岁了。所以后人写到这件事时感慨地说：“信寿算不在饮食之多寡也。”可见寿命长短，与饮食多寡关系不大。

纪晓岚一类肉食者，有肉便是美食，其实不算什么真正讲究美食之人。前面提到的随园主人袁枚，37 岁即已辞官归乡，在随园中讲求精馔美食，是个有名的“好吃佬”。他交游广泛，尝遍各地美食。据记载，袁枚虽然讲求烹饪，实际上却是追求原味的美食家。乾隆间，他常常流连于秦淮河上。当时，河上有捕鱼者，用小舟下河，一人扳桨，一人下网，顺流捕鱼，所得之鱼，以鲤鱼为多。捕鱼者常常卖给秦淮上的画舫，人称秦淮鲤。袁枚就特别喜欢这种现捕现烹的鱼，用河水即时烹煮，味道鲜美。袁枚也喜食青蛙，烹饪时不去青蛙的皮，说只有如此才能“脂鲜毕具”，保持蛙肉的新鲜，丝毫不走原味。有一次，厨师把青蛙去皮，用纯肉做菜，反被袁枚大骂了一顿，说是把青蛙的“锦袄”剥去，走了鲜味。袁枚一生追求美食，也活到了 81 岁。

清代读书人中能吃者甚多，也有许多关于这类事的自我辩白：“人若一日不食二三升米饭，四五斤肥肉，如何可以读得书？壮哉斯言！精神可想见矣。”这话当然是豪言壮语，但也有因为多吃而得病者，我们再来看几个“好吃佬”。

清人姚元之《竹叶亭杂记》记载了这样两个能吃之士，一个是乾隆间当过礼部尚书的曹秀先。曹秀先死于乾隆四十九年（1784 年），终年 77 岁，称为当朝第一善啖者，就是第一能吃的人。据说曹秀先肚子很大，肚皮上有不少折子，他平日把这些折子叠起来，用一根带子束起来，到吃饱时，再依次把这些折子放开来。那时，逢年过节，宫中往往赐以肉食，有些人知道曹爱吃肉，就把得到的肉类转赠给他，曹也不客气，就都放在自己的轿子中，把整个轿仓都装满了。回家的路上，曹把羊腿等取来放在扶手上，用刀一片片地割而食之。一路走下去，到回家时，轿仓中的肉都已被他吃完了。曹在给皇帝的奏折中曾有“微臣善于吃肉”之语，说的也是一句大实话。

另一个能吃的人叫达椿，字香圃，满洲镶白旗人，乾隆后期任礼部尚书，死于嘉庆七年（1802年）。达椿从乾隆二十五年（1760年）起为官，在官场上活动了40多年，由于不依附当时权臣和珅，他的仕途并不顺利，屡起屡仆。此人家里很穷，买不起好吃的，实在馋了就买四五斤牛肉来，略为煮一煮，大嚼一顿。他大概当了高官以后还是没能去掉老习惯，仍然好吃肉。此人平时为人极儒雅，见了有肉吃时，就像猫见了老鼠一样，喉中呼呼作响，弄得同席者都不敢下筷子。当时京中风俗，过生日时亲戚们往往以烧鸭、烧肉相送。达椿当上高官后，人们在他过生日时送来的肉不少，这一天，他只取烧鸭，切成方块，放在簸箕中，拿手抓了来吃，“为之一快”。晚年时，他有一次得了伤寒刚刚好，皇上问他还能不能吃肉，他自然是回答能吃的，于是皇上赐以肉食，不想竟因此大病而死。

嘉道间的名臣孙尔准，江苏金匮（今无锡）人，翰林出身，官至闽浙总督，在福建兴利除弊，官声极佳。此公年轻时就身体肥胖，夏天怕热，就用一口大缸贮满井水，浸在水中，自得其乐。他的食量说起来也有些惊人，平时吃鸡蛋、馒头超过100个，这馒头即使是很小，也是很惊人的。一次他到泉州阅兵，当地官员给他准备了馒头100个，花卷100个，加上一品锅内双鸡、双鸭，他一顿风卷残云吃了个精光，而后大发感慨：“我这次到两个省阅兵，只有今天到了泉州才吃了一个饱。”有次孙尔准得病，水肿多时，请名医诊治。医者诊视后向他身边随从了解他的饮食情况，答称这时胃气大衰，每餐只吃得七八碗饭。医者大惊，这么能吃，怎么还说胃气大衰？随从回答，这跟平时比，食量已不及十分之三了，平常没病时，正常供餐，仅猪蹄就得10只，其他食物也是如此。

乾隆时另有一位“干饭人”，是著名贪官和珅的老师，名吴省钦，字冲之，号白华。此人多有著述，以白华之号名于世，后来官至左都御史。吴氏素以“善饭”闻名。他听说宗室某将军也是个能吃的人，特地提出要与将军比试一番，说：“我一向饭来张口，略有微长，听说将军也是大肚之人，量可兼人，不知我们俩人孰优孰劣，不如我们一决胜负如何？”这位宗室将军也是个有肚量的人，笑着答应了。吴命人用木筹记数，每吃一碗就用给一筹。结果，饭后一数，将军得了 32 筹，而吴只得 24 筹。吴省钦很不服气，提出明日再比试一次，将军笑着说："败军之将，还敢再战吗？"第二天再比，只用白饭，没有佐餐的菜肴，结果将军只吃了 20 碗，而吴省钦居然吃了 32 碗。不管这碗有多大，能吃如此之多，也算是食量惊人的了。吴省钦与弟弟吴省兰都曾当过和珅的老师，对聪敏好学的和珅很是欣赏。也因为这一层关系，俩兄弟后来攀附和珅，嘉庆时被革职、降职，影响了一世名声。

说到食量最大者，以笔者见闻所及，还是要数前文提到过的徐乾学。此人在京中当官数十年，无人能与之对垒。这一年他要退休回乡了，他的门生设宴为他饯行，想看看他到底能吃多少。他们准备了一个铜人，徐每喝一杯酒，就向铜人的肚子里倒同量的一杯酒，其他菜肴也同样。吃到后来，铜人肚子满了，拿去倒了几次，而徐乾学仍饮食自若。

这些饱食之士大多活到比较高的年纪。与之相反，有人每日所食甚少，寿命也过八十岁。道光时当过两江总督的梁章钜有位老师，名戴均元，80 多岁了仍很健康。梁章钜有一次偶然与他谈到吃多吃少的问题，戴高声说："人需要吃饱吗？"意思是人没必要吃得太饱，这位老寿星每天早起吃精粥一大碗，一天中不再吃别的什么了，只到近黄昏时再喝一杯人奶。据说他家里长年养着乳娘，到没奶时再换一人。相传，这位戴先生在四川学政任上曾得了一场病，还是成都将军请来了峨眉山道士为他诊病。道士说与戴有缘，与他对坐五日，教给他一种"吐纳"之法，估计与后世的气功类似，从此戴的身体就日渐强健了，到 90 多岁还像 60 多岁之人，步履强健。戴均元高寿，活到了 95 岁，可能与他这种饮食方式有些关系吧。

至于个人的饮食，倒是各有各的好尚，与个人的出身、经历乃至修养都有关系。曾国藩出身于湖南，湖南人吃辣几乎出于天生，他嗜辣也在常理之中。曾经有个属吏想了解曾国藩的喜好，伺机讨好他。此人向曾国藩的厨师了解情况，厨师回答说："不必刻意地追求什么，每顿端上去之前，让我看看就行了。"刚好这时有人端上一钵燕窝，那厨师拿出一根湘竹管向钵内乱洒，那个属下急问洒了些什么。厨子回答说："辣子粉罢了，每餐饭别忘了这个，定能得到奖赏。"后来果如其言，这个属下因此获得奖赏。有的个人食性，则与某种经历有关。左宗棠也是湖南人，他年轻时曾途经扬州，在那里住过些日子，吃过一种面，那个铺子名叫“左家面铺”，左宗棠对这家的面久久不能忘怀。后来左发迹，当了两江总督，到扬州检阅军队。当地官员为迎接这位总督大人，向他身边的随从打探他的饮食喜好，随从告之以扬州左家面。扬州城素以繁华著称，当地官员找了半天也没找到左家面铺，就命厨师做了一碗假冒的左家面呈上。左宗棠当时也没说破，事后才跟左右说那碗面并非真正的左家面。由此，扬州左家面的名声大振。

武昌城洪山上有一座宝通禅寺，寺庙周边一带出产一种薹菜，当地人称为菜薹，鲜翠可口。说来也怪，这菜薹一离了宝通寺这一方宝地，味道就变了，怎么都比不上当地的菜薹好吃。李鸿章为官四方，对洪山菜薹非常喜欢。后来他调任直隶总督，曾经命人把洪山的土运到天津，专门种植这种菜薹，结果还是不如人意。橘过了淮河就是枳，说的就是这个道理吧。

晚清大吏张之洞，曾任两广总督，喜欢吃鲜荔枝。他调任湖北后，曾叫广东增城县令收买了上万颗荔枝，用高粱酒浸泡后装瓷坛由水路寄往湖北。结果，荔枝运到芜湖税关时被截下没收了。负责榷关的袁昶本来也不知道这事，忽然一天收到张之洞的急电，译出一看，居然用了百余字，专门说了荔枝的事。袁知道荔枝多半是被兵丁们分吃了，赶紧设法在上海采买了荔枝运往武昌，算是了结了一桩大事。当时电报还是新生事物，拍发电报按字论价，十分昂贵，张之洞不惜动用电报来解决荔枝被截之事，也可见他对荔枝的喜爱。

至于有些人终生吃素，有些人无肉不欢，有人节俭，有人豪阔，各依性情，却也不可一概而论。著名书画家郑板桥曾以书法记录他的一个饮食习惯，闲暇时弄点碎米饼，煮一碗糊涂粥，双手捧碗，缩着脖子呼噜一喝，霜晨雪早，周身暖和。后来有人评价说，像郑板桥这么个吃法，确属安贫乐道之人，算是对郑氏节俭的一种褒奖吧。左宗棠当浙江巡抚时，曾在家书中说，他的府里如果不是宴客，就不用海鲜，隆冬时节，他自己还穿单袍。据说与左同时期的督抚大员中，阎敬铭、陶模、李秉衡等人都是出了名的节俭之人。李秉衡罢官时，亲自浇水种菜，夫人下厨做饭。重出为山东巡抚，山东人听说他要来，衣庄酒馆歇业的竟有数十家之多。奢靡之人也不在少数，如袁世凯喜欢吃填鸭，养这种鸭子，需把鹿茸捣成粉，与高粱调和来喂，也是够奢侈的了。袁世凯平常抽烟，烟头较长就丢弃了，仆人捡起来卖给洋行改造一下，获利不下数千两。清末的唐绍仪，广交游，善挥霍，一餐要花十数两银子，还说没处下筷子。他主持外务部时，每顿都要备办双鸡双禽、鲜肉和火腿等，只取其汁供烹调用，余下的肉都抛弃了。当时就有人说他是暴殄天物，太过分了。

一时之饮食风气，关乎社会上不同阶层的生存状态，也关乎世道人心，反映出一个时代的社会生活变迁。

第四章

从宫廷到社会

宫廷饮食对社会的影响

空前绝后的乾隆千叟宴，昭示着所谓的“康乾盛世”，大批社会各阶层的老人亲身参与宴会并受到当朝的赏赐，各种传说故事二百多年来流传不衰。宴会礼仪繁复，乐舞场面宏大，洪钟大吕，余音绕梁，经久不息。大宴不仅是庆典，也是礼仪文化和饮食文化的集中体现，这种大规模的盛会对民间造成极大影响，不仅影响天子脚下的京城，还会流风远播，影响国内各地。

宫廷与社会之间的互动也不限于千叟宴的影响，而是长期全方位的深刻影响。在“民以食为天”的农耕社会，吃饭、吃饱饭和吃好饭才是天下最大的事，饮食与宴会也是沟通社会上下的纽带，宫廷御膳是以天子和国家名义进行的饮食大礼，包含着帝王统治高高在上的政治意识，其气势恢宏和典雅凝重、精细与奢华，也会成为社会政治生活中的大事。也正因为如此，宫廷与帝王饮食才与社会各层面进行沟通并达成一致，社会生活与民间饮食才会受到如此明显的影响。自清前期开始，京城乃至各地酒楼饭庄普遍兴起，民间饮食故事和经典菜式往往与帝王故事挂钩。

京城之地，天子脚下，流传着许多经典菜名的故事，较早的是关于入关后第一位皇帝顺治的，最多的故事则是康乾时期的。名菜“宫门献鱼”就出自康熙微服出游的故事。相传康熙少年时曾微服南下，行至一个叫“宫门岭”的地方。岭下有洞，形如宫门，门外山水俱佳，有草有塘，康熙来到塘边一家小店，店家端出一道鱼，鲜美无比。康熙问菜为何名，店家回答说这道菜叫“腹花鱼”。原来这鱼专食塘中花草，腹有花纹，由此得名。年轻的皇帝一时兴起，令人找来笔墨，提笔写下“宫门献鱼”几个大字，并落款为“玄烨”。不久，地方官路过此地见到题字和落款，立即下跪叩首，店家这时才知当日题字的竟然是当朝天子。此后，“宫门献鱼”成为当地名菜，过往客商往往都要品尝。据说后来宫廷中也有了这道名菜。

兴起于乾隆时期的京师各大酒店饭庄，也多有此类传说。前门外大街的“都一处”是京师百年老字号，据说这店名也是出自乾隆之手。一晚，乾隆私下出宫，行走中忽然觉得饥饿，沿街多家饭店都已打烊了，最后在一家不太起眼的小店中落座。店主是一位姓王的山西人，主要经营的就是山西特色“梢卖”，虽然勤扒苦做，却也赚不了几个钱，只得苦苦支撑着，维持生活罢了。乾隆吃了伙计送上来的“梢卖”，觉得味道甚好，他虽然吃遍天下，却没吃过这么好吃的“点心”。乾隆便问店家名号，店主回称小店尚无名号，乾隆吃得高兴，挥笔写下“都一处”三个大字，意思是说全京都就这一处好吃，无人可比，后来又让人制成匾额送给了店家。自此，“都一处”的字号传扬京城内外，成为北京最负盛名的老字号之一了，都一处的烧卖，也成为京城名吃。都一处的故事是不是真有其事，已经难以考证了，但京师名店的成长，是历史上各种合力作用的结果。

还有很多京师饭店，本身就与当年宫廷和上层社会饮食习俗相联系。清宫和各王爷府邸，旧时依旗人习俗，每年祭神、祭祖都要吃煮白肉，这事在清人笔记中多有记载。祭祀时所煮的白肉，极烂入味，用来赐予臣下，是满洲旧俗，也是宫廷重礼。这种水煮白肉至今仍是北方各地餐饮酒楼中的常见菜品。乾隆时，一些王公和旗籍高官府中的祭肉也会拿出来赏给街上的更夫与民众。后来，更夫与厨师们合作，开店专营这种水煮肉，因为店里一直用一口直径一米多的砂锅煮肉，因此该店被客人们称为“砂锅居”。砂锅居一开始受到官员们的欢迎，后来慕名前来品尝的客人越来越多，一头猪的片肉，午前就已卖完了，后来竟然成了京中流行的歇后语：砂锅居的幌子——过午不候。“砂锅居”也成了京城的老字号了。

京城酒楼饭庄在乾隆以后发展到高潮，涌现出一批字号响亮的老字号，遍及街衢，延及晚清。《清稗类钞》中说，京城里的宴会，普遍都在饭庄。其间比较有名的像福隆堂、聚宝堂，一次宴席，也得消费 6 两到 8 两银子。要是小酌几盅，则各随人意，点上一两个自己喜欢的菜，“福兴居、义胜居、广和居之葱烧海参、风鱼、肘子、吴鱼片、蒸山药泥，致美斋之红烧鱼头、萝卜丝饼、水饺，便宜坊之烧鸭，某回教馆之羊肉”，都是适口的美味佳肴。老字号的驰名菜有东来顺的涮羊肉、厚德福的熊掌、正阳楼的烩三样与清炖羊肉、便宜坊的烧鸭；名面点有玉壶春的炸春卷、都一处的烧卖、致美斋的萝卜丝饼等，均各具特色。

清中叶以后，城市中不同档次的酒楼饭庄也成为人们解决饮食问题的去处，其上者为酒楼，可以宴客，俗称为酒馆的就是这一类了。其次是饭店、酒店之类，也有粥店、点心店，多半也都有厨房，可以在堂热食。《清稗类钞》说，这类店铺解决吃饭是没问题的，甚至也可以“入其肆，辄醉饱以出矣”。

京师之地，受宫廷影响甚重。饮食之风极盛，除了日常应酬之外，文人雅士之聚也有特色。当时聚饮，也已经出现类似今天 AA 制的情况了。《清稗类钞》说，有四种聚资之法，最常见的一种就是每人出一份，比如 10 人相聚，一人出 2 元，到结账时如果是 22 元，每人再补出 2 角，“此平均分配者也”。也有由主事者多出部分的情况，如 10 人聚饮，每人出 1 元，结账时需要 10 多元，多出部分则由主事者承担，“此有一人担负稍重者也”。还有抽签决定出资的，比如先画兰草于纸上，但画叶不画花，十人则十叶，于九叶之根处标明出资数，一叶之根无数字，结果有人出资数元，有人出几角，有一人则不必出钱，“俗谓之曰撇兰”。也有一种轮流出资的，10 人各任一次之费，轮流当主人，银数则不计多寡，“此即世俗所称车轮会，又曰抬石头者是也”。

宴席聚饮风气，也使京城酒楼饭庄业务大增。各具特色的京城老字号也成为京师的文化地标，有“八大楼”“八大居”“北京三居”“四大兴”“六大饭店”等说法，既得民间传播，也有酒店商家的助力，展现出这些老字号深厚的文化底蕴和巨大的影响力。

与京城酒楼相媲美的，还有京城特有的食品老字号。京城的酸梅汤，据说是由宫廷传到社会上的，后来还成就了若干个老字号品牌。《清稗类钞》说："酸梅汤，夏日所饮，京津有之，以冰为原料，屑梅干于中，其味酸。"这种饮品本来发源于宫中。宫中历来有储存冰块的传统，而用乌梅熬制的饮料也是清以前就有的东西了，经御膳房改进制作，冰镇酸梅汤成为宫廷夏日必备之品。后来此法传到宫外，成就了不少专业店铺，如前门外九龙斋、西单邱家，名气最大的是后来琉璃厂的信远斋。

一些有名的老字号都诞生于康熙、乾隆时期。以酱肘子成名的"天福号"就开办于乾隆三年（1738年），这年，山东人刘德山父子俩在西单开了一家专做熟肉的铺子。做熟肉生意非常辛苦，常常需要守夜熬制各种肉类。一日，也许是天意，儿子守夜看着汤锅睡着了，锅差点就熬干了，只剩下一点稠汁，那一只肘子也熬得软烂透味。这肘子晾凉后摆盘出售，恰巧被一位刑部高官的家人买了回去招待客人，这高官的客人当然也都是有头有脸的人物，大家齐声夸赞这酱肘子特别够味。后来，不仅是这位刑部高官，当日参加宴会的官员也都派家人来购买。刘家父子觉得这肘子有人喜欢，销路看好，于是改行专做这种酱肘子。这一来二去，刘家的酱肘子名气传扬开来，铺子的字号——"天福号"也渐渐有了名气，后来竟成了享誉京师的百年老店了。

有的老店名牌是通过宫廷和官府确认后传扬开来的，如王致和臭豆腐。王致和本是安徽的一个举人，进京会试落第后滞留在京师，一边经营豆腐维持生计，一边攻读准备下一届考试。有一年盛夏时节，做的豆腐没能卖完，他就切块腌制，加些盐、花椒等调味品，置于小坛之中。苦苦攻读的他竟将这一小坛豆腐抛于脑后了，秋日开坛一看，豆腐颜色已变成了青色，并伴有奇怪的臭气，勉强尝了一口，风味独特。他拿出来供人尝试，都说好吃，啧啧称奇。后来，王致和屡试不中，就专心经营起他的豆腐来，这口感特殊的豆腐也渐渐有了点名气。晚清时，王致和豆腐传进了宫中，深得慈禧太后的喜爱，成了她老人家的家常必备小菜，还亲自赐名"青方"。王致和臭豆腐自此身份倍增，也成为京城老字号中的名品。

上述民间传说故事，本质上是一种饮食文化生成与传播的现象，是宫廷到京城再到社会的文化成长与传播方式，故事里的皇帝、宫廷和高官等，都只是一种文化传播的介质。中国人心目中的皇帝和高官，不仅代表着权威，也代表传播的能量。一种食品食材，一座酒楼饭庄，皇家故事穿插夹杂以后，等于是得到了最权威的认证，会以较快的速度传播开来。皇上总是见多识广的，是什么好东西都吃过了的人，能得到皇上或者宫廷的认可，那就不用再质疑其品质的优越了。实在与皇上、宫廷挂不上钩，能与官声较佳的高官联系到一块，也是非常荣耀的，当然也是一种传播方式了。京师各大饭店的名品，还都带上点故事，主角还常常是皇上、宫廷、高官，原因也在于此了。当然了，这其间的故事，也有真，也有不那么真的了。

不仅京城如此，传说中康熙、乾隆的许多次微服私行，公开的大规模南巡、东巡等，都会产生许多传说故事，饮食名品的故事也为数甚多。康熙命名的八宝豆腐自不必说了，这款豆腐被他赐给老臣宋荦和徐乾学，在社会上广泛传播，成就了一代君臣佳话。后来的传说故事中，甚至有说这款豆腐是来自苏州菜，是康熙南巡时带回的苏州厨子发明的，甚至直接指名道姓地说发明这菜的厨师就是张东官，显系以讹传讹。张东官是由苏州织造府推荐给乾隆的厨师，后来成为宫中御厨不假，但那已是康熙死后数十年的事情了。而且，康熙拿苏州厨师制作的菜品赐给在当地为官的巡抚，也不合情理。但这故事也说明宫廷饮食对地方社会的影响，民间似乎对宫廷与帝王有一种莫名的崇拜，仿佛只有沾上了皇家的光泽，这菜式与美味就无可置疑了。

天津是皇帝南巡的必经之路。天津有一款名菜叫“官烧目鱼”，就与乾隆南巡有关。乾隆南巡奢华空前，但表面上还是要厉行节约的，所以，天津反复提出建立行宫的要求都被他拒绝了。每次路过天津，乾隆就驻跸于万寿宫，虽然不是专修的新宫殿，却也气派不凡，更重要的是，这万寿宫不远处就是天津有名的“聚庆成”饭庄，备办御膳比较方便。这一年，乾隆再度来到天津，仍由聚庆成承办御膳。这家饭庄有一最拿手的美馔——“烧目鱼条”，此菜以渤海特产半滑舌鳎鱼为主料烹制。乾隆品尝后，大为赞赏，称赞此菜色形味香均已超过了京师御厨的手艺。乾隆享用后还亲自召见了聚庆成厨师，御赐黄马褂并赏五品顶戴花翎。

这一下，菜名也成了皇上钦封的“官烧目鱼”了，天津名菜中又增加了一道新菜。后世天津饭庄酒楼有“八大成”之称，而聚庆成是其中最早、最有名气的一家了。

有些地方特色食品，自清初即已有名，后来也借着皇家的名头发扬光大。河南的道口烧鸡，可以追溯到清顺治时期。位于豫北的道口地方，取得“烧鸡之乡”的美誉，至今已有300多年了。顺治年间，道口小镇上开了一家“义兴张烧鸡店”，专制烧鸡，但相当长时间，生意一直不温不火。到乾隆时，小店老板张炳偶遇了一位清宫御厨，并得到这位大厨指点，用八种配料即砂仁、豆蔻、苹果、肉桂、老姜、白芷、丁香和陈皮，以烹制烧鸡。烹制出来的烧鸡色泽红、香味浓，自此畅销各地。嘉庆时，皇上途经此地，忽然闻到异香扑鼻，经左右的人打听，原来是烧鸡的香味。地方官赶紧将烧鸡献上，嘉庆品尝后，称赞这道口烧鸡是色香味“三绝”。此后，道口烧鸡成为贡品，名声大振。义兴张的子孙后世，对烧鸡的烹制愈加精益求精，使道口烧鸡成为一道名菜传承下来。

有些东西本不出名，只是一些简单的土产，经过宫廷名头的渲染，就成了地方名优特产。淮北平原上有一个叫义门的小镇，原产一种薹干菜。这菜以薹菜的茎为原料，经民间处理晾晒，制成干菜。食用时以温水泡发，鲜脆清香，尤其是霜降以后的薹干，味道独特。咸丰时，太平军北伐部队由天京（今南京）出发，途经数省，逼近京师，清廷震动。后来北伐军被僧格林沁率部剿平，清军觉得奇怪，为何北伐军在严重缺粮的情况下，仍能保持战斗力？经查知，原来是太平军将士都以薹干菜充饥。僧格林沁进京报捷，就把薹干菜带进了宫中。后来这义门薹干菜就成了当地的贡菜。地方上的贡品是按制度保证皇室需要的物品，它们也借此扩大了自己的名声，成为一方名品，这其实是一种双向互动。

因此，清代许多烹饪名品名菜，都借由皇家的名头进行宣传，其中有的故事可能确有缘由，至少有些影子，有一些就只是民间的口耳相传，甚至也不排除是商家的宣传。很多名品名菜是从宫廷传播到社会上的，打着宫廷乃至皇帝、太后的旗号，影响甚广。也有很多先是民间菜品传入宫中，再由宫廷借由某种机缘传到地方上。这种双向互动成就了中国饮食文化深厚的底蕴，也成就了丰富多彩的地方名菜特色。

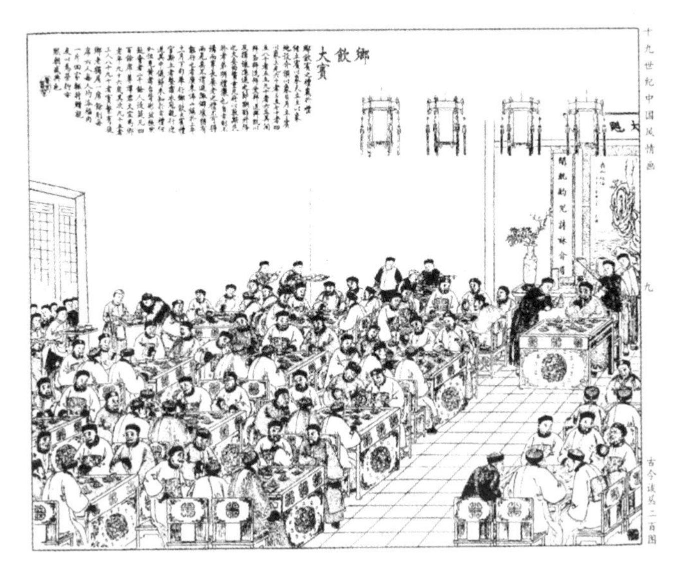

《古今谈丛二百图》中的乡饮场景

清代在康雍乾时期，国力达到鼎盛，宫廷的影响力也由此大大增强。著名的千叟宴，本身所传达的不仅仅是饮食文化，更重要的是礼仪和主流观念，如尊老敬老、礼贤下士、注重仪礼等，都对社会产生了重大影响。千百年来在中国传统社会中推行的乡饮酒礼，也在康乾盛世时达到顶峰。

乡饮酒礼源自上古时期，是中国传统社会一直推行的敬老、宾贤礼仪。清承明制，自顺治时起就比较重视乡饮酒礼。每年正月十五和十月初一，由地方政府出面在儒学中举办大宴，以地方官为主人，乡里年高德昭的士绅为宾客。乡饮酒礼设宾、介宾和三宾及众宾等，按宾客设席位，不得紊乱。开席前宣讲律令，如“序长幼，论贤良，别奸顽”。主人向宾客献酒，宾客向主人酬酒后，司仪宣布“饮酒”，来宾们才开始饮宴。乡饮酒礼如同其名称所示，主要还是一种仪礼，是对社会秩序的维系，类似于一场地方上的小型千叟宴。

影响所在，流波所及，清代民间宴席也十分讲究仪礼。《清稗类钞》载，民间宴席不论在公署还是在家或在酒楼、园亭，“主人必肃客于门”，主客相见，互以长揖为礼。入座后，先以茶点、水旱烟敬客候席。陈设既毕，主人才一一请客人入席。如果是多张酒席，则以左席为首席，一席则左边最高者为首座。若两座相向陈设，则左席东向者一二位为首座、二座，右席西向一二位为首座、二座，主人一般于一二座之下向西而坐。主人敬酒，必称客人之姓与字，如某某先生、某翁等，是为定席，也称为按席或按座。主人敬酒，客人也须起身应承。席以烧烤或燕菜盛于大碗为敬，也多有以鱼翅为主的。碗讲究八大八小，碟则有十六或十二，点心一两道。猜拳行令，大半在酒阑之时。粥饭端上，宴席告毕，则可请客人离席饮茶。客人也可以直接离席告别，必向主人长揖以致谢。按这个说法，今天的宴席规制礼仪，与清代大致相同。

扬州与苏州

朝堂之上，千叟宴的热闹景象似乎昭示着盛世的到来，社会上层讲求美食之风昌盛，而在扬州、苏州这样的历史文化名城，又是一番景象。李斗只是一个落第的读书人，居然也能在他写的《扬州画舫录》中记录下“满汉席”的盛况，也可见扬州之繁华。乾隆六下江南，多次驻跸扬州，对扬州的美食多有留恋。据说他回京后曾对皇子们说，要想享受富贵，还是得托生在扬州盐商家庭中才行。扬州是清代盐业中心、两淮盐政使驻地，因盐而兴。传统社会中，盐铁之类物资长期由朝廷掌控，禁止私营，但官方不可能自己经营，最终还是得借助商帮商人的力量行销各地，由此导致了扬州盐商的崛起。因盐而富的扬州商人，既有本地巨富，也多有来自徽州商帮者。他们当然也有许多兴办教育和地方公益事业的善举，为后世所称道，但富甲一方，甚至富可敌国之后，生活的奢靡与注重享乐也在情理之中。

古代中国商人地位长期卑贱，但到清代有了变化，商品经济的发展也使人们的观念起了变化。清人将良相、良将、良吏、良医和良贾称为“五良”。在中国人的传统官本位观念中，人生的成功与否，与能否当官、当多大的官有着密不可分的关系，实在不行，退而求其次，能当个良医，治病救人，悬壶济世，也是功德无量之事。而清代成功者的标志中，增加了“良贾”一说。能做一个好的商人，比前几种情况更为不易，因为商人没有权力傍身，全凭自身对世事的通达和善于运筹，至为不易。

而事实上，中国传统社会中，完全不与官场勾通关联的成功商人，少而又少。扬州盐商，紧密连接官场，大盐商甚至直接贯通朝廷，与皇家保持着密切的关系。乾隆时扬州盐业八大总商之首——江春，曾经六次接驾，史籍说他是“以布衣上交天子”，盐商们接待天子圣驾，动辄花费数百万两银子，令人叹为观止。江春以一家之力，除缴税之外，还向朝廷报效河工、赈灾、平定台湾等费用 112 万两白银。乾隆时期是大家公认的清朝国力鼎盛之时，以乾隆三十七年（1772 年）的数据看，这时国库的存银在 7800 余万两白银，而两淮盐商的资产也在七八千万两之数，可以说这些商人“富可敌国”。

扬州的奢靡之风，也浸染了来此做官的大员们。清制，盐税收入是国家收入的一大项，既设盐运使，又设盐政，而两淮盐政使多为内务府满员，有为皇家办事之责。清人在《骨董祸》一书中说，数十百年间，来此地任官者“贪墨成风，引而弥甚，其巧取豪夺，才智亦若天授”。长江鲥鱼曾是江南给朝廷的贡品，味极鲜美，然离水即死，难以保存，康熙时因耗费太过而宣布停贡。两淮盐政使阿克当阿在任时，每年到鲥鱼上市季节，其令人在焦山急流之中以小船张网捕鱼，船上置办灶具，立时加工，小船划回扬州，刚好鱼熟味浓，可供享用。一鱼之食，所费不赀。最厉害的是，主管盐业的官员，只有贪墨才能干得下去，凡是清廉一点的，往往都很快被迫离任而去。如今人们常说的劣币驱逐良币现象，大约就是如此吧。纪晓岚的亲家卢见曾，是一位著名的风雅之士，他被任命为盐运使后，为了适应当地风气，以诗坛盟主自任，诗酒往来，费用至巨。商人们探知他有收藏古书和碑刻的嗜好，广为搜罗敬献。相传，后来朝廷查核盐业，卢见曾虽然已经离任，但还是受到牵连。给卢通风报信的纪晓岚也受到牵连，被发配到新疆待了两年。

两淮盐商富可敌国，追求饮食的至美至善，似乎也是顺理成章之事。李斗《扬州画舫录》中说，有一位盐商，每到吃饭时候，夫妇二人坐在堂上，由厨下人抬着酒席上来，桌上放置各类饮食，有荤有素及各色面点、茶点等，两人不想吃哪样，就摇头示意下人更换其他吃食上来。这两人的饮食超越王侯，可谓奢侈了。世传清廷太监欺蒙皇上说宫中一个鸡蛋要用几两银子，而扬州盐商就真有用一两银子一个鸡蛋的。《清稗类钞》记载了一位豪侈的盐商，此人姓黄，名均太，但世人只知有均太之名而不知道他姓黄。每天早晨，均太要吃燕窝、海参，还得吃两个鸡蛋，厨子每天都照此例呈进。一天，他偶然发现账簿中记录，每天的两个鸡蛋每个价值一两银子，大感诧异，就唤厨子进来查问。厨子回答说："我们家的鸡蛋并不是市场上买来的，一两银子一枚并不贵。"均太有些不信，就换了个厨子，结果所进鸡蛋的味道相去甚远，屡换之，仍复如是。于是又把那个厨子换了回来，结果鸡蛋的味道确实鲜美，问其缘故，厨子解释说："我养了百十只鸡，都是用人参、白术之类研成粉末来喂，成本虽高，味道却很美。"均太派人去查看，果然如其所说。此后，均太每天仍用这一两白银一枚的鸡蛋。按当时的市价计算，一石谷子约值四五百文钱，制钱一千五百文才能兑换一两银子，黄均太早餐的两只鸡蛋，抵得上六石稻谷了。这还是他一人独自在家时随意的早餐，要是有客人，就不能如此简慢了。据说他的儿子黄小园带客人来家吃早餐，备各色点心，小碗十碗，粥也有十多种，客人可以随心所欲。有人诧异他的率性奢侈，他家的仆人还解释说这只是家常早餐罢了，要是一定以客人的礼仪相待，则必得要方丈大桌来招待了。

扬州餐饮的精致和美味，早已名满天下，来过此地的客人，往往为其美食所折服。乾隆曾多次驻跸扬州。有一次，厨房进了一道"油煎豆腐菠菜"，乾隆大为赞赏，说是花费少而美味可口，没有哪道菜能超过这个菜的了。回到京城后，乾隆还念念不忘，常常说："我每到吃饭时就想起扬州来了。"扬州饮食的魅力，着实令人难忘。

经常集宴夜饮，使扬州盐商的生活也出现改变。扬州城内的富贵人家往往昼夜颠倒，白天睡觉，到傍晚时分才起床处理家事、饮食宴乐，直到天明才又休息，这又颇有几分现代人夜生活的意味了。不过，他们大宴宾客的疯狂，却是一般人无法想象的了。康熙时期成书的《扬州府志》说，长江以北的宴会，山珍海味之盛，以扬州为最，用大方桌陈设，同时有歌舞百伎，一次筵宴，费用巨大。如果遇到婚丧嫁娶等大事，费用动辄以数十万计。扬州盐商富甲一方，生活奢华，乐于宴饮，皇帝南巡，自然是极尽奉承的能事，即便是接待官员、文友商会，同样出手阔绰，排场宏阔。盐商安麓村宴请河道总督，灯火绵延，十里之外，彩灯映天。

清代扬州盐商的园林

总商江春每天招待宾客数以百计，不得已只能“分亭馆宴客”。扬州素来人文荟萃，文风颇盛，清代扬州盐商多风雅之士，挟其富厚，广交名士，常备文酒之会。文人多崇尚美食，饮宴之间诗词唱和。袁枚常至扬州赴会，感慨“席上尝多味，笔端美味浓”。以文会友，诗酒唱和，为扬州的奢靡宴会平添了几许风雅。

扬州素来集园林之盛，清代盐商家赀世富，多有私家园林，大盐商的园林更是山重不穷，水复无尽。盐商马氏的小玲珑山馆、程氏的筱园和郑氏的休园，极富园林之盛。在清雅精美的园林中，举文士雅集之宴，风韵无穷。大盐商家中往往养着戏班，如江春家里就有德音和春台两部家班，专为家宴助兴之用。园中饮宴，堂上一呼，歌声响应。最具特色和吸引人的，还是穷极水陆的扬州美食，山珍海错，罗列满眼。同治年间，盐商洪某在自家园林中兴办消夏会，园子里丘壑连环，亭台雅丽，山水相间，碧玉清波，玉舫雅宴，花香袭人。宴席之上，雪燕、永参、驼峰、鹿脔、象白，可谓是珍错毕陈。更有榴、荔、梨、枣和苹婆、哈密瓜等少见的水果，多半都是用特殊方法保鲜的非时令水果。所用器皿，“皆铁底哥窑，沉静古穆”。美景美食、美酒美器，此景恐只天上有，人间更得几回闻。著名的“好吃佬”梁章钜也说：“扬州饮馔丰侈，习以为常。”

扬州自唐宋以来即为历史文化名城，地处长江与大运河的交汇处，居交通要冲，得山水之盛，聚渔盐之利，清代时更以盐业致富。康熙、乾隆二帝，各有六下江南之举，多曾驻跸扬州。扬州城市不大，却踵事增华，迎来了小城的高光时期。扬州社会上对饮食的追求、讲究更上一层楼，而盐商的饮宴对此也起到推动作用。

扬州多水，画舫游弋，富厚之家又往往大船载酒，数艘并集，衔尾以进。大船上一般不设灶房，湖上另有专门制作饮食为业的“沙飞”（一种带灶的小船），专业厨具和捕获的禽鱼之类装满筐中，用布盖着，令拙工肩之，称为“厨担”；专业厨师则自备用具，裹以包袱，称为“刀包”。大船行至宽阔水域，宾客喧哗，传餐有声。于是，画舫在前，酒船在后，橹篙相应，放歌中流，炊烟渐起，美景在前，美食在船，成为扬州城特有的一道风景。“水陆肴珍杂果蔬，珠帘十里醉东风。”瘦西湖上，画舫沙飞，歌舞助酒，一派升平。

《扬州画舫录》中有名有姓的餐馆就有 50 多家。餐饮业的兴盛，使得扬州城中三百六十行又多了一种厨行。城中善于烹饪者，充任家庖；也有专门受雇为厨师的，是为外庖，自称厨子，称同业者为厨行。扬州城中，以家庖名气为大，如吴一山炒豆腐，田雁门走炸鸡，江郑堂十样猪头，汪南溪拌鲟鳇，施胖子梨丝炒肉，张四回子全羊，汪银山没骨鱼，江文密蚌螯饼，管大骨董汤、鳖鱼糊涂，孔讱庵螃蟹面，文思和尚豆腐，小山和尚马鞍乔，等等，都是风味绝胜的美食。更有甚者，扬州南门外法海寺，精制素荤食品，素食甚精，而出售的秘制“闷猪头”更是一大特色，味绝浓厚，清洁无比。猪头整个端上，用筷子夹一下，肉已软融，入口即化。这一扬州特色猪头，也称“扒烧猪头”，受到扬州食客的欢迎，纷纷预订，猪头待客成一时风气。当地民谣说：“绿扬城，法海僧，不吃荤，烧猪头，是专门，价钱银，值二尊，瘦西湖上有名声，秘诀从来不告人。”法海寺莲性和尚这道烧猪头的秘诀，后来传给一位乌姓厨师，成为一道传世名菜。城市传统和世风影响之下，扬州城普通人家烹饪之法，也多有奇招，如民间烹制蛤蜊鲫鱼汤，用料简单，汤白味醇，取其鱼肉蘸醋而食，味极鲜美。

扬州饮食，古已有名。扬州饭店酒肆、名菜名点，驰名中外。清代，食风日盛，扬州人讲究饮食，从富商大贾至平民百姓，自官府至一般士庶之家，无不精于肴馔。其中，尤以扬州盐商饮食奢靡响震天下。到过扬州的客人都为扬州饮食的神奇魅力所吸引。扬州饮食风气的发展，直接推动了独具特色的淮扬菜系的形成。

淮扬菜系是淮安、扬州和镇江三地风味菜的总称，淮以淮安为中心，扬以扬州、镇江为代表。淮扬菜系是中国传统烹饪文化一大结晶，它集中体现了中国烹饪“以味为核心，以养为目的”这一本质特征。淮扬菜突出食材的本味，顺应天时，朱自清先生曾高度赞誉这一菜系：“滋润、利落，决不腻嘴腻舌，不但味道鲜美，颜色也清丽悦目。”

能与扬州菜并驾齐驱、名满天下的江南美食，当属苏州菜了。苏州历史悠久，其美食传统可以追溯到上古时期，至唐宋时即已形成讲求五味、五色和五香调和的饮食原则，宋元时期已出现了炒、爆、炸、烧、蒸、炖、焖、煮等丰富多彩的烹饪手法。清代，苏州成为江南重要的政治、经济中心，也是清帝南巡常常驻跸之地，苏州也因此成为菜肴最有特色的地区之一。清人笔记中说：“肴馔之有特色者，为京师、山东、四川、广东、福建、江宁、苏州、镇江、扬州、淮安。”彼时，甚至有人直接将苏州菜称为“苏帮菜”。这与今天有人把江苏菜称为苏菜是有区别的，今天人们说的苏菜，往往包含了苏锡菜、淮扬菜、南京菜和徐海菜，实际上是把江苏各地域的菜系都包含了的。那时讲的苏帮菜，仅指江苏的行政与经济中心苏州一带的菜系。苏州有“乾隆宴”，无锡也有同类宴席名号。两代帝王的南巡，实际上也在为苏菜代言。乾隆以后，苏菜成为著名的“南食”名菜，似乎也是由于这样的历史背景。苏州菜与扬州菜走向奢靡与世俗不同，它身处江南，却对千里之外的京师与宫廷菜式产生了明显的影响。

苏州菜以江河湖海水鲜为主，刀工精细，保持食材本味，清鲜平和，风格清雅。在烹制手法上讲究以炖、煮为主，依食材特性，煮炖时间长短不一，达至软烂，调味而成。通常较煨制汤类菜品时间短，而汤汁与食材混一，软烂醇厚，既保持了食材原味，又达到软烂入味的需求。这种烹制方式与旗人多食肉类的习惯很是契合，成为它进入宫廷和京师的有利条件。苏州菜讲求养生，追求食疗，适应了宫廷菜系对营养的追求，故而得以在饮食烹饪高度发展的时期脱颖而出。

苏州菜对京师与宫廷菜式影响大体有三个途径：苏州织造的进贡，康熙和乾隆的南巡，苏厨的进宫。苏州织造府是清廷的特殊派出机构，兼具多种职能。除了信息传递、制作与采买等职责以外，它既是内廷的钱袋子，也是内廷进贡物品的来源之一。康熙年间，相当长一个时期，《红楼梦》作者曹雪芹的祖上一直担任苏州织造之职。曹寅在苏州曾潜心研究苏帮菜，并写入《居常饮馔录》。这当然不是为了他自己享用，而是作为一项职务活动，为了筹备御用，精选苏菜，进贡给京师的皇室享用。后来曹寅调任江宁织造，接任者就是他的大舅哥李煦，现在仍能看到李煦向宫中进贡苏州菜的奏折，如康熙四十五年（1706年）进冬笋糟茭白、冬笋燕小菜，次年进小菜糖果、法制干膏饼小菜，等等。苏州织造成为内务府和内廷的苏州菜肴特使。

康熙、乾隆六下江南，苏州为其重要中转地，往返浙江途中，南巡队伍两次经过苏州。当地官绅得到近距离接触皇帝及大臣的机会。在大量进贡的土特产中，食品和菜肴是一个大项。康熙四十四年（1705年），康熙第五次南巡来到江苏首府所在地苏州，当地士绅进献各类土产，各献荤素、果点，食物各色百盘，恭祝万寿。随后，江苏巡抚宋荦进献馒头、馍馍等并小菜100瓶。不久，当康熙由浙江回銮再到苏州时，提督进献御宴50抬，其他致仕官员及子侄等各进古董小菜等。宋荦又进献苣苣菜、浦儿菜等。康熙对苏州太湖莼菜情有独钟。莼菜就是水葵，或称茆、马蹄草、湖菜，属于睡莲科植物，为太湖特产。食用莼菜的说法早自西晋就已出现，明代后，吃莼菜的习俗逐渐普遍。但莼菜属于天然蔬品，无法久藏，讲究自然味道的鲜腴。康熙三十八年（1699年），康熙南巡，得到当地进贡的莼菜种四盎，遂令收下并送回畅春园。乾隆三十年（1765年）春，乾隆第四次南巡抵达苏州，苏州织造普福进献糯米鸭子、万年青炖肉、春笋糟鸡、燕窝鸡丝、鸭子火熏馅煎粘团等。这里的糯米鸭子即当时苏州地区的传统名菜糯米八宝鸭。清代烹饪书《调鼎集》中有“八宝鸭”的记载：“鸭切小块，衬火腿、薏仁、莲肉、杂果。”《随园食单》记载的蒸鸭就是八宝鸭：“生肥鸭去骨，内用糯米一酒杯，火腿丁、大头菜丁、香蕈、笋丁、秋油、酒、小磨麻油、葱花，俱灌鸭肚内；外用鸡汤放盘中，隔水蒸透。”这里的蒸鸭要先内塞一酒杯糯米，然后再放入火腿丁等几样配料，隔水蒸透，以至入味。

特色鲜明、数量巨大的苏州菜品，给南巡的皇帝和随行京官留下深刻印象。两代清帝的南巡，将苏州菜带回京师，从此苏菜名扬天下。乾隆以后，苏州菜厨师进入宫廷，御膳房特设苏造铺和苏造宴，存留了大量的苏造档案。乾隆二十一年（1756年）所立《苏造底档》，记录了乾隆每天吃的苏州菜，达105种之多，分为荤菜、素菜、杂系、点心、燕窝等不同的菜品系列。从制作方法上看则有炖制、烩制、热锅、熏制与镶制等不同系列。乾隆南巡时带回京城的苏州菜厨师张东官后来成为热门御厨，不仅在宫中，乾隆去避暑山庄和盛京（今沈阳）也往往把他带在身边，直到70多岁还跟随御驾。“苏造”厨师常进的菜有燕窝黄焖鸭子炖面筋、燕窝红白鸭子炖豆腐、冬笋大炒鸡炖面筋、燕窝秋梨鸭子热锅、大杂烩、葱椒羊肉等。乾隆晚期，苏宴成为宫中节庆常备宴席之一。而宫廷苏宴的传承，也使苏州菜成为此后中国国宴的代表菜系。

各大菜系皆有高招

中国是一个地域非常宽广、历史特别悠久和民族众多的国度。这几个条件，在清前期即已完全达到，到近代史的初始阶段，中国的国土面积仍有1250余万平方公里。从历史地图的直观感受来说，这比明代的疆域宽广很多。当然，在中国的古人眼中，是没有什么固有领土的观念的，所谓“普天之下，莫非王土”，有土地的地方，有人群的地方，都是皇上他老人家的，只是由他老人家直接管理还是委托管理的差别，抑或等待别人望风来朝、万邦皈依。那些没有归来的，仍只是蛮夷之地。从后人的角度看，清代奠定了如今的国土、民族和文化的基础。

由于这种地域的广阔，清代饮食文化的区域差别非常之大，从这个意义上造就了中国饮食文化的丰富性。广阔的地域造成的差异，人类历史以来就已经存在，但真正形成所谓菜系，还是晚清民国时期的事情了。在清代，饮食文化即已显示出地位或阶层差异形成的阶级差别，如所谓的官府菜之类；地域差异造成的菜系风格不同，如所谓淮扬菜、苏帮菜等；还有民族差别与交融下出现的民族差异，如满点汉菜；宗教差异有时也在饮食上表现出来，如素菜系列、清真菜系等。

大一些范围来说，“北人吃面，南人吃米”“北人食肉，南人食鱼”是最大的地域性差异，无足为奇。徐珂《清稗类钞》载：“南人之饭，主要品为米，盖炊熟而颗粒完整者，次要则为成糜之粥。”即江淮以南之地，以米饭和粥为主食。“北人之饭，主要品为麦，屑之为馍，次要则为成条之面。”即北方人的主食，以面食为主。可见今天中国人饮食差别的基本格局在清代即已形成。另一方面就是民族差异，如游牧民族多以奶制品和牛羊肉为主。而民族之间文化交融中，饮食文化的互相影响也十分明显。如满族风味糕点种类繁多，历来有“满点汉菜”之说。清人入关后，其传统的火锅与火锅菜更是风行全国。至清代，每个区域的生活饮食习俗已经形成，所谓约定俗成，也是长期历史积淀的结果。如《清稗类钞》所说：“北人嗜葱蒜，滇、黔、湘、蜀人嗜辛辣品，粤人嗜淡食，苏人嗜糖。即以浙江言之，宁波嗜腥味，皆海鲜。绍兴嗜有恶臭之物，必俟其霉烂发酵而后食也。”地区差异，日久成俗，别无道理。

小一点的范围来看，每个区域都有自己的饮食特征与土特产品。以北方而言，山西与陕西都是以面食为主的地区，同样是吃面，却大有不同。山西人对于面的形态极其重视，同样是面，把面饼揪下来，成为片状，就成了“揪片儿”；切好的面饼制成耳朵形状，就是“猫耳朵”了；莜面卷成筒形，码在笼屉中蒸熟，叫“栲栳栳”，南方人听成“烤姥姥”，不免大惑不解。有专家统计，山西这样分类的面食达1800多种，然后通过蒸、煎、烤、炒、烩、煨、炸、贴、摊、拌、蘸、烧等多种方式制作，“山西人用自己的双手，穷尽了所有的结果”，成就了山西的面食。直到今天，去山西的老字号馆子，往往仍可以一桌子堆上一二十种不同风格的面食来。陕西的面，只有手擀、刀切，无非是宽点细点，再不济来个肉夹馍。但你要以为陕西人吃面不讲究，那就大错特错了。即以号称“十三朝古都”的西安言之，面的名称也是令人眼花缭乱的，除了人们常说的油泼面、臊子面之外，还有罐罐面、摆汤子、裤带面、饸烙面、刀削面、旗花面、驴蹄子面、手撕面、削筋面、箸头面等，不一而足。传奇的𰻞𰻞面，一个𰻞字，本是象声词，其实也是生造的汉字，经民间演绎，竟成了汉字中的奇葩。民间有人将此字编成了歌谣：“一点飞上天，黄河两边弯；八字大张口，言字往里走，左一扭，右一扭；西一长，东一长，中间加个马大王；心字底，月字旁，留个勾搭挂麻糖；推了车车走咸阳。”却也写尽了山川形势与世态炎凉，更是成为文字和饮食结合的传奇。陕西的面，用什么汤煮，煮熟后浇上什么浇头，大有讲究。不同的汤、不同的臊子，就是不同的面了，酸汤面、辣汤面、臊子面、油泼面、羊肉面等，听到名称，大概可以知道你会吃到一碗什么浇头的面了。而在山西，切尖（擀面）、剔尖、擦尖、抿尖、削面、撅片等，面是怎么做出来的，就叫什么面。一碗切尖，不论用什么法子做熟，不管你加了什么浇头，是西红柿还是鸡蛋，它还是叫切尖，你吃的那叫“面”。

区域差异，日久成俗，很多时候也成为一个区域或族群的基本特征。笔者读大学时，班上有北方来武汉读书的同学，无论吃多少米饭都觉得没有吃到东西，没吃饱。历史上的故事更极端，清人李岳瑞《悔逸斋笔乘》中有一个故事：满洲将领率陕西军五百人守石马铺，这五百人都是悍勇耐战的军人。但陕西战士不能食米，当时紧急之中又弄不到麦面，“士皆饥疲”，不得已而奉令出战，从早晨战至日暮，军士饥极，而援兵又没跟进，最终五百勇士全部阵亡了。

就南方来说，如今每一个行政省区都认为有自己的菜系。如湖北一向并不在所谓四大菜系或八大菜系之列，而湖北人自己就说湖北有非常明显的鄂菜系列，虽然不如湘菜那样为全国各地所认同，却也自成一说。认定“到明清两代，鄂菜更趋成熟”，如“沔阳三蒸”“江陵千张肉”“黄陂烧三合”“石首鱼肚”“咸宁宝塔肉”“武汉腊肉炒菜”，以及黄梅五祖寺著名的素菜“三春一汤”，等等，在清代就已是名扬天下的鄂菜了。湖北多水，鱼类资源丰富，烹鱼技术也有很大创新，钟祥的“蟠龙菜”，主料是鱼和肉，而成品却是鱼不见鱼，肉不见肉；黄州的“金包银”“银包金”，使鱼肉合烹，各自剁茸成馅，相互包裹，光洁似珠，落水不散，技艺精湛。此外，楚乡的蒸菜、煨汤和多料合烹技法见之于众多的食经，由此认定鄂菜作为一个菜系，在清代已基本定型。

清代，各个省区内部，不同地区的特色饮食也已经成型，各具特色。如湖北民谣中所唱：“萝卜豆腐数黄州，樊口鳊鱼鄂城酒。咸宁桂花蒲圻菜，罗田板栗巴河藕。野鸭莲菱出洪湖，武当猴头神农菇。房县木耳恩施笋，宜昌柑橘香溪鱼。”歌谣所唱的，都是清代以来湖北省内各地区的特色食品或菜式。

虽然菜系这个说法是 1949 年新中国成立以后才形成的，但明清以来各菜系的基本格局已经成熟。如今所说的四大菜系也好，八大菜系甚至是十大菜系也好，早在清以前即已初具雏形，最迟在清末就具备菜系特色，形成自身的独特风味与地域特色了。回顾清代饮食文化发展史，最著名的是粤、川、鲁、苏、浙、闽、湘、徽菜，被后世称为八大菜系。菜系与其所在区域的历史文化、气候、特产等因素高度相关，成为当地的著名甚至权威饮食，因而各具特色，即所谓“十里不同风，百里不同食”。而不同地方的菜系各显优势，互争长短，也推进了各菜系的发展。

岭南地区以广东各地菜肴最负盛名，如广州菜、潮州菜、东江菜、海南菜等等，人们将其统称为粤菜。广东地处中国南方，濒临南海，雨量充沛，四季常青，物产丰富，饮食文化的历史也很悠久，自两汉时期起，粤菜就已显示其特色了。基于广东丰富的物产，粤菜也用料庞杂。清初人士屈大均所著《广东新语》中说：“天下所有之食货，东粤几尽有之，东粤之所有食货，天下未必尽有之。”丰富的物产给粤菜提供了取之不尽的食材，造就了粤菜选料广泛、精细的特点，因而粤菜食材往往是飞禽走兽、野味家畜，应有尽有。令北方人觉得不可思议的蛇、鱼生、鸟兽等，不一而足。其中蛇鼠之类，即有早在汉代已进入粤人食材的说法了，到清代更是各种蛇类都上了广东人餐桌，成为最富特色的佳肴之一。《清稗类钞》记录的“粤人之食鸟兽虫”一条，说粤东食品中如犬、田鼠、蛇、蜈蚣、蛤、蚧、蝉、蝗、龙虱、禾虫等，无所不包，无所不食。龙虱、禾虫这类北方人少见的食材，前者是一种甲虫；后者是稻田中的长虫，以《清稗类钞》的记录，其形类于蛇。以蛇为主材的大菜，在粤菜中为数不少，如蛇与猫同食，则称为“龙虎菜”，与鸡同食则取名“龙凤菜”。其他如狗、蝎子、花蝉、蜈蚣、果子狸等，皆可制成美食。如狗肉被称为“地羊”，生烫、红烧和煲汤，粤人乐此不疲。清代粤菜中多有鱼生，不求火候，旧时的说法是“粤人又好啖生物，不求火候之深也”，近代以后才渐有以火锅的形式烫生鱼片。“鱼生，生鱼脍也。粤俗嗜鱼生……今之食鱼生者皆以鲩，先煮沸汤于炉，间有以青鱼、鲤鱼代之者，其下燃火，汤中杂以菠菜。生鱼镂切为片，盛之盘，食时投于汤。亦有以生豕肉片、生鸡肉片、生山鸡肉片、生野鸭肉片、生鸡卵加入者。”粤菜这种庞杂风格，在当代，以动物保护和预防疾病传播来说，是值得商榷的，但它也是岭南人民千百年来在与大自然斗争中索取食物、开拓食源的成果，传承千百年而成地方习俗，当然有它历史的合理性。

太史菜的创立者江孔殷

值得一提的是，曾经与北方官府菜谭家菜齐名的“太史菜”，在清末民初的粤菜中独树一帜，盛名远播。谭家菜出自广东，进入北京后，综多家之长，融南北于一炉，而太史菜在广东则发展了粤式特色。太史五蛇羹、龙虎斗、太史田鸡等，都是民初盛名一时的粤菜经典。太史菜与谭家菜走过的不同历程，也是不同文化融通的一个事例。“橘生淮南则为橘，生于淮北则为枳”，不同的地域文化孕育出各具特色的民俗与文化，进京的谭家菜已变成另一种典型，而太史菜则仍是粤式菜肴的代表之作。

当然，粤菜传统悠久，菜品丰富，远不止上述这些内容。其他如烤乳猪、白切鸡和各种特色海鲜等，极富特色。海鲜多配以汤，“闽粤人多食品多海味，餐时必佐以汤”。由于烹饪海产品多用白灼之法，清代的记载中有“粤人嗜淡食”的说法。而广东东江菜系中，除了潮汕人的海鲜外，客家人多以禽畜入馔，用煮、炖等法烹饪，味偏咸而求香浓，火功菜尤为擅长。总体来看，粤菜以用料广泛精细见长，烹饪方法上多用脍、炙、煮、烩、炒，亦有爆；菜肴求清淡鲜香，在调料中有不少地方特色的酱品、姜、椒、芷、醋、老醪，故味型也较丰富，冬季也多浓郁之品。明清以来，粤菜即已粗具规模，晚清时期，粤菜迅速发展，已成为中国菜中的重要菜系。

川菜，是清代中国菜系发展成型的又一典范。清人李调元所著《醒园录》，是他对游宦多年的父亲李化楠烹饪笔记的整理和传承，其中对烹调原料与烹饪手法的记录颇为详细，如关于川菜的烹饪方法已有炒、煎、烧、炸、腌、卤、熏、泡、熘、煨、煮、焖、爆、炖、煸、烩、糟等30多种，内容丰富，花式繁多。与粤菜以区域划分为潮州菜、广州菜等特色相类似，川菜也分为以成都为中心的蓉派（上河帮），以重庆为核心的渝派（下河帮）和以自贡、泸州为中心的盐派（小河帮）。三派川菜在清代有了很大发展，均形成了独特而多样的特色，文化内涵也更为丰富。川菜以取材广泛、调味多变、菜式多样、口味清鲜、醇浓并重、善用麻辣调味著称，吸收南北菜肴之长及官、商家宴菜品的优点，尤以北菜川烹、南菜川味的特色最为突出，可谓博采众家之长。

因为融汇南北，取众家所长，所以川菜一系除了成都“满汉全席”这样的大菜系列，也往往有很多接地气的名菜，如宫保鸡丁、麻婆豆腐之类。相传宫保鸡丁是担任过山东巡抚和四川总督的丁宝桢所创。他对烹饪兴趣颇高，在山东任上，以鲁菜“酱爆鸡丁”为基础，改用辣炒的方式，形成一道口味偏辣的花生米炒鸡丁。后来他调任四川，此菜在川中流传开来，人称“宫保鸡丁”。宫保是清代对某些高官常见的称呼。嘉道以后，尤其是太平天国运动以后，地方督抚大员，如曾国藩、李鸿章之流，多授予太保、少保、大学士之衔，虽仍任地方官员，身份却已有很大变化，官场上有称为“中堂”的，也有以宫保相称的。丁宝桢曾

丁宝桢

小街边的饮食摊

被授太子少保衔，因此，民间将其改制的花生米炒鸡丁称为宫保鸡丁。

清末成都的麻婆豆腐则极富地方特色。周询《芙蓉话旧录》中说，成都北门外有个陈麻婆，特别善于烹制豆腐，远近闻名。小店距成都四五里，食客们不惜远道而来专门点一碗麻婆豆腐，售价只有八文钱。有的食客要加些猪肉、牛肉之类的菜肴，可以自带，也可以由店家代为加工。说店家的名号，一般人都不知道，“但言陈麻婆，则无不知者”。清末诗人冯家吉《成都竹枝词》云：“麻婆陈氏尚传名，豆腐烘来味最精。万福桥边帘影动，合沽春酒醉先生。”也是川中名菜的佳话。

川菜在清代到民国时期发展成型有两个重要因素，一是多民族、多地方菜肴特色的融合，二是辣椒的传入与流行。明末清初的社会动荡，使得川中人口凋零，清初全国各地向四川的移民活动，官方是重要推动力量，至康熙时，人口渐次恢复，四川成都等地实际上成为移民城市。成都回族等少数民族人口为数不少，康熙中期以后因为八旗驻防于成都，满族、蒙古族人也成为此地的重要居民。川菜中不仅有宫保鸡丁那类受到欢迎的外地、外来菜式，满族、蒙古族等民族的菜式也融入其中，烹饪特色如烤、煮、炖等方法也被川菜所吸收。道光年间，成都川式满汉全席得到发展，烹制熊掌、鹿筋、鱼翅、燕窝、海参等高档山珍海味原料的川式大菜出现。嘉庆后受到满族、蒙古族菜式影响推动，成都兴起包席消费，包席馆开办，只包筵席，主营大菜名菜，不设座场，只提供上门服务。晚清时成都最有名的包席馆正兴园，1861 年由满族人关正兴开办，专事官厨大菜。它在成都存在了半个多世纪，对成都川菜的定型与发展产生了很大影响。成都多民族聚居，也影响到川菜的小吃系列，成都普通满族人制作的各式面点，极大地丰富了成都川菜中的小吃系列。

辣椒的传入也是川菜特色形成的标志性特征。辣椒是原产于南美洲的植物，15 世纪传入欧洲，16 世纪即明代后期开始从海上传入中国，故有“番椒”之称。川中蜀地，人杰地灵，历来就有讲求烹饪“尚滋味”的传统，但早期的川菜大量使用的是“蜀姜”和“川花椒”等辛辣调料，即俗称的“好辛香”。所以西方人对花椒的认识与翻译也与四川相关，将花椒直译为“四川辣椒”。明末，辣椒传入中国，最早是被作为花卉来种植的，明晚期开始有“味甚辣”的记载。清康熙时期，已有辣椒作为辣味材料的记载，辣椒遂成为中国香辛料的一种。乾隆年间，辣椒成为中国蔬菜的一种，华南、华中和西南、西北各地逐步大量种植辣椒，它也由此广泛运用于食材之中，反过来又不断推动辣椒新品种的培育。辣椒的推广也使川菜真正长足发展，并形成近现代川菜的基本特色。很难想象如果没有辣椒的推广，川菜会是一种什么情形。

川菜味浓，主要特点是清鲜醇浓并以清鲜见长，广集民间风味而重麻辣。其制法多样而主煎炒烧煸，食材广泛而各具特性。晚清时期川菜最终形成“一菜一格，百菜百味”“清鲜醇浓，麻辣辛香”的味形特点，是中国菜系中重要的一环。

鲁菜，是明清时期宫廷御膳的支柱，也是清代北方风味的代表。与各大菜系一样，鲁菜也是由几个区域性风味菜式组成的：济南风味菜，烹饪精制，方法多样，以清、鲜、脆、嫩著称；胶东菜则擅长烹制各类海鲜；曲阜菜则以孔府菜最负盛名，是中国最典型的官府菜。官府菜当然也是地方特色菜，但它与普通地方菜不同，在于其不计成本的精雕细琢，以及宴席过程中的排场礼仪。济南与胶东风味各具特色，界线清晰，主要在于前者以咸鲜为特色，而后者以海错为主，区域特色十分明显。随着交通日渐便捷，二者交叉影响也较为明显。

鲁菜是所谓的八大菜系中唯一的北方菜系，也是黄河流域烹饪文化的集中体现。它技法丰富，以功夫见长。明清时期，鲁菜得地利之便，由京师而影响北方乃至全国，尤其是宫廷御膳一直以山东厨师为主，对鲁菜自身风格和定位产生巨大影响，其华贵大气、平和养生的风格得以定型。鲁菜在烹饪方法上多用炒、爆、熘、扒、烧、烤、拔丝等法，口味以咸鲜为主，喜用酱、豉、葱、蒜调味，更善制汤，亦不乏清鲜之品。以山东运河沿岸临清等地为对象的明晚期小说《金瓶梅》中，出现的菜肴达 108 种之多，有干蒸劈晒鸡、油炸烧骨、黄炒银鱼、银苗豆芽菜、春不老炒冬笋、黄芽韭和的海蜇等美味佳肴。清乾隆时期山东日照县丁宜曾所著的《农圃便览》中，除了介绍许多蔬菜的种法、禽畜的饲养法外，还记载了 200 余种菜肴的制作法，蔬菜及海味的制作尤其见水平。如海参制作：“先用水泡透，磨去粗皮，洗净剖开，去肠切条，盐水煮透；再加浓肉汤盛碗内，隔水蒸极透，听用。”确是重视了火功及入味问题。

另外，书中的“炒羊肚”即爆羊肚，亦可见爆类菜在山东流传的情况。郝彭行的《记海错》中亦记有多种海错的食法，有烧嘉鯕鱼（加吉鱼）、拌海蜇、烤或蒸鲳鱼、牡蛎汤、蒸鳖鱼、炒银鱼、蒸老般鱼、紫菜汤、瀹鹿角菜、烧海参（土肉），等等。《随园食单》中也有一些关于山东菜肴的记述，如“全壳甲鱼”的做法：将甲鱼去头尾，取肉与裙边烹熟入味后仍用原壳覆盖。开席时，每位客人面前呈上小盘装一完整甲鱼，形象逼真，客人往往怕甲鱼还在动。鲁菜厨师的水平普遍较高，即便是山东一些小县城的厨师，也能制作烧烤大席，一些特色菜也曾名声远播。

清代至民国时期鲁菜影响巨大，不仅因为其宫廷菜的地位，也因为北方各地的著名饭庄多由山东人经营，尤其是北京和东三省，名楼名厨出自山东者比比皆是，所以有学者称山东菜是在山东以外地方发展起来的，也颇有见地。

苏菜，也是清代以来最有影响的菜系，包括江宁、扬州和苏州三个区域的风味菜肴。前面已讲到，苏菜又与淮安菜一起被合称为淮扬菜，较之苏菜的称呼名气更大，直到今天，很多大场面的招待甚至国宴，也使用淮扬菜这个概念。苏菜历史悠久，到清代，江宁、扬州、苏州一线多次接待清帝南巡，美食助力美景，不惜工本。而京官与钦差往返频繁，也使苏菜美名传扬的同时，受到京师等地菜系的影响。两淮盐商富甲天下，其中徽商人数较多，多有徽厨来苏、扬等地献艺，苏菜也受到徽菜的影响，融汇天下精食美馔，盛名传扬天下。

清代浙江菜以杭州、宁波、绍兴三地为代表。自南宋迁都杭州，浙江菜渐至兴盛，至清代已形成了体系与风格。著名的杭州西湖楼外楼即开设于道光年间，其西湖醋鱼、龙井虾仁已经闻名天下。浙菜擅长煮、炖、焖、煨，口味偏甜。长三角地区丰饶的物产资源，也使浙菜成为以烹饪河鲜、海鲜见长的菜系。

闽菜分为福州、闽南和闽西三个区域风味。福建西部受到粤菜的影响，而北部有苏、浙菜的扩散，闽菜有了综合诸家所长的优势，其中福州菜最有特色。清代福州多粤菜馆，有广复楼、广裕楼等字号。福州菜淡爽清鲜，擅长各类山珍海味。闽菜尤以汤菜闻名，素有“一汤十变”之说。

湘菜是中国菜系的重要一脉，又分为湘江流域、洞庭湖区和湘西山区等不同区域特色。湘菜制作精细，用料上比较广泛，口味多变，品种繁多；色泽上油重色浓，讲求实惠；品味上注重香辣、香鲜、软嫩；制法上以煨、炖、腊、蒸、炒诸法见称。共同风味是以辣味、熏味为主。纵观清代的湘菜，它有着品种多、选料精、味道浓、气味佳的特色。袁枚所言，“不必齿决之，舌尝之，而后知其妙也”，大有先声夺人之势。湖南人不分男女老幼，普遍嗜辣。无论是平日三餐的家常小菜，还是餐厅酒家的宴会，或是三朋四友小酌，总得有一两样辣椒菜。

徽菜是清代知名菜系，有皖江菜、合肥菜、淮南菜、皖北菜和皖南菜等区域特色菜系。其中以徽州地方菜肴为代表的皖南菜，是安徽菜的主流。徽菜历史悠久，到明清时期已经成型。清代是徽商的鼎盛时代，他们成为中国商业资本雄厚的商人集团，所有大宗商品如盐、木等均有经营，其他如商栈、酒肆、钱庄等，所在多有。徽商足迹遍天下，走到哪里，哪里就有徽菜，徽厨遍布天下，徽州菜肴也由此达到黄金时代。徽州菜主要特点是擅长烧、炖，讲究火功，喜用火腿佐味、米糖提鲜，善于保持菜的原汁原味。不少菜肴都是用木炭火单炖，原锅上桌，香气四溢，诱人食欲，体现了徽味古朴典雅的风貌。“黄山炖鸽”“问政山笋”“雹电凤兰桥会”等，都是声名远扬的山乡珍品。沿江风味中“毛峰熏鲥鱼”“熏刀鱼”均用上等毛峰茶叶熏制；“无为熏鸡”更采用先熏后卤的独特制法，金黄油润，皮酥肉嫩，浓香袭人，回味隽永。沿淮风味以“符离集烧鸡”“葡萄鱼”“奶汁肥王鱼”“朱洪武豆腐”“香炸琵琶虾”等菜最为著称。

一般饮食文化研究者将上述菜系统称为中国八大菜系。菜系这一说法本身产生得很晚，应该是1949年新中国成立以后才逐渐生成的，其间当然具有商业与文化推广的意义。但菜系的形成历经千百年，所以常常有人说某地某菜系历史悠久。中国菜系成型大多在明清时期，其中清代更是特色鲜明，是中国饮食文化发展的高峰。

当然，也有学者或烹饪大师认为中国菜系远不止上述八个，还有京菜、沪菜等，当然也有道理。

北京是元、明、清三代的都城，文化积淀丰厚，人文荟萃，商业繁荣，饮食文化尤为发达，这为北京菜的发展和形成提供了广阔的背景。此外，山东、山西、河南、河北、江南菜系的引进，汉族与蒙古、回、满等少数民族之间菜系的交流，尤其是宫廷菜肴的外传，促进了北京菜的发展。京菜的特点在于汇聚天下食材，广集各地、各族烹饪技艺，兼收并蓄，以天子脚下的固有优势，影响天下，流播甚广。沪菜形成很晚，但它与京菜有异曲同工之妙，上海以汇聚天下商业之势头，在晚清时期成为中国商业的中心、外贸第一港口，甚至也是亚洲商业和时尚中心，在此背景下形成的所谓“本帮菜”，实际上是融合了江苏、浙江各地菜式特点，集众力而成。在近代欧风美雨的侵袭之下，上海也成为外来食材食品和西餐的重要聚焦地。总的来说，沪菜集各方所长，特色是汤卤醇厚，浓油赤酱，糖重色艳，咸淡适口，保持原味。烹饪手法则有红烧、清蒸、生煸、油焖、生大熬、川糟、腌、炒等多种。

此外，清代中期，除满族菜式外，清真菜、维吾尔族菜等也在中国菜式中占有一席之地。

特色食品与异食

中国是一个地大物博、人口众多、历史悠久、幅员辽阔的国度。在近代遭遇侵略之前，清朝的国土面积达到1250万平方公里。加上国内民族情况复杂，地理地貌各异，国土内部饮食的差异性也是巨大的。在这处广阔的国土中，各地区、各民族都形成了许多独具特色的菜式和小吃。

差异首先表现在由于地理环境的差别而产生的物产不同。最常见也最容易视而不见的差别还是谷物的差别，前文所说的“南人食米，北人食面”，实际上是所在环境的物产差别导致的。同样也是出于气候与环境的关系，一些地方习惯食用稞麦、荞麦等。

一个典型的事例是，食用槟榔实际上是湖南以南地区极为普遍的食俗，在湖南、两广、海南、台湾等地极为流行，云贵等地间亦有之，人们随时随地口嚼槟榔。槟榔在人们生活中实在太重要了，以至于一些地方以之为聘礼。清代时，槟榔以广东省所属海南所产最多，湖南会同、海南乐会等地都是盛产槟榔之区，以至于当地人用槟榔收入交缴国家税课。其槟榔不但行销岭南各地，甚至远达东南亚一些国家。清人屈大均在《广东新语》中说，槟榔“以洗炎天之烟瘴，除远道之渴饥”。琼州各地所产之槟榔，品相与口感亦各有特色。因其为一地区之特色食品、生活所必需，也成为待客的首选之物，“款客必先擎进”。海南一些地方，槟榔成为婚娶的聘礼，“琼俗嫁娶，尤以槟榔之多寡为辞”，槟榔也成为财富的象征。祭神、纠纷之和解等，槟榔都成为重要的中间物品。岭南地区男女，多有因嚼槟榔而成黑齿。台湾也是槟榔重要产地，宝岛民俗中，男女口嚼槟榔不停口，唇齿皆红，有客至，必献槟榔，即以代茶，以至于妇人“嚼成黑齿，乃称佳人”。全岛所产槟榔品种、数量均多，为地域性特色食品。

与之类似的是岭南特产荔枝和龙眼等果品。荔枝与龙眼，为闽粤特产，龙眼叶绿，荔枝叶黑，往往绵延百里，无一杂树参其中，荔枝先熟，龙眼继之，成为当地居民的主要经济作物，当地居民也被称为“龙荔之民”。荔枝、龙眼当然也成为当地最负盛名的美食。荔枝、龙眼甜美，为内地人喜爱却难得一遇，统治者则自汉代以来即将荔枝列入贡品，按时进贡。清人梁章钜退休后寄居蒲城，他的女婿从福州飞寄荔枝，他高兴地请亲友邻居品尝，并对荔枝进贡史进行了考证。荔枝自汉代开始进贡，所贡为广东南海荔枝，为了保证新鲜，十里一站，五里一候，死者无数。有官员将运输之难上报，得以罢贡。后世则唐、宋等多个朝代都有荔枝之贡，最著名的当然是“一骑红尘妃子笑，无人知是荔枝来”的故事。杨贵妃喜欢吃荔枝，造成巨大的人力、物力损耗，被著名诗人杜牧写进诗中，传扬百代。自汉以来，屡贡屡罢，奏请废除进贡荔枝、龙眼等物的官员，均被后世称赞，如南宁洪天赐为福建安抚使，奏罢荔枝等贡品，人称“后贤胜前贤矣”。清承明制，顺治、康熙时期，进贡的均为闽荔枝，贡船由福建北上，因荔枝保鲜用盐，船上夹带大量私盐，成为损害清代盐政制度的大弊。道光初年，下令废除荔枝之贡。

很多特产是清代各地各区域的环境所造成的。闽粤多水果，滇黔多菌菇，各随土宜。丁柔克在《柳弧》中说，云南有一种菜，叫作“鸡枞”，属蕈类，“其味可甲天下”。云南地气过暖，所以当地人多喜欢食酸味食物，江南人至其地，闻而皱眉不敢尝。闽粤等地出柚，类如橙，大如巨升，色如黄梨，其他如佛手柑之类，北方人难得一食。北方人所食野鸡、鹿尾之类，也是如此。热河（今河北承德）在清代为长城边外政治中心，既是清代训练八旗军队、宫廷狩猎的重要地区，也是皇家避暑之地，更重要的是，它也是清廷团结边外少数民族的重要基地。热河在清代多森林野兽，而清帝的“木兰秋狝”也重在捕猎。著名学者赵翼在《檐曝杂记》中说，在木兰这个地方，人们甚至可以先拾柴烧水，再去捕捉野鸡，以此形容热河野鸡数量之多。这种野鸡能飞但飞不远，被人马惊动飞起，飞不了多远就扑入草丛中，跑累了就伏在草丛里，它看不见人就以为人也看不到它，所以很容易捡拾。就是花钱买也很便宜，所以可以煮汤以待，味道特别鲜美，“凡水陆之味，无有过此者”。

鹿尾亦为北方人常见食物。清廷以满洲贵族为主体，对东北地区土产尤为重视，鹿尾也成为清人最喜欢的美味之一了。袁枚的《随园食单》说当朝大臣尹继善谈美食，认定鹿尾为第一美味，梁章钜说这是当然的事，自不待尹公来评定，只不过大多数南方人从未品尝过，所以不知道这事罢了。梁章钜为官多地，回忆起宦海生涯，还是觉得鹿尾是第一美味。梁氏回忆起来，当年在京为官时，常常在宫中值班，每到冬天，常常能饱餐一顿鹿尾。后来外放为地方大员，公事往来，总有机会从京师带回鹿尾，有小夫人随行，常常亲自操刀，薄薄切片，不用厨子操办。即便是到广西等地做官，借着奏折往返的机会，也还能尝到鹿尾。梁章钜曾经写过一句诗，说“寒夜何人还细切，春明此味最难忘”，被桂林人传为名句。再后来他致仕归乡，就很难尝到这口味了，“徒劳梦想而已”。有一些食品，虽不是来自北方，但物以稀为贵，也不是一般贫寒人家能够吃得到的，如鲥鱼。鲥鱼离水即死，保存不易，但春季出鱼时，江南杭州等地的富贵人家还是能品尝到这一美味的。明清以来，由于长江沿岸生态环境的恶化，作为“长江三宝”（鲥鱼、刀鱼和河豚）之首的鲥鱼日渐稀少，价格昂贵，也只有富贵人家才能吃得上了。等级统治鲜明的社会中，此类食物不在少数。

有的地区性名品，不仅是区域环境的产物，也有历史的因素。江浙沿海一带有一种特殊食物，店铺多有出售，称为“光饼”。《清代野记》的作者坐观老人回忆说，苏州市面上有一种小饼，中间有个孔，可以用绳子穿起来，微甜而脆，名字叫作光饼。咸丰年间一个制钱可以买10个，当年入学时曾向私塾先生讨教，这饼为什么叫这么个奇怪的名字。先生说，想必是光福人所创制的吧。结果，几十年后读到《渔矶漫钞》时，才知道这个光饼原来是明代抗倭时所创制的军人食品。陆以湉在《冷庐杂识》中说，浙江各地市场上的光饼，相传是戚继光抗倭时创制的，晚清时人曾提议避讳戚氏的尊名，改称“戚公饼”。大概在各地的历史中，都有些类似的能讲出历史故事的特色食品，而这特色美食也是区域文化的表征。

至于特色菜式菜品，既与地方物产相关，也包含着一个区域、民族或族群的历史创造。能够成为一个地方的传统名菜、名吃和特色食品，往往有其文化内涵。很多时候，所谓地方名菜，不过是当地人常常食用的普通菜品，如广为传诵的“乾隆菜”，只不过是以京师人常吃的大白菜为原料，细切后加麻酱拌制而成。再如京冬菜炒豆腐，所谓京冬菜，就是白菜切丝而成，先用猪油起锅，豆腐略熬，然后倒入京冬菜，不停地翻炒，沸透停火。京冬菜能载入旧史，与乾隆菜一样，体现的是京师菜的特色。

地域特征明显的食品和菜式，如用青海产的豪猪制作的腊肉，书中记载说，这猪肉的味道比家养的猪要好，尤其香美。而制作这种腊肉，则是青海当地人民的发明。地方的动物资源成为饮食来源的典型是熊掌，中国人一直将其视为名贵食品，是“八珍”之一。交通不发达的时代，熊掌在东三省是常见之物，价格也不贵，但在南方，即便富贵之家，也有很多人终生都没吃过这种食物。清中叶后，京师等地的大酒楼饭庄，在大宴中也常常端上这一道菜，其实也是提高宴会规格、讲究排场的法子。熊掌的烹饪比较难，方法也多种多样，一般用泥密封后入炉，而后敲掉泥土，则皮毛都随着泥土脱落，“白肉红丝，腴美无比”。也有用石灰来处理皮毛的，或者制成糟熊掌，也是一道美味佳肴。光宣间，有个叫张锡銮的人，在奉天做官多年，其家厨特善制作熊掌，据说吃过该家厨烹饪的熊掌后，口中三日还有余香。

真正说起特色菜，几乎每个地方都有自己的名品，这就不仅是菜系所能包括的，有时候它可能是一个饭庄的一道菜，更多时候它是一时一地的场景与饮食交融所留下的历史记忆。《清稗类钞》谈及江宁城的饮食变迁：乾隆时，泰源、德源、太和、来仪等酒楼名气极大，“盛称于时”。到晚清时，利涉桥之便意馆、淮清桥的新顺馆最有名。新顺馆的菜式极为丰富，但要说起扣肉、咸鱼、焖肉、煮面筋、螺羹等菜品，加上干净整洁、酒味醇厚，则以便意馆更胜一筹。秦淮河是当时著名的景点，河上画舫的划船人也多烹饪者。有的小船后舱仅容一人，在“火舱”中辗转腾挪，烧鱼焐鸭，煮汤做饭，徐徐制作，一盘盘端上桌来，泛舟小酌，却另有一番风味。小船中加工的“菽乳皮”，用绿笋干、虾米、米醋等拌菜，尤为素食中的美味，游客回家后，叫家厨仿制，“皆不能及”。秦淮河与扬州画舫一样，是特殊的美食之地，几乎每条船都有自己的特色。

地方特色有时是一种特殊制作工艺、手艺，更多时候是一地区的人们对某种特殊蔬菜品种的喜好。福建人吃的“肉燕”，就是当地传统的工艺手法。据记载，清代肉燕已经是福建名吃了，“肉燕者，闽人特殊之肴也”。其制作之法，是将精瘦猪肉捣碎如泥，和以米粉或红薯粉，制成薄皮，再包上猪肉，即俗称的“肉包肉”，煮食时形似人们常见的馄饨。与其他地方将花生仅视为一种下酒菜不同，福建人特别重视花生，常常用它与猪肚煲汤，称为清汤花生猪肚，认为这汤是大补脾胃之物，将其视为席上珍品。

福建人喜欢吃的虾蛄，二寸左右长短，形与虾异而味同，产于近岸水域，由于其被抓时会喷射无色液体，当地人也称之为“赖尿虾”，与江淮人所说的虾鳖类似。当地人将其与葱酒烹制，作为一种寻常下酒菜，很有特色。天津大沽一带人们所吃的虾生，略似于今天人们吃的基围虾，不过天津人所吃的虾，出自海中，色白味鲜，用酒浇后生吃，别有风味。而清代东北宁古塔人所吃的喇蛄，与今天两湖地区人们常吃的小龙虾相似，不过喇蛄整体呈青色，小龙虾偏红。记载说喇蛄是身如虾，两只大

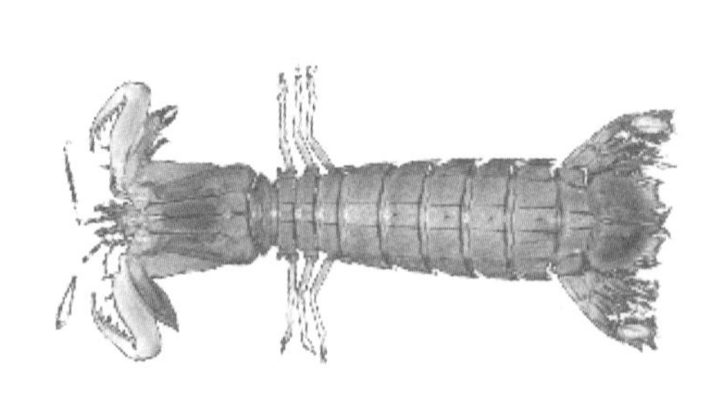

虾蛄

福建肉燕

螯如蟹螯，也可以捣成膏，制成像广州、宁波等地人们所吃的虾酱一类的调味品。

浙江金华的火腿在清代已经名满天下了，当时金华所产的腌肉也很有名。杭州一带也出产这类腌制品，人们称之为“加香肉”，或“佳香”，每每煮熟后片切而食，用其汤汁煮白菜，或者加笋煨制，口味极佳。杭州腌制品不少，市面上有“九熏摊”，所售以猪头肉为佳。道光时，大东门有一家绰号“蔡猪头”的店铺，所售的猪头肉最美。清代杭州西湖的醋鱼也已成名。清前期，大约在康雍时期，杭州有五柳居，烹制醋鱼最精，来杭州旅游者必以食醋鱼自夸。后至乾隆时，醋鱼烹制技术失传，口味大不如前，但仍比其他地方好很多。西湖醋鱼相传是由一个叫作宋嫂的女子创制的，有诗说“如何宋嫂当垆后，犹论鱼羹味短长”，后来也有《西湖竹枝词》说“不嫌酸法桃花醋，下箸争尝宋嫂鱼”，传为佳话。与西湖醋鱼相关联的，还有一种鱼生的吃法，薄切的鱼片，用麻油、酒、姜等醮食，称为“醋鱼带柄”，意指醋鱼的连带食品。

说到吃鱼，不能不说到开封的黄河鲤。黄河鲤为清代名品，人称开封所制最佳，据说仿照江南鲥鱼的做法，连带鱼鳞蒸食，上桌后成片去鳞，其味鲜美无比。同样是黄河鲤，到了宁夏又是另一种特色，宁夏人于隆冬时节凿冰取鱼，远销外省，但比不上河南所产的黄河鲤肥嫩甘美。天津有一种鱼叫“回网鱼”，该鱼见到网就回头，不易捕获。其味之美尤在鱼舌，酒家烹制时往往把鱼舌单独放在鱼背上，突出其美味。天津还出产一种淡水鱼，叫银鱼，大的接近一尺长，常常放在火锅中烫食，也常常远送至京城。清代京城最有名的鱼当属黄花鱼。每年三月初由天津运至京师，崇文门税司首先进贡给宫里，然后市面就可以出售了。当时还没有铁路，最快也得次日才能到达京师，酒楼饭庄视之为奇货，京师居民也非常喜欢这鱼。即使是江浙等地的在京人士，也常常以吃到黄花鱼向人炫耀。有时，即使鱼已经腐坏了，仍然有人会炫耀说今天吃了黄花鱼了。

清代寺庙庵观也有许多名声极盛的素食，京师的法源寺、镇江的定慧寺、上海的白云观、杭州的烟霞洞、扬州的法海寺等，都以素食著称于时，而不以地域划分。据说杭州烟霞洞的素食大餐价格极昂，银币五十圆，许多名流专程前去品尝，盛称其品种之多，素馔之精，赞不绝口。其中最便宜的一席也须十六圆之多，并不因其是素食而价廉。扬州南门外之法海寺，也以精于肴馔著称，各类素餐精治洁净，也有荤品大席，略如酒楼大宴，也是八大八小之类，尤其是焖猪头，须得提前预订。焖熟的猪头整个端上席，用筷子一夹，肉皆融化，口味绵软，余味悠长。有人一年后再向别人讲起这个焖猪头来，仍觉得齿颊留香。

有些菜的烹制和吃法，味道鲜美，但宰杀过程太过血腥，遭到地方官的禁止。如太原的驴肉，当地酒楼饭庄将驴养肥，待要吃时，将驴灌醉，钉桩捆住，周身拍打，将驴活烫，然后按食客要求，在活驴身上切割，想吃哪里就割哪里，或肚或脊背或头尾，各随客人所愿。驴肉端上桌时，门口的驴还没死。太原城外的晋祠鲈香馆，曾以这种驴肉闻名，鲈香馆其实是借这个“鲈”字来指代驴的。乾隆年间，宗室巴延三主政山西，下令查禁，最后将为首者以“谋财害命”罪名论斩，刻碑勒石，永远禁止。

地方和区域特色食品，还有一大宗便是小吃。清代国土广袤，各地小吃难以列举。袁枚《随园食单》中记录了不少他自己品尝或听到过的各地小吃。不少小吃本身就出自官场或名门，也是袁枚交友范围所决定的，如山东孔藩台家的“薄饼”，薄若蝉翼，大如茶盘，色香味俱佳。袁枚回家后让家人如其法仿制，但总不能达到人家的水平。又如陕甘人用特制的小锡罐，装饼三十张，每位客人赠送一罐，饼小如柑。罐上有盖，可以贮藏饼馅，馅用的炒肉丝，细如头发丝一般，也有猪肉与羊肉并用的，称为“西饼”。杨参戎家制一种千层馒头，其白如雪，揭开来看，一层一层，如有千层。南京人学不会，扬州人学了一半，常州、无锡人也只学得了一半。刘方伯家月饼，用山东飞面作酥皮，将松仁、核桃仁、瓜子仁碾为细末，加一点冰糖，和上猪油为馅。吃到嘴里不仅不觉得过甜，反而香松柔腻，非同寻常。有的点心小吃，因名人赏识而得名，如扬州的运司糕，就是因盐运使卢雅雨而声名鹊起。相传卢氏颇爱甜点，当盐运使时年事已高。扬州运司衙门前的一点心店制作了一款糕点进献，卢氏品尝后大加赞赏，从此有了运司糕的名称。这糕色白如雪，点上胭脂，红如桃花，微糖作馅，淡而弥旨。说来也巧，这款糕点唯独运司衙门前的这家店做得好，其他店家仿制的都比较粗劣。《随园食单》中所记的特色小吃，最独特的是陶方伯家所制的十景点心。十景点心由陶方伯的夫人亲手制作，奇形怪状，五彩缤纷，令人应接不暇，吃起来却是口味非凡。有官员评价说，吃了孔方伯家的薄饼，天下薄饼可废；吃陶方伯家的十景点心，天下点心可废。陶氏去世后，人们再也见不到这款点心了。

此外，还有一类食物，在本地人眼里为美食，在其他地区则被视为异类。历来的词汇中对这些特殊、怪异的食品就没有一个特定的称呼，或者也可以叫作“特色食品”，却又不能体现其在历史上那种怪异的情况，暂且就用异食来称呼吧。这里就来说说清代的异食吧。

异食，当与一个地方的地理位置与物产有关，在一个地区视为常见的动、植物，在另一个地方也许就是异食了，如大家都知道有毒的东西，偏偏拿来吃，更是一种异食了。康熙初曾在甘肃做官的黎士宏，在《仁恕堂笔记》中说甘肃人不识蟹，以为是水底的大蜘蛛；俄罗斯人不认得鳗、鳝，诧为水蛇，不知道中国人为何把这个当食品。世上的东西第一次见到，“未尝不以为奇”，说的就是这个道理。

清代最有名的异类食品当属河豚。河豚是产于沿海地带的筒状鱼，有时也游入淡水。河豚的肉味极其鲜美，很早以前就成为中国人的盘中美味了，可是它的肝脏、生殖腺及血液中均含有能够置人于死地的毒素。苏东坡曾有诗云：“竹外桃花三两枝，春江水暖鸭先知。蒌蒿满地芦芽短，正是河豚欲上时。”说的就是春季来了，吃河豚的季节也到了。清代吃河豚的地区扩大，食之者甚众，官场与富贵之家吃河豚之风颇盛，河豚甚至成为一些地方的特色食品。假若厨师处置欠当，食客一不小心，即有可能付出生命，故历来流传着“拼死吃河豚”的说法。山东文登等地还有将河豚晒成鱼干的做法。天津等地的河豚菜名气也极大，《津门竹枝词》曰：“岂有河豚能毒人，蒌蒿藤萝佐佳珍。值那一死西施乳，当日坡仙要殉身。”这里说的西施乳就是河豚的鱼白。江南地区是传统的吃河豚地区。李渔在《闲情偶寄》中说：“河豚为江南最尚之物。”清人龚炜有一次回故乡，他的妹妹问他敢不敢吃河豚，他说“心存疑虑地吃，就没什么味道了”。一日，一家人一起聚饮，酒至半酣，上来一味，极鲜美，他不知不觉“大嚼”，同席者相视而笑。他这才觉察到，赶紧说“东坡值得一死，我可不敢轻生”，一家人大笑而罢。清代康熙时期著名文人王士祯说江苏的三吴之地风俗中有三好："斗马吊牌、吃河豚鱼、敬五通神，虽士大夫不免。恨不得上方斩马剑，诛作俑者。"吃河豚成为一地之风俗，可见食风之盛。广东的烧河豚也别有特色，其地有"入秋"宜多食河豚的说法，在季节上与苏南初春喜食河豚相反。清人吃河豚，时间长了，也找到了一些解毒的办法，一些烹制河豚的方法也留传下来。有人总结说，不仅要处理好口、眼及生殖腺，鱼肚子里也得彻底清洗，尽去血筋，而且一定要煮得极熟。而王士祯《古夫于亭杂录》中还记录有解毒之法："橄榄，解河豚毒。槐花微炒，与干胭脂各等分，同捣碎，水调灌，亦能解毒。"

广东人食蛇，并使之成为粤菜中的名品，在清代各大菜系中可谓独树一帜。据说不论是什么蛇，皆可入菜，或烧或汤，运用自如。广东市场上各类蛇作为一种食材，售价也不便宜。也有制成蛇干脯者，用作下酒菜时，则切为圆片。至于与猫、鸡配合的"龙虎菜""龙凤菜"，更是久负盛名。清代食蛇，不独两广，即中州之地也吃。康熙时有客人寄宿开封蛇佛寺，晚餐时，客人不少，而菜品中肉汤味道"甚美"。汤中一物颇似鸡脖子，有人问寺僧，怎么弄得这么多鸡脖子，寺僧回称是"蛇段耳"。这下不得了，有的客人当场就跑到外面吐了起来，有客人晚上睡觉时还觉得胸前似有蛇在蠕动。这当然是个传说故事，其中展示的是有些北方人对食蛇之俗的恐惧。据记载，湖北西北部的郧阳县，地处深山，每当夏季久晴欲雨时，常有巨蛇出没于溪谷之间，发出"咽咽"的叫声，大蛇有的重数十斤甚至百斤。当地人循声而去，捕而食之，跟吃猪羊一样，或煮或炒，剁块或切丝，各随所宜，称之为美味。这就是典型的靠山吃山，也可以解释不同地区异食之俗的成因。

除河豚和蛇之外，各地异食如鼠、蛹、蜈蚣、蝎子、蝗虫、壁虎，林林总总，都曾是不同地区人们的盘中之物。

两广人食鼠，为今人所周知。清代两广地区有人甚至将小鼠用蜜腌制，吃的时候小鼠还发出"唧唧"的叫声，所以称之为"蜜唧"。两广人也把吃鼠称为吃"家鹿"，言其味极美。方浚师曾在广东为官，同僚以番禺乡中所腌田鼠招待他，那鼠长者有一尺左右，说是味极肥美，不亚于金华火腿肉。他犹疑再三，终于还是"未敢入口也"。浙江人吃的一种“竹豚”，形象与鼠类似，“清腴爽口，润肺消痰”。青海人吃的一种“鼩鼠”，比一般家鼠肥短，游历青海的人曾品尝过，说味道胜于广东人吃的田鼠。

蚕蛹是成蚕未成蛾时的状态，古人早有将其入食的习惯，清人郑才江曾在诗中说：“要知古先民，亦以佐夕餐。”中国人养蚕历史悠久，估计诗人所说的，当是养蚕业发展以后即已有的现象了。蝎子和蜈蚣均为剧毒之物，不独两广人，北方也有许多地方有吃蝎子、蜈蚣的风俗，“先浸以酒”，然后油炸，嚼之若有余味。而生活在江浙地区的畲族人用特殊办法捕捉蜈蚣：提前烹制一只鸡，用蒲草包好，放置山阴之处，隔夜后去取。蒲包中爬满了蜈蚣，同包一起煮熟，然后将蜈蚣取出，去其首足，再用鸡汤煮食。蝗虫本是农业病害，中国南北各地都有食蝗虫的情况，直隶、河南等地的老百姓往往食用火烤的蝗虫，也有的人用油炸而食之。

清代是中国饮食文化发展的重要时期，宫廷饮宴形成制度，千叟宴规模也“前无古人”。歌舞升平之中，全社会的饮宴之风日盛，宫廷饮食与社会饮食文化的发展交相辉映，互融互动。早已发展的各地菜式，在清代完成了各大菜系的构建，虽然当时尚未以某菜系相称，但其实际状态也基本成型。由于中国幅员辽阔，区域饮食差异明显，不同特色的地区饮食文化均有长足发展。

第五章

茶、酒与烟

清人与饮茶

清代场面豪阔的千叟宴，第一件事不是喝酒，而是饮茶。据记载，准备时间长达一年的乾隆千叟宴，分进茶、进酒、进馔三个阶段进行，茶才是宴会的开场大礼。乐队奏起丹陛清乐时，茶膳房大臣率一众执事人员入场，给每桌奉上茶。此时，皇帝先饮红奶茶一碗，随后所有参宴人员同时饮茶。大乐之中，数以千计的皓首老人举杯饮茶，场面十分壮观。茶，成为盛世大宴的开篇，与清代社会饮茶之盛密切相关。

中国人饮茶的历史悠久，形成中华茶文化，在世界上影响深远。有人依据《三国志·吴志》中孙皓赐茶给韦曜的记载，说中国人饮茶的历史起源于三国时代，清人刘献廷考证说西汉时就已有宫中饮茶的记载了，而“非始于三国也”。也有学者依据《华阳国志》等书的记载，认定茶叶早在西周时即已成为贡品，从那时到清代，茶叶通行于中国，至少也有两三千年的历史了，而民间饮茶当更早于宫廷。饮茶是中国农业文明中人们闲适生活的一部分，也是中国北方游牧民族和南方山地游耕民族生存需求的一部分。从这个意义上说，饮茶成为中国特有的文化，是中国特有的历史、地理条件的产物。唐宋以后的茶馆、茶坊更是将此种闲散与社交、娱乐联系到了一起，成为中国风俗演变的一项内容。文人雅士将茶的烹制与啜饮结合、饮食与诗文风雅结合，成为中国饮食文化中极其雅致的一项内容。人们将茶与琴棋书画等联系在一起，成为人间“八雅”，即所谓琴棋书画诗酒茶花。另一方面，茶叶的广泛种植，也成为国家农业发展的一项重要内容，作为一种经济作物，茶叶的品种增多与推广、制作工艺的发展，也成为经济发展的重要指标。

清代，饮茶文化达到新的高峰，它不仅是物质文化，更重要的是茶已然成为中国人精神的一部分了。大才子袁枚也算是个爱茶懂茶之人，在《随园食单》的《茶酒单》前面，他用一句话作为开篇的序言："七碗生风，一杯忘世，非饮用六清不可。作《茶酒单》。"七碗生风指茶，一杯忘世说的是酒，二者皆可令人兴奋，飘然欲仙；饮用六清泛指饮料，也还是说茶。《周礼·天官》说："凡王之馈，食用六谷，膳用六牲，饮用六清。"郑玄解释六清为水、浆、醴、凉、医、酏，后泛指饮料。七碗的故事，说的是有"茶仙"之称的唐代卢仝。卢仝为"初唐四杰"卢照邻后人，诗风浪漫诙谐，自成一家，曾隐居少室山中，自号玉川子。卢氏嗜茶成癖，有《走笔谢孟谏议寄新茶》诗，其中重要部分为"七碗茶"诗："六碗通仙灵，七碗吃不得也，唯觉两腋习习清风生。蓬莱山，在何处？玉川子，乘此清风欲归去。"该诗写尽了饮茶后飘然如仙的境界，故此有七碗生风之说。中国佛教协会原会长赵朴初先生曾为友人所著《茶经新篇》题诗，曰："七碗爱至味，一壶得真趣。空持千百偈，不如吃茶去。"吃茶成为一种修行，也是深得茶中清欢与至味。茶文化带给人的恬淡清心，茶与禅的暗通款曲，都是祥和与安宁，或可直达"顿悟"之境。袁枚的《茶酒单》由此处开篇，却也是深得茶中静修之妙境。

茶在中国，很早就与政治结合在一起，如茶马贸易，实际上是针对周边少数民族实施的一种控制手段，它的一个副产品就是使茶马古道成为历史上中原与周边民族交往、中国与周边国家文化交流的重要遗迹。而经济文化交流从一开始就被汉族统治王朝拿来作为对外控制的手段。到近代早期，统治者们认为我们天朝上国不需与外洋交易，而这些洋人却离不开我们的茶叶与大黄等物，因而试图用传统的对待国内少数民族的方式，以茶叶作为控制洋人的手段之一。这种天朝上国思维，今天看来不免有些幼稚可笑，却是近代早期睁开眼睛看世界的先进中国人的思考，是夷视四方的大中华逻辑的产物。中国之外，印度、日本等国也是茶叶产地，但在近代早期的世界茶叶贸易中所占比例不大。中国茶叶输出也在清代达到高峰，19 世纪 60 年代，俄商在汉口开办机器制茶工厂，成为中国近代制茶工艺转变的开端。

茶叶与中国传统文化和历史实在是密不可分。这里我们就来说说清代的饮茶。

茶在清代一直受到统治者的推崇，不仅从未像烟酒那样受到禁止，在很多时候，统治者还成为茶叶生产与消费的推动者。无锡太湖所产的名茶碧螺春，就得自康熙的命名。相传，最初无锡洞庭东山碧螺峰石壁上出产一种野茶，当地人每年用竹筐采归，以供日用。有一年，人们仍然按季节上山采摘，但这年茶叶产量很大，人们所带的竹筐根本装不下，于是有人将茶叶放在怀中。不想，这茶叶得到人体的热气，忽然发出阵阵异香，采茶人争呼“吓杀人香”。“吓杀人”，是当地方言，意思是香死人了，后来这茶就叫“吓杀人香”了。从此以后，每年采茶时节，采茶人家男女老幼都要沐浴更衣，举家前往，所采的茶不用筐装，都放在怀间。当地有个叫朱元正的人，制茶方法精良，他家所制的茶叶，在市面上每斤价值三两。康熙三十八年（1699 年），康熙南巡来到太湖，巡抚宋荦购此茶进献。康熙觉得“吓杀人香”这名字不雅，亲自为它改名为“碧螺春”。此后碧螺春名扬天下，也成为当地的贡品。据说朱元正去世后，他的制茶方法失传，即使是真正产于碧螺峰的茶，味道也差了很多。在某影视剧中，宋代就出现了碧螺春的茶叶，这是编剧们所犯的常识性错误。

不独康熙喜欢饮茶，有清一代，历朝帝后多有饮茶之习，宫中也有专供茶叶之制。平时，皇帝与后妃也经常以茶自娱，品饮甚欢。清代官修的《国朝宫史》中记载，宫中所有有一点身份的女子，都有茶壶、锡壶、茶碗、盖碗的配备，甚至有每月茶叶供给数量的规定。如皇贵妃、贵妃、妃、嫔等，每月供给“六安茶叶十四两，天池茶叶八两”。到贵人这一级则减为“六安茶叶七两，天池茶叶四两”。到常在、答应及以下身份的，就没茶叶的份例记载了。清宫中这种数量有限的贡茶，只有较高身份的主子才有定额供给，但饮茶已成为日常生活的一部分。除了日常供应的茶叶之外，奶茶也是清宫日常主要茶品之一，茶膳房甚至专门设置了熬制奶茶的蒙古茶役，专司其事，每日在供给皇帝以及各内廷主位应用乳牛之处取乳交上茶房，然后将牛乳煎熟，放入茶中再煮。据说也有整桶加热奶茶，“与茗饮各擅其妙”。日常用膳后，皇帝也进乳茶。清末，光绪仍有烟茶之嗜，在与慈禧太后表面关系尚好的时期，他每天早晨，必饮茶一瓯，而且对于茶的品种也极精道，“最工选择”，喝完茶后，再“闻鼻烟少许”，然后才到慈禧太后处行请安礼。慈禧太后也喜欢饮茶，她常加金银花少许于茶中，取其香味，而用黄金为托盘，白玉为茶碗，未免奢华无度了。裕德龄在《清宫二年记》中记录了慈禧饮茶的情形：小太监献上茶一杯，杯子是白玉所制，杯托与盖却是纯金的。随后又一小太监捧一银托盘来，内有两个杯子，一个装有金银花，一个装玫瑰花。两个小太监跪在太后跟前，距离不远不近，恰恰是太后能拿到的距离，太后揭开金盖，取少许金银花加入茶内，然后才慢慢地喝起来。裕德龄不免好奇，太后就命人拿茶给她尝尝，一饮之下，果然精美，而且花香四溢，“果然极好”。

乾隆时起，宫中每年还举办茶宴，成为一时盛举。茶宴源自唐宋时期，民间早有以茶为宴之事，宫廷宴会也都将饮茶作为重要程序，有时也有皇帝亲自调茶赏赐臣子的情况。宫廷中专门举行茶宴却是清代乾隆时首创的。乾隆八年（1743年），乾隆为自己还是亲王时的府邸重华宫修葺一新，在此地召集词臣，饮茶赋诗。茶宴主要是饮茶和赋诗联句，参加者一般是满汉大臣中有很高文化修养的人，初为18人，后来为了符合“周天二十八星宿”之数而改为28人。茶宴成为宫中定制，也是当时规格最高的饮茶盛会。乾隆曾多次赋“三清茶”诗，宴会中大臣们所作联句诗，也多有以茶为内容的，也是中国茶史上的盛举。每年宫中为茶宴所制的“三清茶碗”，刻有乾隆御制“三清茶”诗，宴后即作为御赐之物，让与会的大臣们带回，“诸臣皆怀之以归”。据吴振棫《养吉斋丛录》所载，清代举办茶宴达60多次，大多是在乾隆时期。后来嘉庆将重华宫茶宴和联句作诗作为惯例，通常也是在正月初二到初十之间择日举行。道光时仍时有举办，到咸丰以后才停止了茶宴之举。茶宴是茶与诗的紧密结合，追求的不仅是茶的文化考究，与宴者都是擅长辞赋、地位显赫、与皇室关系亲密的贵族与朝臣，茶宴也因此成为太平盛世君臣同心同德的表征。

在日常行政之中，茶也成为礼仪的象征。王公大臣奏对、进讲、随侍也经常得到皇帝赐茶，成为一种礼遇和礼仪。茶不仅解渴，还具有思慕儒雅、阐儒道的功能。皇帝祭孔庙、释奠太学等，也都要赐茶。

清廷统治者对于茶道也有自己的追求。除了慈禧太后在茶中加入金银花、玫瑰花外，最典型的是乾隆，他曾对泡茶所用的水质进行研究。清代，社会上讲求茶道，追求水质，乾隆自己曾特制一小银斗，专门用来测量水的重量。乾隆御制的《天下第一泉记》，将京师玉泉山所出玉泉水评为天下第一泉水。他曾亲自测量，玉泉之水斗重一两，而塞上伊逊河水也是斗重一两，济南的珍珠泉水斗重一两二厘，扬子金山泉斗重一两三厘。其他如惠山、虎跑、清凉山、白沙、虎丘及西山碧云寺的水，有的重过玉泉数厘，有的重过一分。“诚无过京师之玉泉……则定以玉泉为天下第一矣。”所以，宫中饮用水都是用玉泉水。每天清晨，从玉泉山往宫中运水的大车，常常是西直门外第一批进城的车辆。大车吱吱扭扭，直到民国时期，清廷退位于紫禁城一角，玉泉山仍是京城一景。乾隆出巡，在直隶境内当然用玉泉水，到山东则用珍珠泉，致江苏则用镇江金山泉，在浙江则用杭州的虎跑泉，其对水质的讲究可见一斑。

清代，中国产茶区域扩大，茶叶品种进一步丰富。清承明制，自入关开始，即制定并逐步完善了贡茶制度体系。

根据学者们的统计，清代南方诸省区加上陕西均有名茶入贡，最著名的如福建的武夷茶、岩顶花香茶、工夫花香茶、莲心茶、莲心尖茶、小种花香茶、天柱花香茶等，云南的普洱芽茶、普洱茶团、女儿茶、普

从昆明湖遥看玉泉山

洱茶膏等，湖南的君山银针茶、安化茶、界亭茶等，湖北的通山茶、砖茶等，四川的仙茶、陪茶、菱角湾茶、蒙顶山茶、灌县细茶、观音茶、青城芽茶、春茗茶等，陕西的吉利茶等，江苏的碧螺春茶、阳羡茶等，浙江的龙井茶、龙井雨前茶、龙井芽茶、黄茶、桂花茶膏、人参茶膏、日铸茶等，安徽的珠兰茶、雀舌茶、银针茶、六安茶、雨前茶、松萝茶、黄山毛峰茶、梅片茶等，江西的庐山茶、安远茶、永安茶砖、宁邑芥茶、安邑九龙茶、赣邑储茶，山东的陈蒙茶等，广东的鹤茶、宝国乌龙茶等，贵州的龙里芽茶、龙泉芽茶、余庆芽茶、贵定芽茶等。

贡茶装盛的器具到了清代已多样化，有箱、篓，也有银瓶、锡瓶，许多名茶还有精美的包装。在贡茶的类型上，除了绿茶、花茶、白茶外，还有红茶与乌龙茶两种。新茶不断涌现，制作与包装工艺都有了长足进步。许多名茶都由皇帝钦点，如普洱、君山毛尖、西湖龙井、碧螺春等。贡茶是生产中的优先品种，有时甚至要等到贡茶任务完成后，民间才能开始贩茶。

清代的土贡中，贡茶是一大项。例贡是地方上向朝廷的实物进贡，具有实物税的性质，对应朝廷的礼部，最终，贡茶进入内务府广储司各类茶库。不定期贡茶则是官员贡的一种，在万寿节、皇帝出巡等期间都有进贡，这类贡茶直接进入宫中各类茶房。乾隆反复强调，官员进贡必须由官员从自己的养廉银中出钱，绝不允许敲诈下级和老百姓，但实际上，办贡官员多有收受贡物不付报酬、少付多收等行为，养廉银子不养廉，是专制时代的常态。当然，清代也不是所有官员都有资格进贡，乾隆五十五年（1790 年）曾钦定了进贡人员名单，共 80 余人，主要是王公贵族和大学士、各部尚书和封疆大吏等。由内务府派出的织造、盐政和关差等职衔虽然不高，却也有进贡的资格。比较特殊的是山东的孔府，其并无实际职责，地位却甚高，也有资格进贡。当然，也有少数致仕官员会找机会跟皇帝见面，带一点贡品给皇上。例贡的数量是相对固定的，用来满足宫廷饮茶的基本需求；官员贡则品种丰富，数量不定，多半是官员们精心挑选的上品。吴振棫《养吉斋丛录》中专门胪列《进贡物品清单》，如四川总督年贡进“仙茶二银瓶，陪茶二银瓶，菱角湾茶二银瓶，春茗茶二银瓶，观音茶二银瓶，名山茶二锡瓶，青城芽茶十锡瓶，

银针茶与梅片茶（选自万秀峰等著《清代贡茶研究》，故宫出版社2014年版，第33页）

砖茶一百块，锅焙茶九包”。安徽巡抚进“珠兰茶一箱，松萝茶一箱”等。“云贵督端阳进普洱大茶五十元，普洱中茶一百元，普洱小茶一百元，普洱女茶一百元，普洱珠茶一百元，普洱芽茶三十瓶，普洱蕊茶三十瓶，黄缎茶膏三十匣。”

清代贡茶制度上承前代却也有较大发展，它对于茶叶新品的出现与发展，对于延续至今的茶产区的形成都起到推动作用，茶产区经济结构因而改变，茶叶生产、加工和包装技术也因此都有了较大进步。但它对茶农的压榨和经济剥削也是严重的。

清代宫廷饮茶之风盛行，其实是宫廷与社会交互影响的结果，宫廷茶文化、制度的繁兴基于社会上茶文化的发展与兴盛，几乎所有的清代笔记和小说中都能看到这一点。

在清代社会茶风极盛的情况下，不独宫廷，人们对于茶道的讲求也日益深化和普及。与乾隆品评水质的做法相同，社会上好茶之人也极重视水质。比较极端的事例是，清初人张则之认为陆羽的《茶经》有适合今人的，也有不适合今人的，首要在于善别水性。他一生嗜茶，外出时常常携带自己品定的水以便烹茶。袁枚说：“欲治好茶，先藏好水。水求中泠、惠泉。人家中何能置驿而办？然天泉水、雪水，力能藏之。水新则味辣，陈则味甘。”验水之法，清人研究认为：“欲烹茶，须先验水。可贮水于杯，以酒精溶解肥皂，滴三四点。如为纯粹之水，则澄清如故，倘含有杂物，必生白泡。又法，贮水于杯，加硼砂少许，水恶则浊，水良则清。若无良水，亦可化恶为良。如井水之有咸味者，或溷浊之水，既煮沸，置数小时，污物悉沉于底，再取其上之澄清者，煮沸数次，遂成良水。”既有此良水，烹茶时，也要活火，即有焰之炭火，否则仍难达饮茶至境。清人多用雪水烹茶，如清宫中茶宴，即取干净雪水作为饮茶的良水，民间也有用贮藏的隔年雪水饮茶的。

京城中人对于各处水质亦早有判断。城中井水多苦，茶具几天不擦拭，就积满水垢。比较好的水井，安定门外较多，而以最靠西北的上龙地方井水为佳。其次就是姚家井、东长安门内井和东厂胡同西口外井，都是甜水井。上等之水则是玉泉山之水，为宫廷专供之水源，普通人不可得也。水的分类，有江河、山泽和井渠、雨水之别。如果能寻觅极清之泉，用沙漏过滤后饮用，则为最佳。饮茶的时间，以饭前半时为佳，或者饭后一二时也好。清末，人们对水中含有微生物、人体中水分所占比例等都有了相关认识。

《红楼梦》中的部分情节也体现了清人对泡茶水质的重视。妙玉曾用隔年雪水招待宝玉等人。第四十一回“栊翠庵茶品梅花雪”一节中说道：这一日贾母乘着酒兴带家下一班众人和刘姥姥来到栊翠庵，妙玉赶紧接了进来。只见端给贾母的茶盅是一只“成窑五彩小盖钟”，托盘却是“海棠花式雕漆填金云龙献寿的小茶盘”。众人所用的“都是一色官窑脱胎填白盖碗”。贾母说不吃六安茶，妙玉笑回：“是老君眉。”又问是什么水，说是隔年攒下的雨水。贾母才饮了半盏，将剩下的给了刘姥姥。只因这个粗人刘姥姥一沾唇，这么精贵的一个茶盅，妙玉就不要了，后来还是宝玉讨来送给了刘姥姥，便宜了这个乡间老妪。说话间，妙玉悄悄拉了黛玉、宝钗去内室品茶，宝玉偷跟了进来。二人所用却都是宋代传下来的古茶盅，黛玉问妙玉是不是也用的陈年雨水，被妙玉讥为“俗人”。原来这水却是妙玉在玄墓山蟠香寺时收集的梅花上的雪，总共只得了一瓮，珍藏了五年，才吃一回，这是第二回。“隔年蠲的雨水那有这样轻浮，如何吃得。”宝玉细细品了那茶，“果觉轻浮无比”。这里用窖藏多年的采自梅花瓣上的雪水来烹茶，实际反映了当时人们对于烹茶用水的认识。曹雪芹是八旗汉军世家出身，家道败落以前，祖上曾任专供皇室日用的江宁织造，所以才能写出清代上层社会饮茶时对于水的挑剔。清人吴我鸥这样描写雪水烹茶：“绝胜江心水，飞花注满瓯。

纤芽排夜试，古瓮来年留。寒忆冰阶扫，香参玉乳浮……”

清代茶叶品种繁盛，人们对各类茶叶也有比较和认知。文人雅士，也将茶道推进到了一个新的阶段。世界产茶，首推中国，印度、日本、锡兰（今斯里兰卡）也都有茶。而茶艺的文化以中国最为悠久，唐时“茶圣”陆羽所作《茶经》代表了中国茶文化的历史高度。清代国家承平日久，文人雅士中嗜茶者极多，而对茶艺、茶道也多有探讨。某武夷山僧人品茶，认为茶有四品，其最下者为香，即花香，一般人们以茶香为妙品，实际上只不过是茶的基本品质。等而上之，茶要清，茶香而不清即是凡品。再上一个层次，则是甘，一茶香而清，若不甘，则为苦茶。再上一层，则为活，甘而不活，亦不过寻常好茶而已。这一个“活”字，须于舌根处细品，同时也只有山中清泉烹茶才能品出此种细细的韵味。袁枚品茶，认为武夷山茶以山顶所产为极品，冲开时白色为最佳，但入贡的都不多，一般百姓人家所能饮者更少。其次则莫如龙井茶。明前号称“莲心”的茶，确系好茶，但味道太淡，以多加茶叶为妙；而雨前茶最好，绿如碧玉，但要注意保存之法，须得用四两一包的小纸包好，放入石灰坛中，过十天换一次石灰，坛上要用纸盖扎好，否则透气以后茶叶的色味都会受到影响。对于当时享有盛誉的武夷茶，袁枚说他最初是很不以为然的，“嫌其浓苦如饮药”。直到乾隆五十一年（1780 年）他游历武夷山，在天游寺等处喝到僧人所进之茶，才体会出武夷茶的好处来。先闻其香，再试其味，徐徐咀嚼，细细体会，果然是清芬扑鼻，舌有余甘。饮到第二、第三泡时，顿时觉得心境平和，怡情悦性。这才觉得龙井虽好却嫌味薄，武夷盛名绝非虚誉。袁枚在《随园食单》中将所见之茶作了自己的品评。但他所列举的茶叶很有限，除了上述武夷茶和龙井而外，能入他法眼的只有常州阳羡茶和洞庭君山茶等有限的品种。他认为“阳羡茶，深碧色，形如雀舌，又如巨米，味较龙井略浓”，而太湖洞庭君山茶则“色味与龙井相同，叶微宽而绿过之”。六安、银针、毛尖、梅片、安化等茶叶品种，都不在他的视野之中。袁枚所议，未免偏狭，就当时清宫的记载来看，六安茶等都是贡茶中最受欢迎的品种。

梁章钜游武夷山，与山僧谈茶，山僧告诉他，当时武夷山茶实有四等：福州城中官吏、富豪最为喜欢的一种曰花香；山中更好的一种叫作小种，泉州、厦门等地所谓工夫茶，多为此品；在此之上，更有一种称为名种，此为山下所不可多得者；极上的品种曰奇种，如雪梅、木瓜之类，即山中也很难得。普洱茶，也叫蒙山茶，产于云南普洱府之蒙山，性温味厚，多为当地少数民族所种，醉饱后饮之，能助消化。岕茶产于浙江罗岕山，亦为茶中上品，清人冯正卿曾著《岕茶笺》一部，专门研究此茶。边远的蒙古、西藏、新疆等地则多用砖茶，用奶与茶同煮而食，清人认为，这些民族平日多食肉类，以此去油，可以去病。概而言之，今日名茶，清时多已有之，畅行天下，清人多有评价。

烹茶的程序一定要讲究，冯正卿提出茶道原则：首先要用上品泉水反复洗净茶具，“务鲜务洁”，而后用热水洗涤茶叶，用竹筋夹茶，去除茶中的黄叶、尘土、老梗等，最后才是冲泡茶叶。夏天要先贮热水而后加茶叶，冬天则先入茶叶后加热水。当然，这也要看不同时节和不同的茶，如饮岕茶，则一人一壶，壶以小为佳，取其香味不涣散、不耽搁，自斟自饮，各得其趣。如流行于福建、广东等地的工夫茶，则极讲究，其方法本出于唐代《茶经》，但清人从茶炉、炭火到茶具，到饮茶客人的行为都更为考究。

冯正卿作为前朝遗老，对于茶道的宜与忌有较为详细的阐述。饮茶作为一种艺术活动，有“十三宜”，即“饮茶之所宜者，一无事，二佳客，三幽坐，四吟咏，五挥翰，六徜徉，七睡起，八宿醒，九清供，十精舍，十一会心，十二赏鉴，十三文僮”。把文人雅集的清幽境界讲得透彻入骨，总括来说就是有清幽的好环境，好茶伴，好心情。而“七禁忌”则包括：“一不如法，二恶具，三主客不韵，四冠裳苛礼，五荤肴杂陈，六忙冗，七壁间案头多恶趣。”在忙乱不堪的情况下是无法好好品茶的。“十三宜”与“七禁忌”，实际上说的是品茶的规则，虽然高雅，却也不免死板，虽系承自前明，却也是清代文人的普遍现象。袁枚特别珍视家乡所产的龙井，同时也认为，烹茶之法得特别讲究，烹时得用武火，一滚便泡，一泡便饮，一旦盖上盖子，味道就变了，“此中消息，间不容发也”。其中奥妙，不讲茶道之人是无法体会的。袁枚曾讲过一个故事，说一位山西籍的大员在随园饮茶后曾感慨说：“我昨天路过随园，才吃过一杯好茶。”袁枚说：“你是山西人，能说出这话来，也算是懂茶的人了。

而一些士大夫生长于杭州，一入官场就喝‘熬茶’，其苦如药，其色如血，只不过是一些脑满肠肥之人吃槟榔的法子，俗人罢了。”清人震钧《天咫偶闻》中详论茶道原则，一是杯盏要热，则茶不易冷，可保持茶味不变；一是要保持好火候，“茶之妙处，全在火候”；一是茶盏宜小，便于保持茶水温度；一是要懂得辨别茶汤之老与嫩，“惟三初初过，水味正妙，入口而沉著，下咽而轻扬”；最重要之处在于品茶之时心境平和，“心暇手闲”，知己二三，如无清致，不如另择它日。清人俞蛟《潮嘉风月》中载清人饮茶诗：“小鼎繁声逗响泉，篷窗夜静话联蝉。一杯细啜清于雪，不羡蒙山活火煎。”说的也是饮茶的意境。

清人品茶之风极盛，而流传的饮茶故事也极多，个中人物风流倜傥，成就了茶文化中的一段段佳话。相传，清初名妓董小宛极能饮酒，嫁给名士冒襄后，因为冒本人不能饮酒，于是罢酒饮茶。夫妻二人同嗜岕茶，小宛亲自烹茶，“文火细烟，小鼎长泉”，静试对尝，冒氏感慨说自己一生的福分在与小宛一起生活的九年中享尽了。这个故事传为一时佳话。不独富人喜饮茶，穷人也有好饮茶的。长洲（今属苏州）有个叫李客山的穷书生，家境贫寒，忍饥读书，怡然自得。居室简陋，有良友来，则取一钱，同至茶肆泼茗共饮。还有一个富翁与一个乞丐因茶而成好友的故事。潮州有富翁嗜茶，一天，一个乞丐上门来，对富翁说：“听说您家的茶很精，不知能否赏一杯？”富翁冷笑说：“你一个乞丐也懂得茶？”乞丐说：“我过去也是富人，只因为酷嗜饮茶而败家，现在妻儿还在，靠乞讨过活。”富翁斟了一杯茶给乞丐。乞丐饮后评道：“茶算是好茶了，可惜还不够醇厚，是由于你的茶壶太新了。我有一壶，过去常用的，每次出门必携带，现在虽然饥寒，也没舍得出手。”富翁要来乞丐的茶壶一看，但见此壶黝黑精绝，打开盖子则香气清冽袭人，用来泡茶，则味道清醇，与平常茶具大不相同。富翁对此壶爱不释手，提出要买下来，乞丐说：“这壶我不能全卖给你，这壶值三千金，我卖一半给你，你给我一千五百金，我回去把家事安顿好，就可以时不时来你这里，我们饮茶清谈，共享此壶，如何？”富翁欣然同意。乞丐得了银子回去安排家事，后来果然常常来富翁家，两人烹茶对坐，如同故友。在温州，有一个猴子给人送茶叶的故事：雁荡山有猴子，每到春末，采高山茶叶送给山麓的僧人。其茶以泉烹之，味清而美。原来，山中的猴子每到冬天缺少食物，僧人常以小袋装米等食物投给猴子，这猴子春天采茶送来，算是对僧人的回报，曾经有人于山中尝到猴子送来的茶叶，觉得该茶非同凡响。

饮茶之风盛行之下，各地都有自己的名茶，也有各具特色的饮茶功夫。如四川锅焙茶，产于成都一带的邛州，“味最浓烈”，特别适合以肉食为主的牧民，远销西藏等地，被喇嘛视为珍品。而最具地方特色的莫过于粤闽一带的工夫茶，烹茶过程十分精细，品饮堪称艺术。据说清代福建饮茶名家每一壶茶要用三挑水，一挑用于烫壶，第二挑用于冲茶，第三挑用于淋浇茶壶。烹茶时特别讲究水之生熟，“汤初沸为蟹眼，再沸为鱼眼，至联珠沸而熟”。如此等等，不一而足，工夫茶的冲饮过程，成为一套程式化的礼仪与品评过程，具有明显的地方特色。西藏地区的酥油茶，制作过程复杂，泡制也有特色。熬茶一鼎，加白土少许，茶色尽出，置于桶中，再加盐、酥油少许，然后用木杖击打，反复打几千下，才成为酥油茶。四川雅州等地茶品之大宗，与汉族所饮用的红白茶迥异。北方蒙古等地，茶甚至与日常肉食杂煮，清人记载说，蒙古所用为砖茶，与牛肉、牛奶等混煮。蒙古人以肉食为主，却很少得血液类疾病，也与饮茶相关。

清代不独士大夫阶层饮茶文化有较大发展，一般城市的茶馆、茶楼也较历代更为发达。茶馆，也称茶肆，唐宋以来在中国各城市即已成为一种行业。清代凡交通要地，城市街道，多有茶馆。北京、广东、上海

茶馆

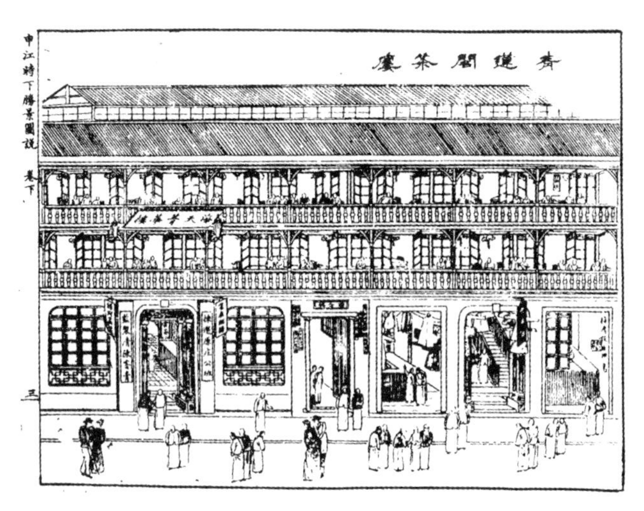

《申江时下胜景图说》中清末的上海茶楼

等地都有规模宏大的茶楼出现。一般茶馆所售，红茶以乌龙、寿眉、红梅为多，绿茶则有雨前、明前、本山诸品。有用壶装，也有论碗计的；有坐而饮者，也有卧而啜饮作一日之闲者，有的地方也不设坐，匆匆过客，立饮而去。

有的地方，茶馆兼售小吃糖果，作为饮茶之佐食。清末汉口、上海等地的茶馆，也多有卖唱艺人谋生，甚或有流莺出没，下等妓女成为茶客喧嚣作乐的内容之一。广东茶馆也有兼售凉茶的，如王大吉凉茶、正气茅根水、八宝清润凉茶等。济南一地，重饮酒而少饮茶，士大夫亦多饮酒而少见饮茶者，所以街面上少有茶馆，下层劳动者少了一消耗钱财之处。长沙一地，饮茶不仅是喝茶水，多半连茶叶也吃到肚子里，所以长沙人敬客不用壶而用碗，客人走后，揭开茶碗一看，空空如也，茶叶早进了客人肚子。长沙有的茶馆把盐姜、豆子、芝麻置于茶中，称为“芝麻豆子茶”。客人一入座，茶博士就端上来一两碟盐姜、萝卜之类小吃，客人也多于茶资之外，别有所酬。镇江茶馆待客必上佐肴，以猪肉渍以盐，略咸，切小块，饮茶时佐之，甚可口。扬州人好品茶，清晨空腹即往茶馆，多用“干丝”佐茶，干丝即以煮好的豆腐干加虾米等，加上调味品，既可佐饮，也可充饥。上海之茶馆，宏阔华丽，兼售各种烟酒小吃，晚清时更时有妓女出没其间。清末日本茶室也曾流行一时。苏州地方，旧俗妇女也喜欢流连于茶馆，同光时为大吏所禁。晚清时，上海、天津等地也有华人开设的咖啡馆，售外洋咖啡，兼售糖果佐饮。南京茶馆，临河而建，客人或凭栏观水，或促膝品茶，兼有各烟及糕点，乾隆以后始建，热闹非凡。

最著名的当然还是京师茶馆，茶与水分别收费，有自带茶壶、茶叶者，只收水费。各色人等群集，多有旗人，提笼架鸟，饮茶聊天，不时也能看到三四品的官员人等，与一般百姓杂坐一处，不以为怪。京师茶馆既有偏僻地方和城门脸上的“野茶馆”，也有固定铺面的“大茶馆”“清茶馆”。九门八条大街，店铺商号林立，而茶馆尤多。交通要地和商业繁华街面的大茶馆，动辄好几百间房，“类皆宏伟壮丽”，很多茶楼还与戏曲结合，成为“书茶馆”，演出京剧、评书、大鼓等，京城中许多名角最初都是在茶馆里演出而成名的。

清代，茶不仅作为一种饮品，在茶文化高度发展的情况下，茶也常常被厨师们拿来入菜，成为菜肴的原料。川菜名肴“樟茶鸭子”就是用茶叶燃烧熏制而成，浙江菜中的龙井虾仁则是直接用龙井茶烹制的。茶叶入菜，主要是利用茶叶的清香来配合菜肴的本味，使之兼带茶叶的香醇，令食客齿颊留香。清代山东的孔府，茶叶除了是饮品和送礼的上品之外，也常常被用来入菜，据学者们的研究，孔府菜中常见的茶叶菜就有茶烧肉、茶烧鸡、茶干炒芹菜、茶叶蛋等，一年之中，孔府的厨房用于烹饪的茶叶也有数十斤之多。

饮茶不仅于宫中形成特定的礼仪文化，也深刻影响了社会习俗。清代，京师之内，不论满汉，行聘之礼，都用茶为币，“满汉之俗皆然”，而且只有“正室”才能用茶礼，以至于时人将下聘称为“下茶”。清人福格在《听雨丛谈》中说，这种用茶下聘之俗，与茶树种植特性有关，因为茶子种下后，不能更移，与古人用大雁之礼是同一个意思。与之相同，江南许多地方，也用茶为聘，新娘入门时需跪拜男方祖先与长辈，湖南醴陵一带称为“拜茶”，广东顺德一带则称为“跪茶”。茶礼成为清代礼仪文化中不可或缺的一种。

酒是禁不了的

清代是中国人饮酒最为普遍的时期。康熙、乾隆时期多次举行的千叟宴上，酒是必备的饮品。据记载，嘉庆元年（1796年），乾隆皇帝退位时举办盛大的千叟宴，设席800桌，每桌用清宫玉泉酒8两，算是比较节制了，但就这一次也用酒400斤之多，清代对酒的饮用由此可见一斑。

中国人与酒的缘分颇深，中国是世界上酿酒历史最悠久的国家之一。以前，世界上将酒的起源定位于伊朗，其酿酒历史出现于7400年以前。而随着2004年河南舞阳地区贾湖遗址的发掘，发现中国人的酿酒技术出现于9000年以前，一下子把酒的起源向前推了1600年以上。贾湖人的酿酒材料主要是稻米、山楂和蜂蜜。这一考古研究成果，如今已为相关学术界普遍认可。酒类的需求，不仅代表着物质的丰富，也代表着人们精神需求的增加。甲骨文中已经有了“酒”字的记录，“水”加“酉”的字形，表达了特殊的水盛放于容器中的形式。此后虽历经变化，但“酒”字的字形和读音一直被保存了下来。中国人在农业文明的初期即已掌握造酒技术，商周时期，由于酒曲的发明，中国造酒技术已有了飞跃发展。商纣王以酒为池，悬肉为林，以致亡国，也从侧面说明中国造酒技术的发达。后世因为酒类常与农业生产争粮食，历代政府对于酒时有禁令，酒也往往成为政府专营且税收较高的行业。但酒类伴随着中华文明的发展而成长，酒文化与中国文学、艺术及社会生活相辅相成，成为中国文化中不可或缺的因素之一。

据说晚清大吏张之洞曾与人讨论中国烧酒的起源问题，有人说起源于元代的汗酒，张之洞举陶渊明所说“五十亩种秫，五十亩种稻。稻以造黄酒，秫以造烧酒也”的例子，认为烧酒出于晋代，而立刻有人举《礼记·月令》中“秫稻必齐”一语，证明至迟在汉代就已出现烧酒了。张之洞尴尬地念叨说：“秫稻必齐，秫稻必齐，我怎么给忘记了呢？”这当然是传说的故事。一般认为，虽然中国人饮酒的记载很早，但直到唐宋时期，人们所饮用的酒仍是低度的米酒之类，旧时小说中英雄好汉们动辄喝上三五斤的酒，多半是这类低度酒，直到明清时期烧酒才普及。清代烧酒，多以高粱等杂粮酿制，“今各地皆有烧酒，而以高粱所酿为最正。北方之沛酒、潞酒、汾酒，皆高粱所为，而水味不同，酒力亦因之各判”。无地不产酒，无处不出酒，一般人家均有家酿之酒，道路通衢及山野小店也多自行酿酒以待客。

清代是中国人饮酒最普遍的一个时期，从宫廷到山野，无处无酒。但清代也多次发布禁酒命令，除了皇帝个人因素而外，主要还是从保证粮食供给角度出发，因为酒类消耗了大量的粮食，对于社会应对饥荒不利。根据明末清初大思想家顾炎武的考证，汉代已有禁酒的命令了，但酒类对于人的吸引力太大，更重要的是，汉代开始征收酒类税收，并且成为国家重要税源之一，所以禁酒难以持续，“有时而禁，有时而开”。史上最严格的禁酒令出现于北魏成帝时期：凡酿造、买卖和饮用酒类者“皆斩”。金朝、元朝都曾出现过极端的禁酒政策，可以说是用重典了，但“立法太过，故不久而驰也”。朱元璋在明代建国之前即已发布禁酒令，甚至禁种精米，以杜绝造酒的原料。朱元璋即位后曾多次拒绝西域和山西等地贡献的酒类。洪武四年（1371 年），光禄寺请求设立专门的尚酿局，生产用于祭祀的酒品，却又得到了批准。相比之下，清代虽然屡次颁布禁酒令，但相对还是比较柔和的。倒是民间因宗教等原因的禁酒更为决绝，如中国境内信仰伊斯兰教的民族中，禁酒甚至被赋予了道德伦理的意义，不但严禁带有酒精的饮品，而且凡是与酒相关的治病、送礼和买卖酒类，都被严格禁止。

清代酒类林林总总，不一而足。清政府对于酒类的态度，上承历代中央王朝，时有禁令。历史上虽然也有鼓励人民多造酒以增加政府税收的做法，但多数时期，专制政府从满足人们基本的粮食需求这一角度出发，往往对酒采取官营、禁卖等措施。到了清代，由于总体上社会经济发展水平提高了，所以酒类禁令并不严格，一般是在歉收年分或遭灾地区实行阶段性和区域性的禁酒。如康熙三十二年（1693年），因京畿地区农作物遭灾减产，康熙下令："今当米谷减少之时，着户部速移咨该抚，将顺、永、保、河四府属蒸造烧酒，严行禁止。"康熙三十七年（1698年），重申禁止酿造酒类的命令："湖广、江西地方粮米素丰，江南、浙江咸赖此二省之米。今此二省米价腾贵，诚为可虞。酒乃无益之物，耗米甚多……着令严禁，以裨民食。"政府此类禁令的出发点当然还是要确保一般百姓的粮食供应不出问题，以保证社会的稳定。但事实上，这一类阶段性和区域性的禁令往往收效不大，地方官员对于朝廷的命令也各怀己见，不能坚持实行。最典型的如乾隆二年（1737年），由于严禁烧锅造酒的政策贯彻不得力，中央于是将禁止造酒的命令下达各省，令地方大员们提出意见，结果各地回复的意见与办法大不相同。有人提出应该严禁；有人觉得应该区别丰年与灾年，"宽于丰而严于歉"；也有人认为不必禁止；有人建议对于公开大规模造酒应该禁止，对于民间小规模自酿自饮则无须禁止。种种议论，不一而足。无疑，这种情况下的禁酒令当然是一纸空文，在实际生活中，人们还是酿者自酿，饮者照饮。

对于宫廷自己的酒类需求，不但不能禁，反而要优先保证。清代继承历代旧制，宫中专设"良酝署"，专门管理宫廷的酒类供应，下设酒局，"酒局故址在西安门内，酒匠六名、酒尉二名"。每年于春秋时节，两次酿造旨酒和黄酒。旨酒以糯米为主要材料，加京郊玉泉山水等酿造，一石糯米可造酒90斤；糯米一石加井水及辅料可造黄酒130斤。此外，宫中各种宴席用酒多少均有一定"量"的规定。而祭祀、庆典及外国贡使所需乳酒、黄酒、烧酒各项，也由良酝署采办。以此来看，千叟宴所用的玉泉酒，即宫中所酿的旨酒，大约与今日人们饮用的米酒相类似。

清宫的饮酒礼俗与饮宴，是宫廷生活与礼仪活动的组成部分。酒不仅仅是一种饮品，还是诸多礼仪的重要用品。在清代宫廷中，酒的使用频率非常高，用量也非常大，具有浓厚的宫廷特色。查清代官修《国朝宫史》所记，清代自太后以下至皇后及常在、答应人等的供应与经费中，无论是宫内陈设、年例费用，还是日常生活供给的规制中，皆无酒类，即便是太后寿辰，连续多日进贡各类丝绸、器物、文玩诸物，也没有进贡酒类的记录。但这并不代表宫中日常生活和节庆中就没有酒类，只是酒类不是生活必需品，与清廷所谓的禁酒一样，它表明的是一种不提倡宫内日常饮酒的态度罢了。到了正常的礼仪经费项目下面，就开始出现酒类了，如皇子娶福晋，初定（也称下定）的筵宴，在女方府邸举办，赐酒宴50席，烧黄酒50瓶。正式结婚宴席则为60席，相应赐黄酒60瓶。依此类之，各类礼仪活动均有酒类的供给规定。

宫廷用酒，与历朝皇帝的喜好有很高的关联度。从长时期来观察，酒的种类构成变化不大，最主要的是清宫独有玉泉酒，另外烧酒、黄酒、乳酒、果酒也都有，但除玉泉酒外，其他酒类多半没有具体名称。

顺治时期，制度草创，礼仪祭奠及乡饮酒礼等均于此时逐步定制。但顺治幼年登基，其个人饮酒的情况，记载不详。官书中有这么个故事：顺治四年（1647年），宫内值班的满洲官员阿桑因醉酒被取消“入值”资格，阿桑表示自己自此戒酒，誓不再饮，顺治便下令恢复了他入宫值班的职位。后来，阿桑再次饮酒，刑部审判的结果是处以死刑。顺治下旨，阿桑这人有从锦州来归之功，免于处死，不许再入宫廷，并给予降职处分。这个故事发生于顺治亲政之前，不能说明他对待饮酒的态度，却也能说明清初宫廷中对于饮酒的态度。顺治亲政后，顺治十一年（1654年），曾发生大学士宁完我参劾陈名夏等同僚的事件，奏章中有顺治在深夜召宁完我入宫的事情：“同内大臣召入深宫，亲赐御酒。臣接杯承恩之际，不禁哽咽欲泪。”可见年轻的皇帝已经会使用“御酒”来笼络大臣了，由此看来，他对酒似乎也不反感吧。

康熙自称自幼便“不喜饮酒”，认为酒会导致疾病，而且“心志为其所乱而昏昧”。日常生活中，他对酒保持了相当自律的做法，不是不能喝，而是控制喝酒，只是在平日膳后或年节筵宴之日喝那么一小杯酒而已。而《大清会典》中说，康熙时定制，“凡大小筵宴应用甜酒、乳酒、烧酒、黄酒，俱照礼部来文，如数办送”。而档案中也有康熙出巡时酒醋房和膳房备办大量各种酒品的记录。根据学者近年的研究，一个奇怪的故事发生于康熙四十八年（1709年）、四十九年（1710年）两年，一直不怎么饮酒的康熙下令对进献西洋葡萄酒的传教士进行表彰，并称赞葡萄酒对身体“甚觉有益”，传旨各地大吏们对进献西洋葡萄酒的商队大开绿灯，要求他们“星夜送来，不可误了时刻”。是什么事使得一直不提倡甚至曾下令禁酒的康熙，行为来了这么大的转变呢？原来，康熙四十七年（1708年），康熙废除太子，朝野震动，国本不定，不仅导致社会上人心浮动，已到天命之年的康熙自己的身体也受到极大的影响，“心神耗损，形容憔悴”。而且，极度忧虑的康熙拒绝请医生诊治，这事对于集专制大权于一身的皇帝和朝廷来说实在是一件大事了。最后还是由太医们请来的西洋传教士出面，为皇帝配制了红酒服用，谁知，一用了葡萄酒，康熙的心悸症很快就缓解了。随后，康熙又接受传教士的建议，服用了产自西班牙加那利群岛的葡萄酒，对恢复健康起到了非常好的作用。正是这件事，转变了康熙对酒的看法，并让他下令为葡萄酒入宫大开方便之门。

雍正在位时间较短，却也是号称不饮酒的一位君主。雍正年间宫中酒的品种很多，据说雍正三年（1725年）光是酒类的牌子就制作了16种之多，烧酒、黄酒、果酒和养生酒，应有尽有。可能是身体的缘故，雍正对养生保健酒特别重视，宫中大量配制龟龄酒就是在雍正时期，而且这酒的配方也是他从雍王府带过来的。

雍正间还发生过一件重大的历史事件，即湖南士人曾静图谋劝说西北大将岳钟琪谋反的大案。曾静在劝说岳钟琪谋反的信函中，历数了当时社会上流传的雍正篡位弑母、杀害兄弟等罪行，而岳钟琪作为宋代名将岳飞后人，理应起兵反清。曾静的信函和后来审讯记录中都有关于雍正嗜酒的说法。雍正也是奇葩，居然专门编了一本叫《大义觉迷录》的书，把抓捕、审讯曾静等人的事件和他本人发布的上谕等文件编为一册，遍示各地，想要人们了解事情真相，并对清政权的合法性以及他自己继承大位的合法性进行辩护。《大义觉迷录》也成为后人研究清代民族观念和清史的重要文献，而曾静一案也成为清代文字狱的重要标志，这是后话。书中还专门对他嗜酒的传说进行驳斥，声称喝酒这事，圣贤不废，孔子都说过“惟酒无量”的话，无损于圣德。但他本人并不喝酒，这个不喝酒不是出于强行克制，而是天性使然。其实说自己不酗酒也就罢了，号称从不饮酒，却有些欲盖弥彰了。可以看到，雍正饮酒的事情，社会上是有很多传言的，而雍正也并不像他自己标榜的那样是不饮酒之人。雍正初，雍正曾经密令他的宠臣抚远大将军年羹尧帮他在宁夏寻找传说中的羊羔酒，说："这种酒从前曾有人进贡到宫中，现在已多年未见了，朕甚爱喝，你去找些来，不要过百瓶，喝着好再叫你弄。"显然，雍正也是个好酒之人，只不过多半是喜欢一些养生的酒罢了。

乾隆时期，宫中用酒数量巨大。乾隆四十一年（1776 年）曾下令统计前两年用过的酒的数量，结果是乾隆三十九年（1774 年），用了玉泉酒一千三十八斤六两，白酒四十六斤四两；四十年（1775 年）用过玉泉酒一千二十一斤八两，白酒七十六斤四两。乾隆曾两次下令减少玉泉酒的用量，可见的确是饮酒较多。乾隆本人除在宴会中少量饮酒外，通常是在晚膳时饮酒，一般也就是一二两的量。一个有趣的故事是，乾隆四十八年（1783 年）五月，有太监给膳房传旨说，自今天起，做膳不用加玉泉酒了，因为皇帝身体不适了。过了十多天，太监又传旨说，从今天起，晚膳的二两玉泉酒可以添加了，因为皇上的身体已经好了。可见，乾隆每日晚膳二两玉泉酒是标配，只有在身体不适的情况下才会取消。此外，乾隆以后，宫中传统，皇帝会在传统节日品尝不同的酒，如春节饮屠苏酒，端午节用雄黄酒，中秋节有桂花酒，重阳节用菊花酒，等等。与雍正一样，乾隆也饮用一些滋补药酒。乾隆时，有人曾进献"松苓酒"（将配制的酒埋于山中松树之下，一年以后取出，色如琥珀，称为松苓酒）配方，传说乾隆能长寿与他饮用此酒有关。他还饮用少量其他养生药酒，如龟龄酒、太平春和状元酒等，每次饮用量都很少，可见他在饮酒方面还是比较节制的。

传说玉泉酒是由乾隆亲自主持酿造的，并非实情，事实上康熙时期宫中已有玉泉酒了，雍正时延用。乾隆时期玉泉酒开始成为宫中稳定用酒，但这一时期的玉泉酒与此前的是否完全一样，则未见确切记录。

乾隆以后，宫中酒类饮用量一直维持着较高水平，玉泉酒也始终是最主要的品种。嘉庆的日常饮酒量已经是乾隆的数倍，有时高达十三至十四两之多了。嘉庆、道光时期，宫中的白酒用量也有大幅度增加，几乎达到与玉泉酒相等的地步。咸丰以后，宫中玉泉酒的用量又进一步增

清代的黄酒坛（故宫博物院藏）

加，一年用量甚至达到了2300多斤。慈禧也是善饮之人，日常用酒达到一斤四两，有时还得加倍。每天光绪的酒量供应为四两，内廷其他长辈妃嫔每人也日供三两。慈禧不仅能喝酒，还亲自指导宫中制作了一种叫作“莲花白”的白酒。据说宫中瀛台一带夏季盛产荷花，一望无际，慈禧命人采集花蕊，加药料，“制为佳酿”，“其味清醇，玉液琼浆不能过也”。莲花白还经常被用来赏赐给亲信大臣，后来在社会上也很有名气。不仅是酒类，自乾隆以后，宫中酒具也特别讲究，金玉制品数量渐多，精美绝伦。

皇帝或主持政务的太后，是宫廷用酒的标杆，宫中的用酒份例往往依据皇帝的需求调整，也根据帝、后的谕令增减。但实际上，宫廷中酒的用途绝不止于此，酒也是宫廷运转的基本需求，日常政治生活的许多方面都与酒有着不可分割的联系。除了内廷日常饮用和膳房调料用酒外，宫廷用酒消耗最大的是祭祀。传统社会中，祭祀是最重要的国家大事之一，甚至可以与战争相提并论。清廷的祭祀中，正月祭谷坛、二月祭社稷坛、夏至祭方泽坛、冬至祭圆丘坛、岁暮祭太庙，主要用的都是玉泉酒，每年用量都是个很大的数目。宫廷与皇室王公贵族之府，凡遇皇帝大婚、王公婚娶、年节都会举行与酒相关的文化活动。

酒不仅是宴席必备品，而且也是礼仪与文化的一部分。纳彩礼中，酒是重要的物品之一。酒也是人神之间的重要媒介，宗教供奉中也少不了酒的存在。清代皇室既崇信藏传佛教，也保存了本民族的萨满教，同时不排斥道教。宫中有佛堂，日常礼佛活动一年使用玉泉酒达 200 余斤。道教的重要活动也需要供奉玉泉酒，宫内有内城隍庙。

清代宫廷用酒的来源主要是内府酿制、进贡和采买。

从数量上说，内府自酿是最大来源。内府玉泉酒由酒醋房承造，乳酒由内务府庆丰司酿造。外廷光禄寺专设良酝署，专司酒之事。宫中也会酿造其他酒品，如雍正间所酿龟龄酒、慈禧酿制的莲花白，等等。

进贡酒类与进贡茶叶有区别，虽然都是生活必需品，但茶叶的进贡是光明正大地写进制度中的，酒类则是私下悄悄进行的。皇帝所派出的内务府官员如织造、海关监督、盐政等都有酒类进贡，但不是常贡。如康熙三十七年（1698 年）苏州织造李煦、雍正时期江宁织造曹頫给内廷的贡物中，都有泉酒若干坛，有的时候多达 100 坛，为数不少。雍正还专门批示年羹尧帮他寻找宁夏的羊羔酒。酒类不属于必需品，而且造酒往往会消耗大量的粮食，皇上嗜酒也被视为一种失德行为，所以进贡酒类多多少少都具有一定的私密性。

宫中酒类需求的另一补充是采买。清代社会酒类生产、销售发达，酒文化的发展为宫廷需求的补充提供了比前代更优越的条件。直接从市面上采买也是最简单的解决办法，北京崇文门外向来就有酒类销售一条街，集中了领有商帖的酒行 20 余家，另有南酒铺之类则不在酒行之列。嘉庆、道光时期，采买酒类的数量不断加大，有时甚至与宫廷自酿的玉泉酒数量相当。但宫廷用酒的供应主体仍是内廷自酿为主，进贡和采买只是多样化需求的必要补充。

清代宫廷用酒的兴盛，基于整个社会酒业与酒文化的发展。清代也是中国酒类发展的高峰时期，酒类的品种、酒文化都有了长足进步。

准确地说，今天的名酒大多在清代时都已有了。只是那时没有今天这样的传播手段，名气没有今天这么大罢了。成书于清代的小说《镜花缘》描绘了不少当时社会生活事项，第九十六回“秉忠诚部下起雄兵，施邪术关前摆毒阵”中，列举了一些清代的酒名：“山西汾酒、江南沛酒、真定煮酒、潮州濒酒、湖南衡酒、饶州米酒、徽州甲酒、陕西灌酒、湖州浔酒、巴县咋酒、贵州苗酒、广西瑶酒、甘肃乾酒、浙江绍兴酒、镇江百花酒、扬州木瓜酒、无锡惠泉酒、苏州福贞酒、杭州三白酒、直隶东路酒、卫辉明流酒、和州苦露酒、大名滴溜酒、济宁金波酒、云南包裹酒、四川潞江酒、湖南砂仁酒、冀州衡水酒、海宁香雪酒、淮安延寿酒、乍浦郁金酒、海州辣黄酒、栾城羊羔酒、河南柿子酒、泰州枯陈酒、福建浣香酒、茂州锅疤酒、山西潞安酒、芜湖五毒酒、成都薛涛酒、山阳陈坛酒、清河双辣酒、高邮豨莶酒、绍兴女儿酒、琉球白�酒、楚雄府滴酒、贵筑县夹酒、南通州雪酒、嘉兴十月白酒、盐城草艳浆酒、山东谷辘子酒、广东瓮头春酒、琉球蜜林酎酒、长沙洞庭春色酒、太平府延寿益酒。”记录的酒名达50余种。书中虽然名为写唐朝的事，但作者生活于清代乾隆至道光时期，所记录的也都是清代出产的酒名。如其中提到的“成都薛涛酒”，就是始于清代嘉庆朝以后的酒。薛涛虽然是唐代名妓，一代才女，传说中她为写诗造小笺纸，用当地井水，明代用此井水造纸，清康熙时始命名为“薛涛井”，后来才有了以此井水所酿的“薛涛酒”，这酒当然不可能是作者所描绘的唐时的酒。所以可以断定，《镜花缘》所记的酒，当为作者生活的清代名酒。当然作者所记的酒还是不全的，如皇宫中千叟宴上用的玉泉酒就没提到。

清代的酒当然还远不止小说中所描述的这些。袁枚《随园食单》之《茶酒单》中，记录了这位清代才子所饮过的酒及对酒的评价。袁枚自称生性不近酒，对酒比较挑剔，反而“转能深知酒味”。他所罗列的值得一饮的清代名酒有金坛于酒、德州卢酒、四川郫筒酒、绍兴酒、湖州南浔酒、常州兰陵酒、溧阳乌饭酒、苏州陈三白酒、金华酒、山西汾酒，等等。袁枚认为，当时天下动辄以绍兴酒为名酒，其实“沧酒之清，浔酒之洌，川酒之鲜，岂在绍兴下哉”。对于自己所推荐的上述酒类，每一种他都作了品评。如“绍兴酒，如清官廉吏，不参一毫假，而其味方真。又如名士耆英，长留人间，阅尽世故，而其质愈厚。故绍兴酒，不过五年者不可饮，参水者亦不能过五年。余尝称绍兴为名士，烧酒为光棍”。以名士与廉吏比之绍酒，而以光棍喻烧酒，颇有意味。另外，常州兰陵酒“果有琥珀之光。然味太浓厚，不复有清远之意矣。宜兴有蜀山酒，亦复相似。至于无锡酒，用天下第二泉所作，本是佳品，而被市井人苟且为之，遂至浇淳散朴，殊可惜也。据云有佳者，恰未曾饮过”，“郫筒酒，清洌彻底，饮之如梨汁蔗浆，不知其为酒也。但从四川万里而来，鲜有不味变者”。

《茶酒单》中也介绍了一些酒的文化与风俗。溧阳乌饭酒：“据云溧水风俗：生一女，必造酒一坛，以青精饭为之。俟嫁此女，才饮此酒。以故极早亦须十五六年。打瓮时只剩半坛，质能胶口，香闻室外。”饮之，则“其色黑，其味甘鲜，口不能言其妙”。“金华酒，有绍兴之清，无其涩；有女贞之甜，无其俗。亦以陈者为佳。盖金华一路水清之故也。”最有趣的是对山西汾酒的评价：“既吃烧酒，以狠为佳。汾酒乃烧酒之至狠者。余谓烧酒者，人中之光棍，县中之酷吏也。打擂台，非光棍不可；除盗贼，非酷吏不可；驱风寒、消积滞，非烧酒不可。”汾酒之下，烧酒还有山东高粱烧，“能藏至十年，则酒色变绿，上口转甜，亦犹光棍做久，便无火气，殊可交也。尝见童二树家泡烧酒十斤，用枸杞四两、苍术二两、巴戟天一两，布扎一月，开瓮甚香。如吃猪头、羊尾、‘跳神肉’之类，非烧酒不可。亦各有所宜也”。对于他自己不喜欢的酒也都直呼其名：“此外如苏州之女贞、福贞、元燥，宣州之豆酒，通州之枣儿红，俱不入流品；至不堪者，扬州之木瓜也，上口便俗。”袁枚对清代酒类的品评，虽出自个人好恶，却也给后世留下对当时酒类的一般认识。

另一个有名的“好吃佬”梁章钜也对清代酒类有评价，并多有不同意见。梁章钜这人，在北京和地方上做官多年，有文才而世故。鸦片战争时，他刚好调任署理两江总督兼两淮盐政。时值英军来攻，他恰巧发病请辞。有人说他是畏战辞官。但他一向主张对外强硬，也曾支持严禁鸦片并组织过抵抗，“畏战”一说也未见确切证据。梁氏一生游宦游多地，著述甚多，见多识广。他自称酒量不大，在同门师兄弟中可能真不算大，但也算能饮者。他个人对清代酒类的品评，也多有过人之处。

梁氏认为，绍兴酒“通行海内，可谓酒之正宗”。也有人对此横生议论，实际是由于没有喝到真正地道的绍兴酒。“盖山阴、会稽之间水最宜酒，易地则不能为良，故他府皆有绍兴人如法制酿，而水既不同，味即远逊。即绍兴本地，佳酒亦不易得，惟所贩愈远则愈佳，盖非致佳者，亦不能行远。余尝藩甘陇，抚桂林，所得酒皆绝美，闻嘉峪关以外则益佳。若中土近地，则非藏蓄数年者，不堪入口。”倒是说出了绍兴酒得以行走天下的原因。其中最有名的当属绍兴“花雕”。一般殷实人家，在女孩满月前就酿造此酒，作为将来女儿的陪嫁，等到女儿出嫁时，最少也有十几年了，所以味极醇厚。以其酒坛为彩绘，故名“花雕”。而且，当时就已经出现假造的花雕酒了。梁氏认为，袁枚将绍兴酒比之于名士与清官，“此真深知绍兴酒之言矣。是则品天下酒者，自宜以天下为第一”。而袁枚的酒单中将金坛于酒、德州卢酒等排在前列，是因为饮之于达官贵人之家而如此排列，“仍不免标榜达官之故态”。至于袁枚说到的四川郫筒酒，梁氏则认为无非饮料一类东西而已。

沧酒，亦为清代名酒，此酒历史悠久，隋唐时已见于记载，宋明时已驰名天下。梁章钜说“沧酒之著名尚在绍酒之前”。乾隆《沧州志·物产》载：“沧州，酿用黍米，曲用麦面，水以南川楼前者为上味。醇而洌，他郡即按法为之不及也。陈者更佳。”纪晓岚在《阅微草堂笔记》卷二十三中提及沧城（沧州）麻姑酒。沧人为纪念麻姑修建麻姑庙，同时仿效其手法，酿出麻姑酒，即后世所指沧酒。据传，沧州的酒楼，多背城临河而建，明末，有三位老人，至酒楼醉饮，走时不付酒钱，店家也不追究，如是者三次。最后一次，老人们将酒泼入门外的河水中，水色为之一变，以这一段河水酿酒，“味芳洌胜他处”。沧酒以这一段河水所酿为最佳，梁章钜有一次路过当地，在村中极力搜求，购得一壶，“饮之，果佳”，后来多次叫仆人购买，均不如当时所购之酒。清代沧酒唯明代以来吴、刘、戴三家所酿为佳。至于其他酒类，梁氏推崇的如他的家乡福建浦酒，“酒色如琥珀，真所谓色香兼之者。若能于酿时即选泉加米，复贮至十年，恐海内之佳酝，无能出其右者矣”。

无锡惠泉酒、吐鲁番葡萄酒，以及历史悠久的常州兰陵酒，在清代已不多见。惠泉酒是不能不提到的名酒，作为贡品，宫廷用量较大，故常常有“第二酒”之称。惠泉酒据说是用无锡惠山寺石泉水酿制，此水久有“天下第二泉”之称，袁枚将其称为佳品，也是有来由的。清中叶以后，打着惠泉酒旗号的酒不少，梁章钜说这是被市井人“苟且为之”，导致品质良莠不齐。梁章钜很骄傲地说，他在30岁左右的时候，曾在同年（科考同年，清人常引为挚友）家中喝过陈年的惠泉酒，“绝美”。

因为酒本身是好酒的底子，又存放了多年，所以能够“超凡入圣”。后来，他又多次往返于九龙山等地，再也没有遇到这么好的惠泉酒了。好在总算是品尝过一次了，单就这事来说，还是足以傲视袁枚的。

对于袁枚所说“上口便俗”的扬州酒，李斗在《扬州画舫录》中也多有赞誉，其中也不乏传世名酒。“扬州市酒以戴氏为最，谓之戴蛮；次则周氏，谓之周六槽坊，皆鬻木瓜酒。若镇江府百花酒，扬州盛行之，则有郭咸泰。”扬州在乾隆时为道路通衢、人文胜地，酒馆经营亦极盛，“阁外日揭帘，夜悬灯。帘以青白布数幅为之，下端裁为燕尾，上端夹板灯，上贴一‘酒’字。土酒如通州雪酒、泰州枯、陈老枯、高邮木瓜、五加皮、宝应乔家白，皆为名品，而游人则以木瓜为重。近年好饮绍兴，间用百花，今则大概饮高粱烧，较本地所酿为俗矣”。以地方志的记载来看，扬州所产酒类很是丰富，有雪酒、菖蒲酒、佛手柑酒、羊羔酒、珍珠酒、生春酒、五加皮酒、冬青酒、豨签酒、绿罗春、秋露白、木瓜酒、乔家白、记光春、白酒、三白酒、归元酒、蜜酒、橘绿酒、国公酒、锅巴酒、三花酒、烧酒、女贞酒、真乙酒、乌金黑糯酒等。

就地区而言，每个地方都有自己的名酒，也各有特色。如广东“谓烧酒新出甑者，曰酒头。以水参之，曰和酒。和酒贫者之饮。市上所酤，以细饼为良，大饼次之，号曰细烧饼、大烧饼，其佳者曰龙江烧，陈至三四年者可口”。“暹罗酒，以烧酒复两烧之，以檀香烧烟，熏之如漆，乃投檀香其中，蜡封埋土三年，绝去火气，乃出而饮。此烧酒之尤烈者，是曰‘火酒’。饮一二杯，可愈积病杀虫。然广中烧酒，皆火酒也，亦曰‘气酒’。其味过辛。其曲皆以良姜、山桔、辣蓼之属，和豆与米饭而成。新会、香山则用板杏，是曰‘草曲’，皆有毒。番禺则多糖烧、番蓣烧，尤为酒之残品。”海南，多以花、果酿酒，花以槟榔花为最，果则以“倒捻子为最”，“色红味甘”。传说海南五指山地区常出现人与猴争酒的事。当地父老相传，山中猴子能采百花酿酒，藏之于石洞之中，有人搜寻于穴中，或五六升，或一斗左右，“味最香辣”。人们常见到老猴子带着一群小猴子围坐一处，用爪子沾酒喝。此事未必是真实，故老相传，却也有趣。

中国是个地域辽阔的国度，不仅酒类难以缕述，各地区也都有独具特色的饮酒风俗和文化。《清稗类钞》所载，北京地区的酒馆大体有三类，而酒水品种也特别繁杂。一类是人们常说的南酒店，出售女贞、花雕、绍兴及竹叶青等，下酒配菜则有火腿、糟鱼、蟹、松花蛋和蜜糕之类。南酒店颇受士大夫和官员、商人的欢迎，京中喜欢南酒、南茶者不在少数。京中前门外有一家“聚宝号”，就是一家有名的南酒店，以销售绍兴酒为主。二类是京酒店，多半是山东人所开，出售雪酒、冬酒、涞酒、木瓜酒等，也有良乡酒。佐酒之物则为咸栗肉、干落花生、核桃、榛仁、鸭蛋、酥鱼、兔脯之类。城内西四大街“柳泉居”就是有名的京酒馆，该酒馆酒类繁多，人气颇旺。三类是药酒店，是烧酒添加花蒸成，名目繁多，什么玫瑰露、茵陈露、苹果露、五加皮、莲花白等。京城喜爱药酒人士颇多，但这类酒店不设下酒物，喜欢饮用药酒者往往到别店自购佐酒之物。京中药酒，有浸泡中药而成的，也有花果所酿，度数较低，且可养生。京师药酒店颇受大众欢迎，在酒店中占据了三分之一左右。酒店以外，乡村郊野则有小酒馆，为数更多。

京师与各地都有自己的饮酒习俗，如京师旗人沿袭关外旧俗，多以酒类为“水棉袄”，认为酒能御寒。黄酒、烧酒、松苓酒以及泡制的药酒、米酒、果酒都是旗人喜爱的酒类。在东北地区的旗民多饮高粱酒，这一时期高粱种植普及，产量较大，可作日常食用，也常常“入曲烧酒”。

酒作为一种风俗文化的表征，似与风土人情密切相关。如济南为一都市，当地人不怎么喝茶，虽有大集市，却少见茶肆，亲朋好友相聚，多半是饮酒为乐，所饮多为高粱酒。而在山城重庆，酒类特别丰富，曲酒、米酒、白酒陈列柜台，任客挑选。黄酒品种最多，陈年的花雕、绍酒都很受欢迎。浙江的绍酒风味极佳，人称“渝酒”。品牌黄酒“允丰正”在清代就极负盛名，到民国时期仍为畅销品牌。

酒是能够使人神经兴奋的饮品，所谓“李白斗酒诗百篇”，也是诗人在极度兴奋的情况下，诗兴大发所致。跟许多好东西一样，一旦过度，就会造成危害，比如酗酒成瘾，就是一种病态了。中国人饮酒的历史悠久，留下了许多与酒相关的艺术作品和动人故事，清代在相当长时期内社会和平安定，物质也较丰富，当然也留下了许多饮酒的故事。

清人饮酒趣事极多，豪饮之士亦复不少。著名清官于成龙，算是一个豪饮之士。康熙平三藩之乱时，于成龙坚守武昌城，计擒大冶黄金龙，捷报传来，巡抚对属下说："诸位前段都说我任用了一个醉汉，今天看来怎么样？"原来，于成龙曾协助办理科举考试，陪同大吏招待两位使者，高谈阔论，一席之饮酒"数十巨觥"，被人称为"酒狂"。乾隆时平定大小金川的阿桂，每战，夜坐帐中，抽烟喝酒，作长夜之饮，次日必出奇谋，也算是个豪饮之士。曾在浙江当过县令的王笠舫，豪饮赋诗，曾有"与月乐天花乐地，将诗惊鬼酒惊人"之句，人称如曹子建之多才。太仓知府王宸，豪饮而擅诗画，常常用画作为"支酒票"，将画换酒。嘉善黄安涛仿行王宸的作法，凡有求他题图诗者，须以酒为礼，宣称"彼以酒来我诗去，一纸公然作凭据"，传为美谈。嘉庆、道光间，仁和县秀才高林，嗜酒常醉，醉卧市井之中，人们趁机命他作诗作文，信口而成，大多妙趣横生。乾隆间大学士刘权之，"平生饮最豪"，可以三昼夜不停杯，也不醉，与之同饮之人大半于一日半日逃席而去，被他称为"吃短命酒"。刘氏在京50年，只喝前门"涌金楼"的酒。嘉庆时他退休，他的门生史致俨统计刘府在这家酒楼取走的酒，50年达到了"二十万钱"，还不算别人送的和宴席上喝的酒。光绪时期的陈石遗有几句诗，颇能说明此辈行止："使我身后名，不如一杯酒。况能饮酒者，身后多有名。刘伶颂一篇，阮籍诗几首。李白与杜甫，啧啧满人口。试问客何能？颇能杯在手。"当然也有因酒误事而罢官者，如李东川为祁阳县令，虽然不贪污，但好酒误事，民间谣谚说他"颟顸公事唯耽酒，勉强官声不要钱"。后来果然以"诗酒废事，被参归"。文人嗜酒，甚至有带酒瓶进考场的。道光时，一次顺天府乡试，有一个叫张穆的考生，居然带着酒瓶子前去应考，监场的吏员叫他把酒拿走，他竟当场把那瓶酒一饮而尽，后来这个狂生还是被人找了由头赶出考场。

有的人面对醉酒人的漫骂，体现出文人雅士的修养。康、乾时期侍读学士王鸣盛退休后家居，有人醉骂于门，门子忍不住要开门与之争斗，王鸣盛极力阻止。次日，醉酒者醒来，被其母带来王府谢罪。王鸣盛说："你昨天酒醉，我不怪你，但你以后要是骂了别的什么人，恐怕难办呀。"醉酒人惶恐不已，自此终身戒酒。这当然是年高德昭的王大学士的修养高。也有的人平时才华横溢，喝了点酒就露了本色。布衣书生盛心壶，工于诗画，颇有才名。京城之中有位名妓仰慕盛氏的才气，画了一幅秋柳图的扇面请盛心壶题诗。盛倒也不负才名，挥笔写下“腰瘦那堪迎送苦，眼枯都为别离多”，既说了秋柳赠别的惆怅，也隐隐表达了怜惜多情妓女的意思。名妓得诗，大为激赏，愿终身相许。当晚，她好酒好菜招待盛氏，杯盏都是黄金所制。盛某人喝了几盅酒，酒后失德，把一只黄金杯盏偷偷揣进怀里。名妓久行江湖，自然也不说破，送客之后，叹息良久，非常惋惜，托付终身的事就此作罢了。

晚清名臣张之洞，年轻时曾沉溺于酒，醉后往往口出狂言，烂醉时常常和衣而卧，斗笠、鞋子之类往往乱置于枕边。某年，他的族兄张之万状元及第，一下子惊醒了张之洞，慨然曰：“时不我待矣。”自此戒酒不饮。后来，张之洞果然高中进士，成为一代名臣。同为晚清名臣的李鸿章，有一次应邀赴德国军舰观礼，适逢暴风雨，李鸿章为不失约，冒险出海登舰。德国海军大臣对此颇为敬佩，拿出收藏的名酒款待李。李鸿章见那瓶酒是开过瓶的，不免有些不爽，回来后命人翻译那瓶酒的说明，方知那酒产于15世纪，是400年前的古酒。

张之洞、李鸿章这样的名臣名相，饮酒的故事得以留传，不足为奇。而一些草莽人士饮酒之事，也偶有留传。河南南乐县西乡某村，离集市不远，有兄弟二人农耕为生，兄长好酒，十天倒有四天去集市喝酒，每喝必醉，醉后还要带一罐酒回家。弟弟勤苦耕作，滴酒不沾。有一天，弟弟规劝兄长，少喝几杯，何苦醉成这样。兄长不服气地说：“你是嫌我费钱了，我不是不让你喝，是你本身不能喝酒嘛！”弟弟说：“我是看你花费酒钱多了，我就不想再多费酒钱，哪有什么不能喝的事。”当哥哥的也不含糊，拿出一罐酒放在院子里：“你喝一个看看，果然能喝就算你是为家里的生计考虑，那我就算是荒唐了，自此一定戒酒。”弟弟说：“我这会得去挑水，哪有闲工夫坐下来慢慢喝酒！”说完就找了一个大碗，倒了一斤左右的酒，一口喝干，挑着担子出门去了，不一会儿挑水回来，又倒一碗，又是一饮而尽。再挑担子出门，回来又饮了一大碗，仍旧挑着担子出门。其兄大惊，忙不迭地承认错误，自此不再饮酒。弟弟说：“喝酒不至醉，喝点又何妨。”哥哥连忙说：“我见到酒便想到你，想到你就不能喝酒了。”

这当然是一段饮酒的趣闻。清代也有完全不喝酒却以写酒文化的著作而留名青史的人。乾隆时钱塘人吴升，曾当过杭州知府，以诗闻名。此人从不饮酒，却喜欢观察别人饮酒，通过长期细致入微的观察体验，居然写出了一部《酒志》。该书旁征博引，分门别类，对酒品、酒器和酒文化一一进行辨析，开一代之风气，成为中国饮食文化史上的名篇，难能可贵。

至于古人的酒量，应该与今人的酒量差不多吧。笔者过去看影视剧，总是心疑，古人怎么那么能喝酒，酒量大得惊人，动不动就喝上几坛子酒，并未见醉成什么样子，很是奇怪。后来学了历史，才知道古人所饮，与今人所喝的高度白酒是不同的。刘献廷在《广阳杂记》中谈到古人的酒量问题，当然他说的古人是指清以前的人了，但他说的酒量的计量单位还是可以参考的。按他的说法，古人喝酒多以升、斗、石为单位，不知道到底是喝了多少酒，但可以肯定的是，所谓一石，肯定与一石米所指的一百斤不同。淮南酒量多以升来计算，一升为爵，二升为瓢，三升则为觯。按此理解，则一爵为一升，十爵为一斗，百爵为一石。仔细比较一下，所谓一升也就是一大盏子，这与清人的酒量也相去不远。《清稗类钞》中讲到京师的酒馆，一般老百姓进入酒店、酒馆，通常是“半碗为程”，就是四两，如果喝一碗，就是半斤了（八两）。至于呼朋引类，聚众而饮，则会超过这个数量。

另一方面，也确有些人天赋奇禀，能喝善饮。那么，这些豪饮之士到底酒量有多大呢？有趣的记载也有不少。传说，松江府陆文定“善饮”，他90多岁时的一个冬日，微雪，聚一子五孙饮酒，要求每人要喝到一千杯。喝到五百杯时，几个孙子都醉卧。他笑着说：“孺子怎么这么孱弱！”接着父子二人对喝，到八百杯时，儿子也“酩酊醉出”。他叫两个老妾出来陪伴，一直喝到了一千杯才算告罢。这个酒量，即使用最小的酒杯，喝黄酒，也算是惊人的了。梁章钜在《归田琐记》卷二中讲述了他在嘉道间为官时所见所闻的酒量大的一些名人：考中进士之前，在他家乡福建做官的张映斗善饮，此公宴客时，用茶和酒两大杯齐饮，与每位客人饮两大杯火酒，后来的客人也一样，可以终日不倦。为官后，以当过两江总督的陶澍为最，酒量、食量均大，火酒也许可以醉，黄酒则“无量”，陶也自称从不知“醉乡”是什么样子。陶澍任安徽按察使时，曾与人以火酒比酒量，从白天饮至半夜，对手早已酩酊，而他“仍阳阳如平常也”。梁章钜说：“我的老师孙端人先生可算是有酒量的一位，但他非常遗憾我不善饮酒，常常说，苏东坡的长处学学可也，短处就不必刻画求似了。”至于京城中哪些人酒量最大，纪晓岚《阅微草堂笔记・滦阳续录（六）》中有这么一段：酒有别肠，信然。八九十年来，酒量以顾侠君（顾嗣立）前辈称第一，缪文子前辈次之，以下能与之匹敌者不过十来人，陈句山前辈亦可算一位，但他主要不是以酒量闻名。至于近年诸人，则吴云崖、路晋清等几位，其中真正当得起酒量大的，当属后辈葛临溪为第一。葛临溪此人，没有酒时，从不主动要一杯，有酒之时，虽盆盎而无难色，一吸而尽，涓滴不留。一次，葛与诸桐屿等五六人斗酒，到半夜时，众人皆酩酊，甚有醉倒于地者，而葛指挥仆役，一一扶掖上床休息，他自己神志湛然，如同未饮，从容信步登车而去。此等酒量，也是清代饮酒的风流佳话了。

清代文人骚客饮酒，不独有量，更兼风雅。其酒令一项，也多有佳话。酒令是中国酒文化的组成部分，随着时代不断发展变化。清代的酒令，形式多样，内容也极为丰富。有人统计中国酒令总计有射覆猜拳类、口头文字类、骰子类、骨牌（牙牌）类、筹子类和杂类，共六大类七百多种。比较常见的如投壶，是将箭投进场中特制的壶中；拇战，即今天仍流行的划拳一类；击鼓传花，鼓点停止时花落谁家以决胜负；拧酒令，用一个类似不倒翁的东西旋转，面向谁，谁即饮酒；拍七令，随机开始数数字，谁数到七或七的倍数即敲击桌面或桌底，错者罚酒；其最易者，是掷骰子比大小，不过在长期的延续中，骰子点数分阵营，掺杂其他斗法，更具刺激性。数百种酒令，以诗词对联较为典雅。《红楼梦》中就多有饮酒时行酒令的故事。

就雅令而言，多诗词对联，风雅而有趣。有一年，江南无锡县令卜大有听说新任宜兴县令年少而有口才，与同僚武进县令商议，准备以酒令“窘”一下新来的宜兴令。入席后，卜县令说：“我有一令，对不上来者罚一大杯：两火为炎，此非盐酱之盐。既非盐酱之盐，如何添水便淡？”以拆字谜为对作酒令，实有难度。武进县令接着说：“两日为昌，此非娼妓之娼。既非娼妓之娼，如何开口便唱？”宜兴令知道这是同僚们要来难为自己一下了，开口道：“此令倒是不难对，只怕会得罪卜县令。”大家齐说只管对来。于是他对曰：“两土为圭，此非乌龟之龟。既非乌龟之龟，如何添卜成卦？”众人大笑，乃成一段佳话。击鼓传花、猜拳行令等俗令，至今仍然流行。

酒令繁复，有时也增添些许烦恼，影响了饮酒的乐趣。清初之人黄星（即黄九烟）即在《酒社刍言》一书中对此提出异议，说酒以成礼，酒以合欢，是中国人的礼数，现在酒令如同角斗纷争，撸胳膊挽袖子，未免无礼。聚饮本来是快乐的事，弄出许多戒律来，反倒不快。黄氏认为，最应该戒除的是苛令，他认为酒令过于苛刻；二戒说酒底，他认为搜肠刮肚，想出许多斗文词，不如不饮；三是戒拳哄，他认为逞雄角胜，喧哗叫号，实在不雅。总之，喝酒本来是件快乐的事，弄出许多繁复斗法，实无必要。那些本来能喝、想喝的人自不必劝酒，强令本不想喝、不能喝的人喝酒，也无趣味。

看来雅致的酒令，也有雅文化的乐趣，过分强调或苛令于人，反为不美。

烟是个外来物

烟草本非中国所产，而是起源于南美地区，于明末开始传入我国，清代流行全国。清代有许多书籍记载了烟草的传入情况。清人金埴《巾箱说》中记载，清代流行的烟，“神农未尝，本草不载”。佛教《楞严经》中将烟列入五辛，名叫“兴渠”，与荤血腥秽同列，如有人误食，必须忏悔四十九日之后方许礼佛。烟草最早生于外国，名字叫作“淡把姑”，又称“金丝明薰草”。清代的吸烟人将其称为“相思草”，不食则相思不已。淡把姑也写作“淡巴菰”，为西班牙语 Tobaco 的音译，进入中国的途径南北皆有。南境据说由吕宋（今菲律宾）等地传入福建漳、泉之地。中国境内最早的闽烟，名为“石马烟”，“吸之数口，辄似中酒”。也有说中国烟草来源于日本，所谓淡巴菰是日语的音译。另有一说，北疆流行的烟草是从朝鲜等地传入的，后来满洲人在关外崛起，烟草也在东北地区的满汉群体中广为流传。东北等地主要流行的是“所烟”，产自兖州，此地旧时为明代卫所之地，故有此称。后世的“关东烟”也非常有名。后来烟草广泛种植于南北各地，按《巾箱说》的讲法，主要还是吸食之人渐多，种烟“利过于种蔬”。利之所在，人共趋之，烟草成为中国境内一种重要的经济作物。

最初人们认为烟草是有一定药用的，清人王士雄《随息居饮食谱》中说，淡巴菰，辛温，辟雾露秽瘴之气，能舒忧思郁愤之怀，杀诸虫御寒湿。有人甚至将烟叶铺在席下，据称可以避虫蛇之类。烟具中的烟垢，刮下来像豆大般的一丸，可用于急救，甚至垂死者也能救活。当时人们对烟草的毒害认知不多，其实这东西就是后来鸦片入侵中国的先兆。烟草进入中国后，传播非常迅速，主要还是因为它吸食成瘾。如《续本草》所说，烟草这东西，“醒能使醉，醉能使醒。饥能使饱，饱能使饥。人以代酒代茶，终身不厌，与槟榔同功”。这种能很快让人上瘾的特征，使人们对它的副作用认识不清，即便有了认知，也很难戒绝。清前期的翰林学士们曾有不少咏诵烟草的诗，例如“细管通呼吸，微嘘一缕烟。味从无味得，情岂有情牵”。对烟草与吸烟的描绘，细致入微。“爝火寒能却，长吁意似酣。良宵人寂寞，借尔助高谈。”良宵长夜，吸烟助谈兴的描写，也很有画面感。

烟草传入以后，占用大量土地，有诸多弊害，从一开始就引起统治当局的关注，禁烟的政令不断下发。明后期，北方各边防要塞，士兵们抽烟袋锅，“衔长管而火点吞吐之”，已成为普遍现象，甚至有因抽烟而醉倒者。明代末帝崇祯就曾下令严禁吸烟，但有禁不止，烟草在国内尤其是在边疆驻军中，传播很快。

烟草最初是舶来品，价值昂贵，清入关以前曾有以马一匹易烟叶一斤的记录。清太宗皇太极曾严令禁烟，但有禁难止，官民仍共嗜之，如

手持烟袋锅的贵族公子

同饥者思食，渴者思饮。又颁令不许种植烟草，但禁令之下，烟草价格更贵，私种和偷食者日众。不得已，转而调整政策，下令只准自种自吸，私自进行烟草贸易者，处以重典。此后，吸食者更多，以至于后来东北“三大怪”中最盛行“十八岁姑娘叼个大烟袋”的说法。

清入关后，各地吸烟之风盛行。顺治本人不吸烟，而康熙自幼在保姆身边，曾“颇善于吃烟”，后来为了禁烟，自己也戒了烟，但依旧是有禁难止。康熙时，海宁陈元龙为侍郎，溧阳史贻直为大学士，二人酷嗜吸烟。一次康熙南巡驻跸于德州，命人做了两支水晶烟管赐予二人。二人一吸烟，火焰从烟管中直升至口唇，使之惧不敢用。随后，康熙传旨禁天下吸烟。当时有人作诗道：“碧碗琼浆潋滟开，肆筵先已戒深杯。瑶池宴罢云屏敞，不许人间烟火来。”说的就是康熙帝禁烟之事。雍正间，禁令渐弛，曾有大臣举报说宫禁之中，侍卫之流竟敢随意在值班时候吸烟。“今看得，乾清门大臣、侍卫及内太监等，俱于各自地方吸烟者极多，并无忌惮，公开吸之。随意如此吸烟，火炭关系重大。”这位举报的大臣叫张文斌，他的奏折重点在于从防火的角度出发，严禁在宫内吸烟，刮风的天气尤其不能在宫中吸烟。

乾隆初年，就有人以种烟占用良田为由奏请禁止种烟，但未获批准。《东华录》载乾隆八年（1743 年）六月初二大学士等议复：“江西巡抚陈宏谋奏今日耗农功妨地利者，莫如种烟一事。乾隆元年，学士方苞条奏请禁，部议不准……又当知烟无关于饥饱，原不必论其贵贱，自应禁止。惟城堡内间隙之地听其种植，城外则近城畸零菜关，亦不必示禁，其野外土田阡陌相连之处，概不许种。”乾隆下旨“允行”。这种禁令的重点在于，不准用成片的良田种烟，对于吸烟则并未作出规定。不过，宫廷禁烟却是乾隆时期写进了《大清律例》中的，律例规定，凡紫禁城内及仓库、坛庙等处，文武官员吃烟者革职，如果是旗人，则枷号两个月，鞭一百，一般民人则责四十板，流三千里。禁令可谓极严，但乾隆以后，纪晓岚这样的名臣，手不离烟，即知那时所谓禁烟，不过是一纸空文罢了。

嘉庆以后，烟禁就逐渐完全放开了。光绪初年，吉林省开征烟酒木税，并将烟酒木税改由将军委员试办，其税收用于行政事务公费，同时也用于筹办学政考试公费，烟草专项税成为正式税种。可知烟草在此之前早已是重要的经济作物，其成为缴纳税费的合法产品，更具合法身份而已。清末有人记录了种植烟草获利及官府征税的情况："一亩所获，得利百缗，恐趋者若鹜。不殖有用之粮，而栽无用之物……官府因其利厚而重税之，以裕财政。"

烟草经过多种途径进入中国，种植面积不断扩大，普及速度极快，接受人群极广。早在康熙时期，政府对烟草持不支持态度，烟草就以极快的速度在社会普及了。从士大夫到妇女、青少年，往往手持烟袋一管。人们形容说，酒食可以缺，而烟决不可缺。宾主酬酢，先要敬烟。到光绪以前，北方妇女吸烟者众，甚至步行于街市，嘴里叼着个烟管。乾隆时期跟随马戛尔尼来华的随员中，有人后来出版了一本《中国人的习俗和服饰图鉴》，说中国人虽然素称保守，难以接受外来事物，但对烟草这东西接纳的程度相当高。到乾隆末年，每个阶层的男人、各种社会背景的女人，甚至 8 至 10 岁的男女儿童，往往随身备有抽烟叶用的必要器具。中国人在逛街和从事几乎所有的职业时，经常是烟杆不离嘴的。在满洲人中，18 岁姑娘叼个大烟袋，成为民族特性和标志。满洲男孩很小就学会烘烤烟叶，搓烟叶，为长辈卷烟。而满洲女性辈分较高或上了年纪后，烟杆越来越长，需要别人帮忙点烟，媳妇为婆婆点烟也成了必备的技能。围绕着这一袋烟，形成了一套礼仪习俗。

乾隆时，扬州民间专业卖烟小艇已能维持生计，而且卖烟人在艇上表演吐烟圈，也成为一时之景，亦可见吸烟之盛：卖烟人吸烟十几口不吐，而后慢慢吐出，烟圈中显现出山水、动物，甚至人物衣服、动物羽

吸旱烟的妇女

18岁姑娘叼着大烟袋

毛都能活灵活现地表现出来。至近代鸦片泛滥时期，吸食一般烟草则已是一件极平常的事情，甚至有人将之带入科举考试的考场中，亦可见吸食之盛。清刘体智《异辞录》中说，清末科考，“监试王大臣频唤吸烟者出殿外，若似乎责任所在，仅防火烛而已”。刘声木《苌楚斋三笔》卷六记载了当时考试中吸烟的情况：“应试之日，有携纸卷烟、吕宋烟及杂色各烟，在殿廷内嗅者。醇亲王，即后为摄政王，时为监视王大臣，大呼‘不许在内嗅烟，要嗅出去嗅’。有冒昧无知者告曰：‘嗅烟包，不致有火烛。’”传为笑谈，可见吸烟在清末士人中的流行情况。

清代烟草普及，其吸食方法也很多。

最初，抽烟多用木、竹烟杆，配上玉石、象牙烟嘴，后普遍用铜烟斗，纪晓岚的大烟锅，就是铜制的烟斗，估计纪氏所吸为“所烟”。潮烟劲大，一般用的烟斗都极小，有“斗小如豆”的说法。此类旱烟袋、烟锅以京师“西天成”所产最精致，流行甚广。其他如“元奇”“呈奇”“紫玉秋”等品牌的烟斗也很流行。杭州“宓大昌”所售的烟斗，能使烟气香透鼻观，名声很大。用烟斗吸食旱烟，较为方便，因而吸食之人也最多。纪晓岚外，陈文江和晚清时期的左宗棠、张之洞都是有名的“大烟袋”。

乾隆以后，水烟开始流行，以甘肃兰州等地所产最著名，“以铜管贮水其中，隔水呼吸，或仍以旱烟作水烟吸”。水烟锅则苏州“汪云从”所制最精，汉口工人所制亦“专精”流行。晚清出现铜制“二马车”水

制作水烟袋

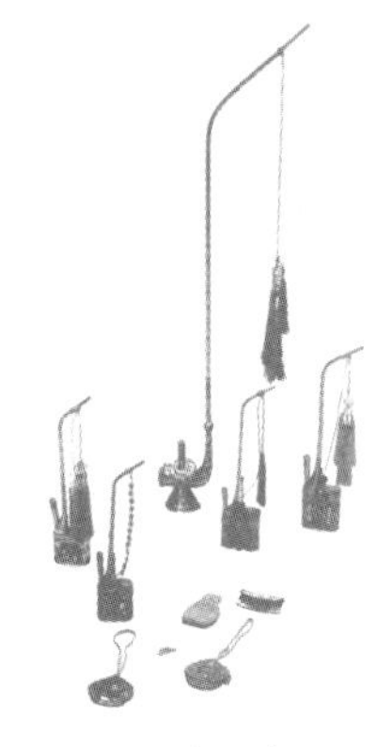

水烟袋及其配套用具
（故宫博物院藏）

烟袋，“制作益精，且便于携带”。兰州等地产水烟又有青条、黄条、五泉、绵烟等名目，皮丝产于福建，净丝产于广东。《宫女谈往录》中所记，慈禧所抽的“青条”，就是水烟中最有名的一种，该宫女在回忆录中不明就里，以为是因包装烟丝用的青布而得名，其实在产地就有“青条”的称呼了。水烟须用卷纸引火，称为纸煤。宫女侍候慈禧太后抽烟之所以战战兢兢，就是怕纸煤引燃了太后的衣物之类，即便是火星乱冒也是不得了的大事。水烟在很长一段时间中一直为社会上的中上阶层吸食，后来卷烟与雪茄烟流行，吸食水烟的人才逐渐减少。

来华的外国人，用烟叶卷成三四寸长的纸烟，极为方便，清人认为此物“马上最宜”，取其方便易行之故。纸烟以其固有的优势很快流行起来，因其吸食时有香气，也称为香烟。自王公大臣到贩夫走卒，吸纸烟者甚多。后来也有用管吸烟者，即后来所称的烟嘴。国产烟嘴多用金、银、牙、晶、竹、木，而所谓海沫、蜜蜡之类，则多是舶来之物了。清末光宣之际，吸纸烟的妇女渐多，甚至有在街道上边走边吸者，洋人们讥笑她们像西方的妓女。雪茄烟一类，价格昂贵，虽然类似纸烟，却只是富贵者中流行的小众产品。晚清时上海吸雪茄者稍多，因其耐久不熄。

吸烟之大宗，另有鼻烟一种，乾隆所吸的就是这一种，清初即有，如王士祯《香祖笔记》所说，鼻烟有明目、避疫等功效。以玻璃瓶贮烟，烟瓶的颜色、形状名目繁多，极为可爱。鼻烟有玫瑰露所和者，为红色，

清代玉质鼻烟壶

葡萄露和的为绿色，梅花露和的为白色，最初都来自欧洲意大利等国。清初外洋进贡中，多有此物，朝廷也常常以此赏赐大臣。值得一提的是，很快清代就有自产的鼻烟用具了。康熙、雍正、乾隆诸帝都对鼻烟壶有很高的兴趣，清宫造办处制作的鼻烟壶，不少都是皇帝亲自指点，按照其爱好制作的。道光嗜好鼻烟，喜用玉制鼻烟壶。一个有趣的故事是，他曾下令将前朝制作的鼻烟壶内膛掏大，便于装烟，竟也促进了鼻烟壶掏膛技术的改进。

清代上层社会追求玩物的精美，贵族官僚与士大夫多有此好，鼻烟壶渐成清代工艺品之大宗，也成为后世收藏清代艺术品中的一个大项目。除早期以玻璃、象牙制作外，后来多以翡翠、白玉、玛瑙、蜜蜡制作，与绘画、雕刻艺术结合，鼻烟壶成为集雕刻、书画、镶嵌工艺于一身的综合性艺术品，一个鼻烟壶的价值当时就有数十两、数百两之巨了。清人也多有以收藏此物为乐者，著名贪官和珅和乾隆的皇子永瑆都是鼻烟壶收藏的大家。

清代为烟草盛行的时代，从王公大臣到下层普通百姓，吸烟是极平常的嗜好，吸烟者也为数甚多。据说有一次，纪晓岚进宫正遇见乾隆在嗅鼻烟，所用鼻烟壶非常精致。乾隆见他进来，就拿着鼻烟壶对他说："烟壶上有个上联，你要是对得上来，这壶就赐给你了。"纪晓岚凑近一看，壶上刻着"此地有崇山峻岭，茂林修竹"一句，其壶样式甚圆。纪应声对道："若周之赤刀大训，天球河圆。"乾隆听了连连称好，于是将鼻烟壶赐给了纪晓岚。从这个故事来看，实际上乾隆本人也是吸烟的，只不过吸食方法是"鼻烟"而已。清代诸帝都是鼻烟壶爱好者，康熙声称自己很早就戒烟了，但他个人对鼻烟壶有着极高兴趣，曾下令造办处专门制作鼻烟壶。而雍正更是鼻烟壶的制作、收藏者。据记载，光绪也是鼻烟嗅食者，每天早晨，他都要先饮茶，然后嗅鼻烟少许，才起身去太后面前请安。

据《宫女谈往录》所载，慈禧太后也是个瘾君子，不过她吸的是水烟，宫中还有专门侍候她吸烟的宫女。"老太后不喜欢吸旱烟，也就是平常说的关东烟。"她"饭后喜欢吸水烟"，"我们储秀宫里管水烟叫'青条'，这是南方进贡来的，也叫潮烟"。"伺候老太后可不是件容易的事，敬烟比什么差事都难当，敬烟是跟火神爷打交道的事，你掉老太后身上一点火星儿，砍你的脑袋，你洒在老太后屋里一点火星儿，你们祖宗三代都玩完。”专门侍候太后吸烟的宫女，随身携带着火石、蒲绒、火镰、火纸、烟丝、烟袋等六样东西。太后所用的“水烟袋也不是您在古玩铺里看到的那样，烟管特别长，叫鹤腿烟袋，我托着水烟袋，如果老太后坐在炕上，我就必须跪下，把烟管送到老太后嘴里，老太后根本不用手拿，就这个送烟的火候最难掌握。烟锅是两个，事先（前十来分钟）把烟装好，吸一锅换一锅”。慈禧吸烟一般是在饭前饭后，但上朝时，烟袋也是要带上的。太后下了朝在还宫的路上，贴身太监李莲英一手托着烟袋，一手扶着轿杆，可见，这个太后也是一刻也离不开烟的。

清代从宫廷到市井，吸食烟草成为极普通的事情，所以清人说“今世公卿士大夫，下逮舆隶妇女，无不嗜烟草者”。当然，舆隶（轿夫）、妇女的吸烟情况，我们很难见到具体的记载，如同其他社会生活的内容一样，见于记载的还是官员与士大夫阶层为多。

比纪晓岚时代早一些的康熙年间礼部尚书韩菼就是著名的“烟枪”。相传，韩菼酷嗜烟、酒二物，有人问他：“这两样东西如同你的熊掌和鱼，如果不得已要去掉一样，你先去哪一样呢？”韩菼也是个实诚人，沉吟半晌后，老老实实回答：“去酒。”众人为之一笑。王士祯《分甘余话》载，康熙时已有人作“淡巴菰歌”。时人所作一首竹枝词，亦颇传神：“选罢青铜选竹枝，淡巴菰与此君宜。神怡突曲生烟后，味转灰然耐冷时。廿里最难香不断，一囊独怅粟无遗。炎凉阅历凭谁语，不是兰心未许知。”

吸烟故事中，以纪晓岚的故事流传最广。清初以来，承明代旧习，吸烟者呈渐次增加的趋势。纪晓岚生活在清朝所谓盛世，吸食烟草的风气逐渐盛行，由于纪氏的名气甚大，笔记小说中多有记载。

纪晓岚这人酷嗜抽烟，顷刻不离手，烟锅特大，有“纪大烟袋”之称。有一天他在朝内值班，正抽烟，忽然皇帝召见，慌忙之中，他把烟袋锅插入朝靴之内。进入内廷后，与皇帝“奏对良久”，烟锅把袜子引燃，痛不可当，痛苦流涕。皇上惊问其故，答称“臣靴筒内走水”。原来，北方人把失火称为“走水”。皇上急命他出外，待他出外脱靴时，已烟焰蓬勃，肌肤焦灼。纪氏本来行走速度极快，大学士彭元瑞称他为“神行太保”，受伤之后，多日行走不便，彭又嘲讽他为“铁拐李”。据说，纪晓岚也因此得到皇帝钦赐的烟袋锅，特许其在翰林院内吸烟。纪氏诙谐，常常自称是“钦准翰林院吃烟”。

纪晓岚有个亲戚姓王，喜欢抽兰花烟（实际是将珠兰花加入烟草中，吸时有香气）。此人烟斗很小，却号称烟量极大。一次他去拜访纪晓岚，纪对他说：“你看我的烟斗跟你比如何？”于是两人约定以一小时为限进行比赛，结果纪氏吸烟七斗，王某吸了九斗。纪晓岚的烟量之大，也是有名的，其烟袋之大也是京城绝无仅有的。清姚元之《竹叶亭杂记》卷五载：“纪文达又善吃烟。其烟管甚巨，烟锅绝大，可盛烟三四两，盛一次可自圆明园至家吸不尽也。都中人称为‘纪大锅’。”梁章钜《归田琐记》卷六载：一次，纪晓岚的大烟袋锅忽然丢失了，他对人说，不用着急，只要每天去城东小市场寻找就行了。果然，第二天他就在市上以极低的价钱把烟袋又买了回来。以此看来，纪晓岚的大烟袋当实有其事，只不过故老相传，不免夸张罢了。

官场交往中多有吸烟之事，并无任何忌讳。左宗棠就是个烟瘾极大的人。光绪八年（1882 年），刘秉璋拜访左宗棠，左氏“高谈雄辩，口若悬河，声如洪钟，气象甚伟”。言谈之间“手握长杆大烟筒，不时呼‘烟来’二字”。张之洞也是个旱烟吸食者，他的烟管粗，烟锅大。每逢见客，专门有一仆从为他装烟，随装随吸，烟云喷薄，满室氤氲，而他谈兴愈浓。晚清重臣彭玉麟深恶鸦片却喜食旱烟。部下有吸鸦片者，立即处以极刑。他有个亲信染上了鸦片，怕被他处理，就悄悄在他的旱烟中加入鸦片烟膏，致使彭氏吸食成瘾。后来彭玉麟发现此事，要将这亲信处死，亲信求救于人，经人百般解劝，才算免于一死。

茶、酒、烟都是饮食生活之外却又与饮食密切关联的事物，同时也是社会生活的重要环节。清人饮食与社会生活的具体情况，值得后人了解和探讨。

第六章

其来有自

地理大发现与红薯等作物引进中国

明清时期正值“地理大发现”，世界逐渐进入一个整体化的时代。当大明王朝的人们沉浸于弘治中兴的喜悦中时，出身于意大利的欧洲航海家哥伦布已经开启了他开辟新航路的冒险旅行。当明后期的万历皇帝躲进深宫，长年不与朝臣见面时，哥伦布发现新大陆的影响已经波及世界大部分地区，影响到整个世界历史的进程。当中国进入“康乾盛世”之时，高踞于朝堂之上的乾隆皇帝怎么也想不到，中国与外部世界的联系已经前所未有地紧密起来。欧洲大陆输入美洲新大陆的文化、制度和物质或许与远在亚洲的中国没有什么关联，但“哥伦布大交换”所产生的美洲作物的输出，却是悄无声息地深刻影响到了并不知道美洲在何处的大清王朝。

15世纪，欧洲的发展似乎到了一个“瓶颈”期，人口膨胀，资源匮乏，向外殖民的需求日益明显，这个历史转折时期，为冒险家们提供了机遇。哥伦布生长于这样一个时代，他酷爱航海冒险，先后游说了欧洲多国的君主，直到1492年（明弘治五年）西班牙国王为他提供了机会。他带领着三艘只有百来吨的帆船，怀揣着西班牙国王给中国和印度国王的国书，扬帆启航。他出大西洋，向西航行。在这一年的10月，当他到达美洲时，他并不知道自己来到的并非是印度而是美洲，但随后发生的“哥伦布大交换”却对欧洲和整个世界产生了深远影响。当然，从此欧洲殖民者给美洲大陆带来了深重灾难甚至灭顶之灾。

哥伦布发现新大陆之后，新旧大陆联为一体，有学者将其称为全球化的开端或称1.0版，不无道理。“地理大发现”后出现的“哥伦布大交换”，就是这个1.0版的产物。它指的是，此后的几个世纪中，新旧大陆之间广泛的动植物和经济文化交流，甚至包括了微生物的交换。比如旧大陆的五谷六畜传入了新大陆，而新大陆的不同作物也流播于世界各地。今天中国人熟悉的农作物如番薯、玉米、马铃薯和南瓜、西葫芦、辣椒等蔬菜，油料作物如花生、向日葵，嗜好作物像烟草、可可等，都是在这一大交换背景下，通过不同路径传入中国的。

哥伦布发现新大陆以后，很快出现了一个欧洲向美洲探险殖民和宗教传播的高峰，很多美洲作物在这一过程中传入欧洲并由此向世界各地扩散。如1494年，哥伦布派遣返航的船员，带回一包他们搜集到的各种美洲作物种子，献给了当时欧洲的红衣主教。此后的数十百年中，新航路大开，数十支探险队蜂拥而至，加勒比海出现了许多欧洲船队。与之同时，亚洲航线也得以开辟，欧洲和新大陆的作物开始从不同渠道传入亚洲。有学者研究指出，不仅是欧洲探险家们、商队进入亚洲、来到中国，鲜为人知的是，许多作物是同由生活在西亚和东南亚地区的华人华侨带回中国来的。

我们常常在影视作品中，发现穿越时代的作物，比如大制作的《三国演义》中出现的玉米，《神探包青天》中的玉米，《水浒传》中的葵花籽，更怪异的是不论什么时代的片子，总是在屋檐下挂上一串串的红辣椒，点缀的不仅是生活的色彩，其实也透露出作品的疏漏，要知道，玉米、葵花籽和辣椒是“地理大发现”后才逐渐传入中国的。

美洲作物大多是在明晚期传入中国的，但大部分都是在清前期才普及的，个中原因也引人深思。大体上，有这么几个规律性的现象：一是经济类作物，有较大经济收益的作物比较容易传播和推广。比如烟草，无论是明代的末帝崇祯还是清代初起时的皇太极，都曾下令严禁，但是，利之所在，人所共趋，政府即使禁止，老百姓自然会想方设法地发展烟草种植。二是能够适应中国传统农作时序的作物比较好推广。如某一种作物，因其能够在传统耕作序列中，插在几种作物之间套种，所以推广的阻力不大。三是某些作物品种具有适应性，比较容易出现自然传播与推广。比如花生，小花生很早就传入中国了，但其作为油料作物出油率较低，人们一直没有认识其经济价值，所以推广范围很有限。而清代大粒花生传入，具有出油率高的特点，很自然就快速推广开来。再如番茄（北方称西红柿），在相当长的时间内被中国人当作观赏植物，基本没有推广，清末民国时期才加速传播，直到新中国成立后才端上中国人的餐桌。按照这几条规律，大体可以理解为什么明代时传入中国的美洲作物没有掀起多大波澜，直到清代乾隆以后才进入了加速发展的阶段，如同许多外来事物一样，农作物也需要一个渐进式的发展过程。当他们进入爆发期，也对清代社会产生重要的影响，直到民国时期才最终确立了发展基础与今天的格局。

如果从农作物传播的角度观察，人类生存的这个世界，本来就是连成一气的，“地理大发现”后，这个联系变得更紧密了。也正是在这个意义上，学者们认为“地理大发现”开启了世界一体化的进程。中国作物体系中，历来有胡、番、洋三大类。胡系作物是古代北方、西北民族传入的，如胡瓜、胡桃、胡椒、胡萝卜等；番系是南宋以后到明代时传入的，有些在明代即已推广开来，有些则是到清代才广泛传播开来的，如番薯、番茄、番石榴等；洋系作物与食品则是清代进入中国的，如洋葱、洋姜、洋白菜等。从这一角度理解，中国也从来不是一个排外的国家，而是一个兼收并蓄、包容的国度。当人们创造性地发掘外来物种的适应性并推广开来时，社会生活的变化是显而易见的。

站立在乾隆末年千叟宴的现场回顾历史，庄严的乐声之下，早已是暗流涌动。人口发展高峰渐至而可耕地面积扩展不足，社会养育人口的压力不断增大，随同英使马戛尔尼来华的官员，已经观察到下层人民饥饿的状态。天朝上国的统治阶层对外部世界茫然无知，只是按照传统社会的一般认识，或推动或禁止各种作物的传播。但这一时期，美洲农作物的传入，成为中国与外部世界愈益紧密联系的重要开端。

这一时期扩展开来的美洲作物，最典型和影响巨大的便是今天人们司空见惯的番薯。

番薯，又名甘薯、金薯、红薯、朱薯、白薯、红苕、地瓜、山芋等。它原产于墨西哥等地，后由西班牙殖民者携种至菲律宾等国。番薯传入中国，大约在明代中叶以后，其传入之途径，一说来自菲律宾，一说来自越南，一说来自琉球群岛。说到番薯传入中国，还有不少动人的故事。

一个传说故事中，番薯是在明代万历年间（1573—1620年）从吕宋（今菲律宾）传入中国的。当时，福建商人陈振龙到吕宋经商，发现当地出产一种叫“朱薯”的植物，“功同五谷，利益民生”，当地人视之为珍宝，而政府严禁朱薯出口，哪怕是一根薯藤也不准流出国界。陈振龙花了大量的钱财，买了几尺薯藤，并学会了种植方法。他随即将薯藤藏在船中，为了应付港口检查，把薯藤缠绕在轮船的缆绳上，还在外面涂了很厚的泥浆，历经险阻，才把薯藤带回国内。陈振龙命其子陈经伦将薯种献给福建官府，希望官府能支持推广。福建巡抚为保险起见，直接命陈氏开辟田地自种番薯，如果适合福建土地，可以食用且有相当的产量，再进行全面推广。陈经伦随即辟地试种，几个月后开挖，果然获得丰收，薯块个大如臂，子母相连。官府闻讯，才下令全省推广。从此，番薯渐传渐远，在我国国土上繁殖开来了。郭沫若先生曾有诗词赞誉陈氏推广番薯之功：“此功勋，当得比神农，人谁识？”

另一个故事说，广东电白县有个叫林怀兰的医生，从交趾（今越南）引进了番薯。那时，番薯是交趾的国宝，林医生治好了国王女儿的病，得到了国王赏赐的番薯。他随即带着几块生番薯回中国。在过关的时候，交趾国的边关守将因为曾受过林医生的医治，感恩于他，便放他出关回国，而那个关将也因此投水自杀了。此后广东才有了番薯。

还有一个故事，说的也是明代万历年间的事：广东有个叫陈益的人，在安南（今越南）受到当地酋长的接待，他吃到了番薯，觉得甘美无比。他买通了酋长的仆人，私带番薯回国，途中历经险阻，终于将番薯带回了家乡广东。但回国后不久他就遭人诬陷，说他并没有遵守航海的相关规定，他也因此被捕下狱。他受尽铁窗之苦，幸得长兄陈履设法相救。陈益把自己辛苦偷运回来的番薯种看作至宝，在花坞里进行栽培，并取名为番薯。之后，陈益又在当地买了多达2.3公顷的土地，并雇用专门的人员进行种植。这也成为中国最早、规模最大的番薯引种活动。

以上这三个故事的主人公，以陈振龙影响较大。三家的后人都说自己的先祖是传播番薯的第一人，这件事也成为一桩难以厘清的公案。传说故事都是美丽动人的，今天福建乌石山有“先薯祠”，广东电白县霞洞镇有“林公庙”，都是为了纪念引薯的先贤们。这些故事说明，在传统时期的社会中，一个有益民生的作物的引进，多半是经历千辛万苦的，是中外文化交流的成果。

番薯与中国境内自古就有的薯蓣是属于不同科目的植物。如海南岛至迟在东汉以前就有以薯为粮的记载了，至宋代，海南岛种植薯蓣之类作物已经十分普遍。宋赵汝适《诸蕃志》记载：黎人所种的粮食不足，就用薯蓣和粮食和在一起煮粥。但黎人之薯蓣，类于芋，与今天人们仍然经常食用的山薯（山药）相近，与明中叶后传入我国的番薯有根本不同。明代农学家徐光启曾指出：“两种茎叶多相类，但山薯植援附树乃生，番薯蔓地生；山薯形魁垒，番薯形圆而长。其味则番薯甚甘，山薯为劣耳。”（《农政全书》卷二十七）番薯传入我国后，人们也常用甘薯、薯蓣来称呼它，以至于后来人们常常将二者混称。

番薯传入中国后，首先在福建、广东等地传播。清人周亮工所著《闽小记》一书，记载了番薯特性和在福建的传播过程。番薯是万历年间从国外传入的，贫瘠沙砾的土地上都可以种植，最初只是在漳州种植，后来渐渐发展到泉州及莆田、长乐等地都有种植。南洋有个叫吕宋的地方，为中国与西洋物资交流的汇集之地，西洋的金银和中国的物产交易，往往途经此地，所以很多福建商人在此地做生意。此地出产一种叫朱薯的植物，漫山遍野，自然生长，常常被当地人当作粮食。这种朱薯的茎叶蔓生，如同瓜蒌、黄精、山药、山蓣一类东西，但甘甜可食，或煮或磨粉，可熟食也可以生吃，也可以用来造酒。当地人不许这东西传给中国人，福建人悄悄“截取其蔓咫许”带回。“其蔓虽萎，剪插种之，下地数日即荣。”刚刚进入福建时正逢灾年，当地人得到这个东西，可供一年之食。而且这东西不与五谷争地，盐碱沙岗都能种植，又耐旱涝，又容易吃饱肚子，这才慢慢推广开来，以至丰年时鸡犬都吃这东西。

但番薯真正大规模地推广，是在清代。人口增长历来是统治当局夸耀功德的重要内容，至少表明和平安宁的时间较长，政策也较平和，老百姓能安居乐业。清政府常常自我歌颂的主要内容，一是大力救治灾荒，凡是发生灾疫，政府都不遗余力地进行救助，所谓泽被万民；二是康熙五十一年（1712年）以后确定增加人丁永不加赋的政策，到雍正时期“摊丁入亩”，简单说就是自康熙五十一年后，增加的人丁，永远不再增加赋税，税额被恒定下来，而雍正时期更是将人丁税汇总到田赋之中，使得人口不必再隐匿起来；三是田粮的蠲免，自康熙中期起，国家渐渐富裕，对老百姓的田赋开始实行减免，有些年份，除了遭遇灾荒省区免去田赋外，全国性轮流蠲免也照常进行。

清统治当局自康熙中期以后就渐渐意识到人口增长产生的社会压力了。“承平日久，生齿既繁。”即便是丰收年成，也担心老百姓食物不足。“户口虽增，而土田并无所增，分一人之产供数家之用，其谋生焉能给足？”清代是中国人口爆炸式增长的一个时代，生者日众而长寿增多，千叟宴上嘉奖耆年长者，进京的老人成千上万。近年来，人们对于清代人口问题多所关注，甚至对于美洲作物传播与清代人口关系也产生争议。我们就来看看清代的人口发展过程。

中国历史上的人口，根据学术界的研究，人口较多时也在六千万人以内，只有明朝永乐年间达到近六千七百万口，由于那个时代统计数据不完全，很多人为了逃避人丁税，尽可能避免被统计入册，在册人口与实际人口数量应当有一定差距，有的研究者据此认为明代实际人口业已超过一亿。即使如此，比起清代道光年间的四亿多人口，还是相差甚远。清代人口从清初不足六七千万，增长到道光年间的四亿多，二百年间，人口翻六七倍。通常历史学教科书会说这是社会安定与发展的一个标志，但在社会生产力与人口发展互不适应的情况下，过快增长的人口找不到出路，找不到宣泄口，就会产生严重的社会问题，破坏社会生活的正常秩序。乾隆五十八年（1793年），乾隆看到“圣祖实录”所记的人口数字：康熙四十九年（1710年）民数二千三百多万口。以乾隆五十七年（1792年）民数比之，增长了15倍，从而形成了“生之者寡，食之者众”的局面。他还看到，户口骤增，庐舍所占田土加倍上升，致使耕地减少的问题严重，因此甚为担忧。他希望能够通过开辟边疆地区的土地来解决这一问题。仅相差80多年，人口增长了15倍，可见清代人口增长的速度是非常快的。抛开战争与疾病等因素，以这样一个几何级数增长的情况来看，从明末的近一亿人口到清道光时期人口增长到四亿多，是完全可能的。

上述说的是清代人口总体的增长情况。但在清代总人口增长的趋势之下，人口数也有下降的时期，而这个下降也颇能说明人口与社会生活的关系。清初至近代以前，清王朝社会总的来说是繁荣稳定的，所以人口方面表现出总的不断增长的趋势。上升时期发展最快的是乾隆三十九年（1774年）以后的二十年，从二亿二千万人增加到三亿一千万人。虽然其间也有战争等原因出现的人口波动，如乾隆六十年（1795年）到嘉庆九年（1804年）之间的川楚陕白莲教起义导致人口发展停滞等，但总体上人口的大幅增长是可以肯定的。排除战争和统计方式、免税等非自然因素的影响，此时期的人口增速惊人。至道光朝，清代人口达到了一个高峰，梁方仲先生《中国历代户口、田地、田赋统计》记载：道光二十年（1840年），中国人口总数达到了四亿一千二百八十万。

清代民食不足，以政府的力量推广番薯，大约始自康熙时期。《清稗类钞·植物类》载："康熙时，圣祖命于中州等地，给种教艺，俾佐粒食，自此广布蕃滋，直隶、江苏、山东等省亦皆种之。"可见番薯经明末到康熙时期的流传与推广，其时国内不少地方已有种植，尤其是南方一些省份，已较普遍。雍正至乾隆初，番薯已成为南方一些地方贫苦人家口粮的重要组成部分。雍正年间，一些地方大员给皇帝的报告中就说明了这种情形。雍正三年（1725年），福建巡抚黄国材奏报："查泉州府属之惠安、同安、金门沿海处所，去冬番薯歉收，今春又值米贵，近海穷民不无艰苦。"番薯的收成与下层百姓的生活已有很大关系。雍正六年（1728年），两广总督孔毓珣奏："潮州民间原多种番薯，以代米粮，现俱大收，每斤卖钱一文，黄冈、碣石一带每十斤卖钱七文，约计一人一日之食费钱不过一二文。"清代文献中此类奏报还有不少，可见，乾隆以前，番薯主要产于广东和福建两地，并成为下层百姓日常食物，在发生水旱灾荒的年份，更是小民救饥度荒的救命之物。

乾隆以降，人口压力不断增加，对土壤、肥料及雨水要求都不高的番薯，从南向北得到进一步推广。除了民间自然传播外，官方出面进行的推广起了重要的作用。最初，还是一些地方官员为当地的安定而进行的推广，后来逐渐演变为由最高统治当局出面大力推广。

自乾隆初起，地方官员推广种植番薯的例子不少。乾隆十二年（1747

年），安徽巡抚潘思榘要求全省种植红薯，得到部分落实。安徽凤台县知县郑基“尝循行阡陌，见沙地硗确多不治，教民种薯蓣，佐菽麦，俾无旷土”。乾隆间山东范县知县吴焕彩在当地“教之种番薯，民困乃纾”。较典型的事例是，山东按察使陆燿总结当时种植番薯的经验，写成《甘薯录》，刊刻发给各府州县，宣传种植甘薯的好处和方法，收到很好效果。大体上，番薯从南到北，逐步传播推广，有些地方推广比较顺利，如江西、安徽等地；有些地方则几经周折，如天津、河北等地，因种秧的保存遇到气候因素的影响，经过一段时间的摸索才得以推广。《清高宗实录》卷一二三六载：至乾隆五十年（1785 年），乾隆发布上谕，命令以政府的力量，大力推广番薯的种植。乾隆在上谕中对山东按察使陆燿进行了表彰，说他写的《甘薯录》通俗易懂，命令“多为刊刻，颁行各府州县，分发传钞，使皆知种薯之利，多为栽种”。又说，现今河南歉收，地方官员要仿照南方省份的办法，大力推广番薯。其他一些地方，也要把《甘薯录》“多为刊布传钞，使民间共知其利，广为栽种，接济民食，亦属备荒之一法。将此传谕知之”。

至此，番薯在京畿地区和河南等地进一步大规模地推广开来，成为中国境内更广大地区下层人民的主要食物之一。

番薯种植日渐广泛，作为一种救荒作物，遇到灾荒年份，其也得以更大范围地推广。陆燿的《甘薯录》中说，番薯这东西，一亩可产数千斤，几乎是五谷产量的数倍。尤其是在灾后救荒中能起到重要作用，涝年退水后，田地中来不及种五谷，“计惟剪藤种薯，易生而多收”。而遇到虫灾之年，一眼望去，“草木无遗”，但还有薯根在地下，还能有点收入。一个典型的事例是，道光年间，四川绥定、保宁等府发生严重的夏旱秋涝，“各处山田、山地粒米无收”。人们把能吃的大、小麦，豌、蚕豆及一切日常蔬菜全部连根吃光，最后连草木树皮都被吃光了。灾后，耐干旱、抗虫害的番薯成为主要“救荒作物”，在四川迅速推广开来。

番薯的推广在清代社会生活中的实际意义有四：其一，它成为广大下层人民弥补粮食生产不足的主要手段，史籍中此类记载很多，如赣南地方清初以来人地矛盾突出，百姓“朝夕果腹多包粟薯芋，或终岁不米炊，习以为常”。其二，在可耕地不足的情况下，它成为山区开发的重要农作物。如湖北襄阳一带，“崇山峻岭尺寸开辟。其不宜黍稷者，艺薯芋杂以为食”。其三，它成为国家与人民在战争与灾荒时期的一种主要应对的粮食。如乾隆后期镇压台湾林爽文起义期间，清军购买了大量番薯和薯干，用于地方赈济。而乾隆对于此种采购番薯放赈的办法表示赞同，并嘱咐负责官员，“所奏采买番薯一万斤，并拨米二千石，为数无多，恐不敷用”，地方官员和军前将领要“多为预备”，迅速运往当地，不要怕花费，如有不够就再拨些银两，“不可仍前惜费，致误事机”。其四，它也成为城市居民日常的一种副食，如《燕京岁时记》所载，乾隆以后，京中无论贫富，都以煮番薯为美食。

清代人口的爆炸式增长对社会产生了巨大影响，下层人民不得不以番薯为食，番薯代替半年粮成为常见的社会现象；同时，番薯借官方的力量得到大力推广，对清代社会也产生了重大影响，对于山区开发，对于丰富中国作物品种，对于灾荒的赈济，对于在战争和动乱期间保障人民的基本生活，尤其是对于养活平民百姓起到了很大作用。

玉米、马铃薯和辣椒

玉米是今天中国种植最为普遍的农作物之一，不仅是人们的主食，也是各种副食、酒类和牲畜饲料的原料。学术界的主流观点认定，玉米同番薯一样，也是原产于美洲大陆，明晚期通过多种途径传入中国的。但也有一种观点认为玉米是中国自古以来就有的农产品。从考古资料和文献记载来看，明以前中国就有玉米的证据是有案可稽的。以文献记录的玉米的名称来看，它是农作物中名称比较复杂的一种，有的研究说文献中对玉米的记录有 60 多种，也有的研究说有 90 多种，我们看到最常见的称呼也有十多种，如番麦、御麦、玉蜀黍、玉麦、玉蜀秫、苞谷、苞米、玉梁、戎菽等。但是无论如何，认定它是外来作物也好，土特产品也罢，大家都承认，玉米在明后期记录逐渐增多，到清代开始大面积普及。即使中国原来就有玉米，但美洲玉米也是在这一时期大规模传入并普及开来，这一点是没有疑问的。

在成书于明晚期的小说《金瓶梅》中，玉米还是个比较少见的食物，主要是用来在宴席上招待客人，或者给重要人物食用。如第三十一回中，琴童从书童处偷回一壶酒和食物拿去李瓶儿房中，“正说着，迎春从上边拿下一盘子烧鹅肉、一碟玉米面玫瑰果馅蒸饼儿与奶子吃”。这时节，正值李瓶儿儿子满月，外面正在大摆宴席，迎春从席间弄来了烧鹅肉和玉米制成的点心给奶妈吃。西门庆家大业大，虽然妻妾众多，却只得这一子，何其宝贵，而精制的玉米面玫瑰果馅蒸饼显然是作为一种营养美食被拿来给奶妈吃的，足见当时玉米并不是民间普通常见的食物。同书第三十五回中，西门庆收了韩道国送的礼物，请应伯爵等人来家饮酒，“西门庆关席，韩道国打横，登时四盘四碗……又是两大盘玉米面鹅油蒸饼儿堆集的”，此处，吃了螃蟹的几个酒徒，吃的玉米饼却是鹅油蒸的，也是大户人家才吃得到的食品。小说反映的正是当时社会上食用玉米的情形。玉米最初传入时期，被列在“果属，以食小儿”，成为点心系列中的一员。但随着时间的推移，人们对这种新鲜东西的食用方法渐渐多样化，在大户人家甚至已经精制化了。西门庆府里给奶妈吃的或者席宴客所用，都是已经精制化了的玉米制品了。《金瓶梅》成书最早应该在明万历中，即16世纪70年代以后了。玉米传入的时间应该早于此时，学界一般认为，玉米引入中国的时间约在16世纪初，或者至迟不晚于16世纪六七十年代，这与《金瓶梅》中所表现的玉米还是一种稀见食品的情况基本是吻合的。

玉米传入中国的路线大体有三条，一是西北陆路，由西亚等地区引入甘青地区；二是西南陆路，先由西班牙人传入东南亚，进而由缅甸等国引入云南等地；三是海上传入，自南洋群岛传入福建、广东、浙江等沿海地区。行走四方的“药圣”李时珍，在游走采写《本草纲目》的过程中，曾见到长江中下游已有玉米种植的情况，但他对种植情况的基本判断是，“种者亦罕”，说明此时玉米在长江中下游一带的传播范围还比较有限。《本草纲目》中描述：“玉蜀黍……其苗叶俱似蜀黍而肥矮，亦似薏苡。苗高三四尺。六七月开花成穗如秕麦状。苗心别出一苞，如棕鱼形，苞上出白须垂垂。久则苞拆子出，颗颗攒簇。子亦大如棕子，黄白色。”大体上与玉米的形制相符。但是，李时珍形容玉米“苗心别出一苞”，则显然有误，也说明了当时人们对玉米的认识并不是很清晰。

玉米与番薯一样具有耐旱、适应性强、适宜山地种植和产量高、田间管理简单等诸多优点，但玉米传入中国以后，却没能像番薯那样引起高度重视。虽然玉米的传播速度也谈不上很慢，但它在相当长的一个时期内，主要在山区推广，成为山区移民、棚民的主要农作物。直到清代雍正至道光年间，玉米才进入一个较快推广的时期。雍正、乾隆以降，地方志中大量出现玉米种植情况的记载，时人对玉米的性状也有了进一步的了解。这一时期，社会相对稳定，盛世的繁荣景况之下，土地集中，失地流民增加，流入山区垦荒的人口增加，而山区正是适合玉米种植的主要地区，这种情况加速了玉米的推广。在此期间，河南一省就增加了21个府县引种玉米，陕西则增加了33个府县。伏牛山区和陕南山区成为玉米成片种植区。

玉米的引种也引起一些地方官员的注意。乾隆十四年（1749年），湖南巡抚开泰奏报湖南山区玉米种情况植及其优势，说湖南这个地区主产稻谷，其次是大、小麦，而“山田硗瘠之区”乃种杂粮，其中有一种“所谓包谷者，即京中之玉米也”。这种作物不畏旱涝，山坡乃至屋侧墙边，一点零星空地都能种植，非常省力。成熟以后，可以掺在大米中做饭，也可以杂食或做面，还能酿酒。贮藏得好可以保存数年，梗叶也能当柴火，糠秕也能当饲料。到乾隆十八年（1753年），开泰再次上奏，历数玉米的优势，说玉米是省劳力、生长快、用途广又好吃的作物，又不挑地方，田边地角都能种植，可以“佐米粮之不足”。湖南种植玉米效果不错，应该也可以运送到江西让老百姓播种，即便是收成“不厚”，也胜过不种，是灾荒时期的好作物。乾隆二十四年（1759年），福建福宁知府李拔专门撰写了《请种包谷议》，劝谕所在地区百姓广种玉米。说玉米这东西“种植不难，收获亦易”。夏间青黄不接时成熟，做米做面做酒，无所不可，玉米壳等还能作饲料。他在湖北时曾经推广，老百姓获得颇丰。到福建后就让百姓试种，现在已有成效，“梗大实密”，本府所属各县要广为种植。李氏在福建大力推广玉米，因而玉米在当地也被百姓称为“李公麦”。李拔此人在福建发展农桑，推广种植玉米、棉花，兴修水利，整饬赌博等不良风气，为时人称颂，成为乾隆时期名重一时的贤官。

玉米在清雍正至道光时期得到较快推广，成为中国普遍种植的农作物品种。它至少有这么几个优势：一是环境适应性强。它是一种适合在山地和旱地种植的作物，不择地势，耐旱涝，对土壤要求也不高。二是种植技术相对简单，省时省力。在一些地方，只是在出苗以后进行一次简单的除草，不需要再进行田间管理。三是产量高。与同类山地作物相比，玉米产量极高，乾嘉道时名臣严如煜在《三省边防备览》中说，玉米这东西，高的长到一丈多，一株常有多苞，好的年成一苞结实上千粒，中等年成也能有五六百粒，可谓“种一收千，其利甚大”。四是救荒作用巨大。玉米成熟期短，再熟品种在三至六月皆可播种，春夏之交、夏秋之交，皆有可熟品种收获，对于解决中国农业人口的“青黄不接”关口，具有重要意义。同时，在遭遇灾荒的地区，临时播种玉米，抢种一季，可以支持抗灾。在紧急时期，玉米尚未完全成熟时即可采摘食用，起到应急救灾的作用。所以地方志中对于玉米也有“遍种以济荒”的说法。因而，玉米对于传统社会中粮食作物商品化的发展也起到推动作用。农民以高产的玉米解决粮食基本需求之后，将价格较高的稻谷等用于市场交换，对于粮食市场价格的调节和工业原料的增加，起到相当大的作用。在很多时候，玉米与番薯一样，它本身也成为交易的大宗产品。此外，玉米可作为药材、饲料、燃料、肥料等的特点，也逐渐被人们发掘利用。

也因为玉米有如此诸多优势，它在引入中国百余年后，成为最普及的粮食作物之一。乾隆五十八年（1793 年），英国使团途经天津，曾记录下他们看到大片玉米地的情况：沿途玉米已近成熟，品种优良，种植得当，与当时英国农民所种的相同。

然而，玉米的推广传播与番薯有着极为不同的命运。在清初人口增长而可耕地增加有限的情况下，玉米也得到一些官员的重视和推广。但自始至终，玉米都未能像番薯那样引起最高统治当局和各级官员的普遍重视，也未能得到政府的全方位推动种植。玉米是进山垦殖的流民首选的农作物，但流民在山区种植玉米也是极为粗放的，“挖土既松，水雨冲洗，三四年后辄成石骨”，如此等等，则对山地生态环境造成破坏，导致水土流失，增加了自然灾害发生的频率。山区棚民的聚集也引起统治当局的担心，成为政治不稳定的因素。因而，自嘉庆、道光时起，即有官员请求限制山区棚民开山引种玉米。安徽省徽州府棚民“私行开垦，种植苞谷”，千百成群，实为地方之患。咸丰曾谕内阁：“开种苞谷，翻掘山土，以致每遇大雨砂砾尽随流下”，“实为地方之害”。这类奏报与上谕，当然是传统社会统治当局惧怕贫民聚集，危及地方统治的心态所致，玉米本身的特性并非其主要原因，但也对玉米全面推广造成影响，这也是玉米与番薯在当时出现不同命运的原因之一。

“青山遮不住，毕竟东流去。”外来作物引种的一波三折，折射出清代社会保守的一面，但最终也难以抵挡社会需求所产生的推力。到清末民初，玉米不仅在山区，也在平原发展，最终超越黍、稷，成为与稻、麦并列的主要农产品。

与番薯、玉米一样，马铃薯也是美洲最古老的农作物，但不一样的是，马铃薯传入中国时间较晚。与番薯、玉米一样，马铃薯作为一种外来作物，名称也是多种多样的，虽然不如玉米那样繁杂，却也不少，如马铃薯、阳芋、山芋、洋芋、回回山药、山药蛋、荷兰薯、荷兰豆、土豆等等。《红楼梦》中出现过几处山药一类的名称，却并非今日人们普遍承认的马铃薯。第十回“金寡妇贪利权受辱　张太医论病细穷源”中，贾蓉媳妇秦可卿病久不见好，请了冯紫英推荐的医生前来诊病，讨论了半天，开出一副药方，其中有一味药为“怀山药二钱”，查马铃薯虽有山药之名，“怀山药”却是中国传承已久的土产，直至今日仍有怀山药、铁棍山药等作物品种。显然，《红楼梦》此处所说的山药并非是清代引种到国内的马铃薯。第十一回，“庆寿辰宁府排家宴　见熙凤贾瑞起淫心”，仍是说这秦可卿的病。凤姐前来探望，秦氏提起“昨日老太太赏的那枣泥馅的山药糕，我吃了两块，倒像克化的动似的”。此处所说的糕点，名称为山药糕，却是有枣泥作馅的，病人吃了觉得可以消化得了。从上下行文来看，大概判断仍是传统的山药，而非刚刚由国外传入的马铃薯。《红楼梦》一书，一般认为成书于清代乾隆时期，亦说成书于康熙时期，即以乾隆时期来说，此时马铃薯刚刚进入国内，其制作与吃法都还在探索中，不太可能制成精细的糕点并进入大户人家的内宅。第十九回“情切切良宵花解语　意绵绵静日玉生香”，说到宝玉打趣黛玉，随口编排了一个小老鼠偷“香芋”的故事。人间腊八节将至，扬州黛山老鼠洞中的老鼠们也想趁机弄些果品，经打探，只有山下庙里果子最多，问果子有哪些，报称有红枣、栗子、落花生、菱角和香芋。于是一一派鼠辈下山去偷，最后那受命去偷香芋的小老鼠说出了盐政衙门林老爷家的小姐才是真正的香玉，算是揭开了故事的谜底。这个香玉是借了香芋的谐音，也可见香芋已是当时人们熟知的食品了。马铃薯虽然被称作阳芋、洋芋等，却未见以“香芋”相称的。此处所说的香芋应该是人们熟知的中国土产芋头之类，而不是刚刚传入中国的马铃薯。

马铃薯传入中国的时间相对较晚，传入范围与传播人等均存在争议。最早的记载出现于明代晚期的文人笔记《长安客话》，康熙时的《松溪县志》更有明确记载了：“马铃薯，叶依树生，掘取之，形有大小，略如铃子，色黑而圆，味苦甘。”也有学者完全推翻这类说法，认为虽然早就出现了马铃薯、土豆一类称呼，但实际上早期出现的那些记载，即使名称相同或相近，也并非真正记录的马铃薯，它要么是黄独，要么是土圞。古人所说的名称，往往较为复杂，它与今人所理解的作物或许并不一致，尤其是外来物种与国内旧有物种在性状等方面比较接近时，这种情况更为突出。

大体上人们认定，清乾隆以后出现的记载，与当地种植史的情况结合，确系马铃薯的情况相对比较可靠。更晚一些的方志，也追溯到马铃薯的传播情况，如光绪《浑源州续志》说，至迟在乾隆四十七年（1782年），马铃薯已从陕南引入到山西的浑源州了，可见其在陕南则更早一些。这就把马铃薯引种的时间推迟到18世纪较晚时期了。

与番薯、玉米一样，马铃薯引入中国的路径也是多向的。第一条路径是经海路由台湾、东南沿海逐渐传入内地，应该是传播较快的一路。东南沿海一带交通便利，是外来商贸活动和信息传播最便捷的地区，据说荷兰人在台湾见到马铃薯，称之为“荷兰豆”，显示出马铃薯进入中国的路径。福建、广东一带将马铃薯称为“荷兰薯”“爪哇薯”，也说明了它的传播途径。另一传播途径是18世纪来华的大批传教士将已在欧洲栽培了百余年的马铃薯带进中国各地，马铃薯早期的洋芋、羊芋和阳芋一类叫法比较多，是否与传教士引入的情况相关，值得考察。第三条路径即由西北陆路传入中国，“回回山药”的名称也印证了西北传入的可能性，道光年间的新疆方志中曾有将马铃薯记载为“洋芋”的情况。山西孝义地区传说马铃薯是嘉庆时期官员杨遇春平定张格尔叛乱时从中亚带回中国的，也说明了外来作物引入途径的多样性。山西和陕西的马铃薯应该就是从西北陆路传来的。今天最常见的名称“土豆”“山药蛋”等，就是北方各省对马铃薯的通称。

马铃薯进入中国后，以其耐高寒和既可当主食也能做副食的特点，与番薯和玉米一样，成为山区重要的农作物。马铃薯在川楚陕交界的恩施等地，与玉米等作物成为配套作物，山地虽少有稻田，但以苞谷为“正粮”，大面积则以番薯为主要作物，“最高之山惟种药材，近则遍植洋芋”，称为洋芋的马铃薯成为此处的主要粮食作物，“穷民赖以为生”。从道光以后的地方志中可知，山区种植马铃薯的面积不断扩大，成为山区百姓主要食物。马铃薯的最大特点是耐贫瘠、易生长、产量高，也因此成为当地人们抵御饥饿和用来救荒的粮食作物。随着时间推移，山西等地将马铃薯作为主要粮食作物向平原地带推广，“赖以为养命之源”。而河南、陕西等地则将马铃薯作为蔬菜、副食逐步推广。

与番薯和玉米相比，马铃薯引入后传播的速度要慢得多。首先是因为番薯等作物已经先期传入，马铃薯味道比番薯淡，在番薯引种的地区，其救荒功能难以发挥。同时也由于马铃薯自身特色的局限，在一些温度相对较高地区，容易出现坏死；其依靠根茎繁殖的特性也容易造成退化，需要不断更换种子。到清晚期，马铃薯的培植技术不断提高，在相对高温的平原地带才逐步推广开来。马铃薯在本土化过程中，人们也逐渐开发出多种食用方法，蒸煮、烘焙、炸制和磨粉，用途广泛。食用方法的多样，也推动了它在中国境内的传播，从文化上被广大地区所接纳。

清代从美洲引种来华的作物中，还有一个重要的品种，就是辣椒。

辣椒在数百年间遍布中国各地，甚至成为许多地方饮食文化中最突出的特色，在中国古代文献中早已有辛辣之类的词汇，有些人因而理所当然地认为中国自古就有辣椒这种作物。事实上，中国人早就普遍食用的辛辣调料不是辣椒。学界认为，辣椒传入中国之前，人们食用的辛辣调料，主要是花椒、生姜、茱萸、扶留藤、桂、胡椒、芥辣、紫苏等。《诗经》中即已有“有椒其馨”一类对花椒的描述了。辣椒传入中国以前，花椒、姜、茱萸是使用最广的辛辣调料。而上古时期中国南北已有食俗的明显差异，《黄帝内经·素问》记载，东部人爱吃海产，口味偏咸，西部人吃油脂肥腻，而北方游牧人群多食乳制品，中部人杂食，南方人嗜酸腐等。今天人们的区域食俗文化特征在古代即已有端倪，比如今天特别嗜辣的四川在古代就有偏爱辣味的倾向，如《华阳国志》中就记载当时的蜀地“尚滋味，好辛香”。只不过那时的辛香依赖于花椒、茱萸等物，而非今日的辣椒罢了。长期依赖花椒，似乎也给后来川菜中的麻辣留下了某种印迹。

《红楼梦》中出现“辣”字也有四五十处，却并无一处讲到辣椒这一植物，一则与马铃薯一样，这辣椒也是传入中国比较晚的一种作物；二则《红楼梦》的故事发生在“都中”，暗指北京，并不是嗜辣的地区。然而辣椒这东西虽是植物，却与烟草一样，有嗜好植物的一些特征。与所有嗜好植物一样，辣椒的普及速度与程度也是非常迅速的。

哥伦布曾在日记中写下了海地岛发现的美洲辣椒：“还有一种红辣椒，比胡椒好，产量很大。”“他们不管吃什么都要放它，否则便吃不下去。据说它还有益健康。”可是哥伦布怎么也不会想到，辣椒会经他之手，经西班牙、英国、葡萄牙等国很快传播开来，在此后数百年间风靡世界。

与番薯、玉米一样，辣椒也是经由多种途径传入中国的。辣椒经由秘鲁、墨西哥传入亚洲，由浙江等地传入内地为一路；第二路是从荷兰到中国台湾，然后进入中国大陆各地；第三条是由日本经朝鲜进入中国东北地区。当然，仍然有人认为辣椒的传入也有西北一路，即从陆上丝绸之路传入中国新疆，然后在西北的甘陕地区率先栽培，因此辣椒也有“秦椒”之称。域外引种新作物品种传播途径的多样化，也形成不同地域的形态与文化特征。有趣的是，也有一种说法是，辣椒在 16 世纪进入中国后广泛传播，并在 17 世纪后通过中国传到东南亚地区，与其他美洲作物如番薯、玉米等出现了不同的传播轨迹。

明代晚期，辣椒开始在中国境内出现。明人高濂所著《遵生八笺·燕间清赏笺》说：“番椒，丛生，白花。子俨秃笔头，味辣，色红，甚可观。子种。”一个“番”字，透露出它的来历。不过那时人们虽然已知其为“子种”，但更多的印象是“甚可观”，与番茄一样，很大程度上认定它是一种观赏植物。事实上也的确如此，辣椒在最初进入浙江等沿海地区时，并未受到重视。东部乃至东南沿海地区的人们并无食辣的传统，虽然已发现它有可以取代花椒、胡椒的潜质，但并未将其引入菜肴之中，它也没有受到后来在南方和西南地区那样的重视。江浙等地的人们多有栽种辣椒用于观赏的，辣椒甚至以花的形象出现在小说和剧本之中，如汤显祖的《牡丹亭》中，辣椒花与凌霄花、含笑花、红葵花并列出现，成为观赏花卉的成员。随后的数十年中，辣椒渐渐传入湖南、贵州和云南、四川等地，很快就发生了质的转变。这与当时当地人们的生存环境和日常习惯有着密不可分的关系。南方人地处所谓“瘴疠”之区，湿气较重，当地人心理上认定这种辣味食品可以除湿，也有代替食盐的作用。地处内地的这类地区，食盐来源困难，辣椒的性状很快被人们发觉并开始迅速推广开来。成书于康熙时期的中国园艺著作《花镜》，已经对辣椒有较为详细的描写了，说番椒这东西，又称作海风藤，民间俗称为辣茄。高约一二尺，开白色小花，深秋结子，起初是绿色，随后变为红色，既好看也是很好的调味料。味道非常辣，可以碾碎入菜，冬天食用有驱寒作用。明末到康熙间，也就数十年时间，人们已经知道将辣椒研成细末作为调料使用了，辣椒到这时已经与人们的日常生活紧密联系起来了。

辣椒进入湖南，首先在湖南形成食辣区。大量康熙时期的湖南地方志记载了海椒，到乾嘉时期，辣椒已成为地方物产记载中的重要内容了，嘉庆年间，湖南已有“糠菜半年粮，海椒当衣裳”的民谚了。湖南一省，食盐价高，而辣椒易于种植，可以刺激食欲，去湿消毒，很快成为极受欢迎的食材。性情火辣的湖湘人民很快与口味火辣的辣椒结成一体，辣椒不仅成为食材和调料，也使湖南成为区域饮食文化特色鲜明的代表。

辣椒很快传入贵州、云南地区，同样成为这两省鲜明饮食文化特色的表征。早在康熙时，就已有地方志记录了以辣椒代盐的情况。如《余太县志》和《思州府志》都有记载：“海椒，俗名辣火，土苗用以代盐。”显而易见的是，辣椒作为刺激性较强的食材或调料，最初都是与缺盐相联系的。但是作为具有嗜好食材特征的新事物，它的普及速度又远超一般食材。道光《遵义府志》中说，辣椒已是“居人顿顿之食，每物必蓍番椒”，其普及速度与大面积推广之情形，也是显而易见的。山区土地分散，气候多变，食盐难得，为辣椒的生产与推广提供了有利条件。辣椒在贵州似乎首先从“土苗”等少数民族地区开始兴起，不足百年的时间里，即已成为区域性标志食材。与玉米、番薯等作物传播的情况不同，云南是在较晚时期才引种并普及辣椒的，直到清末，人们在谈及辣椒大面积推广的地区及中国食辣区域时，才将云南纳入。

说到辣椒，最应该谈到的就是四川了。四川在今人的眼中，早已是以麻辣为代表的饮食文化区域了，上古时期已有关于蜀人嗜辛辣的记载了。但事实上，辣椒传入四川也是清代的事情，真正在四川普及也是清中叶以后，甚至是晚清时期的事情了。

作为重要的盐、糖产地，四川是个富庶之地。辣椒进入四川之前，成都等地的川菜深受鲁菜、浙菜等影响，当时的川菜仍以精致为主，偏向鲁菜的咸鲜和浙菜的甜。清前期的“湖广填四川”，充实了战乱后四川的人口，带来了大量劳力，也带来了辣椒。与其他地区一样，辣椒最初也是在底层社会传播，上流社会口味改变要来得迟了许多。乾嘉时长期随父仕宦川中的李调元在《醒园录》中所记的菜肴大多为江浙菜，如糟鱼、炒鳝丝等，其中有不少满席风味菜肴，如酱肉、烧鹿尾和满洲饽饽等。自康熙初年起，成都就作为重要的战略要地被纳入统治当局的视野，也成为八旗驻防之地，旗籍人口虽然从来没有成为四川人口的主流，但其政治与社会影响至为重要。成都地区的风味食品中，出现了大量旗人喜好的食品。旗人不仅对成都，也对整个四川造成影响，直到清末，川中名流傅崇矩所著《成都通览》一书中，所记川菜，首推高级包席馆“正兴园”，其经营者关正兴就是满族人，蒜泥白肉等旗人菜肴仍是川菜中的名品；日常饮食中，萨其马、甜水面之类仍是名吃。该书记录的二百多道菜肴中，辛辣菜品只有几道点缀其中。可见在上流社会中，辣椒并未流行，清淡菜仍占有一席之地。晚清时期，辣椒开始与四川本土菜结合，并由此迅速传导至全社会，川中流行辣味成为风气。四川人吃辣椒

成都八旗驻防城内旧时生活情景（成都蒙古族书法家那尔木·羊角先生供图）

后来居上，成为无辣不食的群体。晚清时人徐心余在《蜀游闻见录》中说：“惟川人食椒，须择其极辣者，且每饭每菜，非辣不可。”四川人还将自己发掘、改进菜式的聪明才智发挥出来，制作出随时随地可以食用辣椒的产品，泡椒、糟辣椒、辣酱、干辣椒、辣椒粉、油辣子等等，均已在晚清时期开始出现，辣椒渐渐开始在川菜中占据越来越重要的位置了。清末，郫县豆瓣酱已成为川菜中的重要调料。四川人食辣较湖南人差不多晚了半个世纪，却与他们几乎同时在全社会普及开来。

与此同时，辣椒在北方地区的传播与推广却遭遇重大阻力，在中国北方各菜系业已成型的情况下，并未显现出如同它在南方各地那样的传播力。

清末，徐珂所编《清稗类钞》中说“滇、黔、湘、蜀人嗜辛辣品”，中国南方嗜好辣椒的区域饮食文化地图已大体形成。中国辛辣地区包括长江中上游地带，如四川、重庆、陕南、贵州、湖南、湖北及江西等地；微辣地区则主要是新疆、青海、宁夏、甘肃、陕北、山西、山东和北京等地；不辣的淡味区则在江苏、上海、浙江、福建、广东等地。辣椒的区域划分实际上也是中国饮食文化区域的区分。

在烟草、番薯、玉米和辣椒之外，明末到清代传入中国的作物还有许多品种。

明晚期到清代传入中国的部分粮食和蔬菜

大花生，也称大粒花生，是在晚清时期传入中国的新品种。中国自汉代以后，食用油料除了动物油以外，主要是芝麻油，即传统上说的胡麻油。元代以后开始有油菜，这是中国自己培育的品种，在这一时期的发展主要是培育出了越冬品种，便于与水稻轮作。明代以后，南方用菜籽油、北方食芝麻油已成惯例。花生早在明代中期就已进入中国，但当时引进的是一种小花生，出油率较低，未能大面积推广。清末，至迟在光绪间，大花生已在中国部分地区落地。浙江《慈溪县志》说，县境有一种从东洋传入的花生，粒大坚脆。同一时期，美国传教士汤普森和梅勒士两人将从美国带来的花生平分后，分别带往上海和山东，几十年后，山东登州等地已成为重要的大花生产地，并由此向外传播。这一时期，大粒花生得到迅速传播的另一推动因素是由域外传入了电动榨油机，出油率大大提高，大粒花生迅速取代了小花生。

另一种油料作物向日葵也是在明代传入中国的。中国人以前说到的葵，主要指葵菜，与向日葵不是一回事。向日葵进入中国后，长期被作为一种观赏植物，明代地方志和植物类著作中，都将其划归为观赏品种，虽然也说它结子在花面，一如蜂窝，“取其子种之，甚易生”，比较容易种植，但它的传播速度很慢。到清中叶，已有一些地区的人们把向日葵子炒来食用，向日葵子遂成为零食品种。中国人历来有嗑瓜子的习惯，这既是一种休闲，也是一种社交润滑剂。但元代以来人们所吃的瓜子都是西瓜子，直到晚清时期，葵花子才成为人们主要食用的瓜子，民国以后甚至直接取代了西瓜子。

被中国人当作观赏植物的还有一种典型——番茄。它引进中国的时间也是在明万历以后，自那时起，番茄多次多途径地传入中国。早在明代的植物著述中即已有了番茄的记载。番茄色泽鲜艳，体态饱满，令人赏心悦目，具有观赏植物的天然特性，但是由于它的实用价值很长时期都没有被人们发现，因此番茄的传播速度非常缓慢。清末民初只有少数地区种植番茄，直到20世纪30年代，我国东北、华北、华中地区才开始种植，但它的命运非常曲折，一直没有被当作食物。番茄真正端上中国人的餐桌，普遍成为一种菜肴，已是新中国成立以后的事了。

与番茄不同的是南瓜，它的引入在学界仍存在争议。新的研究表明，南瓜是明正德十五至十六年（1520—1521年），由葡萄牙使者带到南北两京，并在此后形成以两京为中心，北略胜于南的格局。李时珍《本草纲目》等书所载的南瓜传播，当指地理大发现以后了。不同品种的南瓜在国内流传的情形，不能作为中国在地理大发现之前已有南瓜的证据。南瓜这一作物，可菜可饭，既是主食，又是副食，成为中国人饮食中不可或缺的农作物。

另一个值得提起的是棉花品种的更新。中国种植棉花的历史悠久，大约在汉代就已开始有亚洲棉进入国内了，南北朝时期进入新疆地区，到宋元时期开始普及。元代黄道婆改造和传播棉纺织技术，大大改善了中国人的衣饰原材料，棉布开始取代上层社会的丝绸和一般百姓所穿的麻布。而受近代中国遭受外国棉布倾销的影响，有志之士提出了棉铁救国的口号。但亚洲棉属于短绒棉，并不适于机器工业。于是便引入了美洲棉，即长绒棉，并从此一举取代亚洲棉，成为中国棉花的主流品种。长绒棉的引进，是改良品种再次引进的典型个案。

中国历来是一个以农耕文明为主的国度，却并非是一个封闭的国家体系，自上古时期以来，中国就从未停止过与外界的文明交流，所谓胡、番、洋，实际上是在中外持续交流中产生的不同历史时期的名词。中国传统社会的五大粮食作物有四大类（小麦、玉米、马铃薯、番薯）来自域外，五大油料作物中有三种（花生、芝麻、向日葵）自国外引入，最重要的纺织原料棉花也是来自域外。早期的陆上丝绸之路与中古以后的海上丝绸之路是引入作物最重要的途径。尤其引人注目的是，世界地理大发现以后，大量美洲作物通过各种路径引入，最重要的如番薯、玉米、马铃薯、木薯、花生、向日葵、辣椒、番瓜、番茄、菜豆、菠萝、番荔枝、番石榴、油梨、腰果、可可、西洋参、番木瓜、烟草等近30种。这是明清时期世界一体化进程的重要事件，对中国社会及其区域文化的发展起到重要作用。有学者认为，美洲农作物的引种，是中国饮食文化史上的又一次突破，其意义完全可以与火的发现、农业在中国历史上的出现、面食的引进以及西式餐饮方式的输入等重大突破相提并论。这个说法也许并不是很严谨，也许还不能完全为学界与大众所接受，但它对美洲作物引入中国的高度评价应该是有价值的。

西餐来华

与地理大发现时期大量外来作物传入中国同样具有重大意义的，是西餐的输入，不过，较之番薯、玉米等农业作物的推广，西餐的输入过程似乎更为漫长。但西餐传播的后期，与西方帝国主义的强行闯入相结合，似乎又具备了另一番值得讨论的特色。与前者相同的是，外来作物与饮食的进入，引发了中国饮食文化的又一次高峰，而每一次高峰都与中国历史的大事紧密关联。

1575年，地理大发现数十年后，西班牙政府曾派遣第一位使臣来到中国，这个使臣就是马丁·德·拉达。不过，此公好像也没有与明朝政府直接联系，而是在中国各地到处游历了一番。从他本人留下的报告来看，他似乎被中国的饮食迷住了。马丁先生在著名的美食之乡福建游历了数月并写了后来命名为《中国札记》的旅行记，绘声绘色地描述了他在中国的所见所闻，尤其是所饮所食。中国南方丰富的水果、蜜饯是马丁先生闻所未闻的，品种繁多的果品和中式蔬菜大大地弥补了旅途的疲劳，而福建等地的乌鸡、大米饭和米酒，极大地满足了这位远道而来的客人的口腹之欲。相比于正在食用手抓饭的欧洲人来说，马丁先生所见到的筷子是如此的优雅、文明。更为厉害的是，马丁先生声称，他渐渐彻底地为一种中国草药泡的水给征服了，他越来越为这种饮料着迷。或许他很快就会意识到，这种在中国被称为“茶”的饮料，后来成为远销欧洲的中国神水，甚至如磁石招铁一般引得大批欧美商人来华贩运，而由此造成的贸易不平衡甚至成为战争的引线。

历史的进程峰回路转，当第三次千叟宴的庄严音乐仍然余音绕梁，久久回旋，而第四次千叟宴尚未开始筹备的时候，乾隆五十八年（1793年），大清王朝来了一位不速之客——来自西方一个叫作英吉利的国度的特使——马戛尔尼。高踞于正大光明殿上的乾隆此时已八十有二了，按照中国人算虚岁的习惯，他已是83岁了。3年前，他刚刚在群臣的山呼万岁声中度过了80岁的"万寿节",接到来自远方夷人前来贺寿的消息，这位“十全老人”不免有些得意吧。虽然这些夷人贺寿来得迟了些，但到底是远方蛮夷之人，道途险阻，迟了些时日也是可以理解的吧。何况这远夷的书信也算是“情词恳切”，说是早就想来贺寿的，因为路途关系还是来迟了云云。于是，乾隆大笔一挥，恩准了这些远夷前来贺寿的请求。

乾隆也许连英吉利这个“夷国”所在何处也没弄清楚，虽然这个并不影响他对远夷的恩典，但他确实没弄明白的是，如今时势不同了。当天朝上国还沉浸于万邦来朝的幻境之中时，远在欧洲的英国早已完成了资产阶级革命，在18世纪60年代，又开始了产业革命，经济腾飞使得它顺利取代荷兰、西班牙等老牌殖民帝国，成为世界海上霸主，也是在东方开拓殖民地的急先锋。开拓海外市场和殖民地，已成为英国头等重要的大事。马戛尔尼此来，当然不是一次简单的拜寿。早在17世纪中期，英属东印度公司已从英国女王那得到皇家许可证和印度贸易垄断权，随后发展成为一个具有政治功能的跨国公司，成为英属印度的主宰，也是欧洲在东方商贸的主持者。当乾隆下令关闭闽海关和宁波、松江各关，只留下粤海关一口与外夷贸易时，他并未意识到这一谕令已经大大影响到了大英帝国在远东的利益。马戛尔尼此次前来，就是以大英帝国使臣的身份前来进行商业谈判的。只不过他的谈判商函被译成了恭顺进贡和贺寿的谀词罢了，这也为后来朝堂上的礼仪之争埋下伏笔。

马戛尔尼使团正式代表百余人，乘坐皇家海军战舰“狮子”号，水手船员六七百人，舰炮60余门，浩浩荡荡从天津大沽口登陆了。据说随船携带的礼物就有600箱之多，价值高达一万数千磅。撇开进入天津后的各种礼仪与争执不说，这一次，马戛尔尼团队与明晚期马丁先生对

英国国家肖像馆藏马戛尔尼像

中国饮食的感受已经大不相同了。物是人非，今非昔比，中国在他们眼中已不再是天朝上国、礼仪之邦，而是一个急等着被敲开大门的广阔市场和落伍的老大帝国。马戛尔尼的副使斯当东和随行人员记录了他们在中国期间的饮食情况。在大沽口，他们收到清廷地方官员送来的大量食物，包括牛 20 头、羊 120 头、猪 120 头、鸡 100 只、鸭 100 只、面粉 160 袋、面包 14 箱以及其他蔬菜与食品。值得注意的是，这里居然有“面包”这种西式的食物，不知道他们是否任用中国厨师来烹饪这些食物，但他们的记录中说中国人的厨房没有烤箱，显然，他们使用了当地的厨房进行食品加工了。按照英方的记录，使团在渤海湾期间受到了很好的照顾，中国官员曾多次宴请他们，中国厨子也按照官员的要求，尽量将食材烹制成西式大餐，比如大块的肉、整只的鸡和鹅，但事与愿违，中国大厨们制作出来的仍旧只是中国式的食物和中国的味道。在游船上，他们喝到了地道的武夷红茶和江南的清茶，虽然中国人不习惯在茶里加糖，但这已经是最地道的中国茶了。

马戛尔尼使团沿塘沽一线向北京进发，沿途受到很好的接待。有团员记录了他们第一次吃中国式西餐并首次见识到刀叉以外的餐具。“席上不用桌布，没有刀叉，他们取物入口的唯一办法是用形似铅笔的细长的木条或象牙筷子。”虽然这些让他们感到新奇，但食物的味道似乎还不错，“我在这里尝到了世上最好的、用牛肉汁烧成的汤，配以豆子及其他东西。他们的面条非常好，而各种点心都特别清淡，白如雪”。随着越来越靠近京城，他们开始吃到中餐了，不仅有鱼翅燕窝，也有中式做法的炖肉，“切成小方块”“加上很多酱油佐料做成的”。他们对有些菜赞不绝口，对另一些菜则不敢下箸。虽然侍从安德逊对中国各方面都很挑剔，但也承认中国人做的米饭“比我们的面包好吃”。他们沿途未曾喝到过葡萄酒，但在北京住下来后，来此传教的法国神父罗广祥常常前来探望这些欧洲客人，神父常常带来一些欧式食品如法式面包、欧式甜点，甚至还带来了欧洲产的葡萄酒。

使团在圆明园与清廷发生外交争议，表面上是礼仪之争，实际也是贸易之争与所谓国家关系之争，最后不欢而散。但返回途中，他们仍然享受了很好的待遇。预想中的“报复”并未来临，对使团的招待也并不“节约”。为了适应英国人喝茶时加奶的习惯，中方命人送来了两头上好的奶牛。每次宴会都有烤全猪、烤全羊和鸡、鹅等等，尽管中方人员对使团的烹饪习惯不以为然，但仍会按照客人的习惯烹制火烤的食物并抹上油。中方官员还应使团的请求，组织了一场游湖活动，在船上为使团客人大摆宴席，至少有上百道菜肴被端了上来，既有刚刚打捞的水产，也有中式大菜。品种丰富，口味宜人。天朝是礼仪之邦，是不会因为几个蛮夷不懂礼数而扫了自己面子的。

然而，显而易见的是，当乾隆命令官员们将这帮不懂礼数的蛮夷礼送出境的时候，西餐和西式烹调方式并未完整地进入中国。尽管中国官员力求按照客人的口味烹制食物，在英国使团成员看来，仍不过是“中国味道”。尽管在京师等地，法国神父已经能够设法买到西式食品如法式面包和葡萄酒等，但这时距离西餐真正在中国推广与普及还有漫长的道路要走。应当提到的是，马戛尔尼使团还是请中方接待官员上船吃了一顿正式的西餐。与使团联络的通州协副将王文雄和天津道台乔人杰，被请上了“狮子”号战舰，接受正宗西餐的招待。根据英人的说法，两位官员面对刀叉这类餐具，不免有些不适应和难堪，却也很快就适应了这种吃法。

事实上，乾隆时期也并非是西餐来华的开端。也有当代学人把1840

年鸦片战争作为西餐来华的起点，但并不准确。中国对外交往的历史悠久，大量的外来作物与食物从上古时期开始就已渐渐传入中国，小麦、胡椒等外来作物很快就融入中国的作物序列，演变为中国自有的作物品种，并在发展中变异，从而成为与传来时期有所不同的品种。早在汉代，丝绸之路的开辟，就已经为中西文化交流打开了路径，西亚各地的灿烂文化以及后来的许多物质都是通过这条通道输入中国的，其中也不乏西式膳食。元代，著名欧洲旅行家马可·波罗跟随父亲来到中国，他在中国游历了 17 年，到过中国许多地方，甚至去过云南和东南沿海地区。他为中国与欧洲的经济文化交流作出了历史贡献。传说他曾把中国的面条带回了意大利，后来演变为美味可口的意大利面。他在自己的游记中记录他曾经把意大利的美食进献给中国皇帝，如果这个记录可靠的话，这些意大利美食应该是有记载的最早传入中国的西餐了。

明代以来，似乎也还能找到一些西餐来华的零星记录。那时，欧洲商人为开辟市场来到中国沿海地区，如广州、泉州、扬州等地都有过他们的身影，来华的传教士也不在少数。这些人滞留中国的时间较长，也会设法弄来本国食材，甚至带来厨师，也有雇佣中国人的情况。明天启年间（1621—1627 年）来华的传教士汤若望在北京时，曾制作西洋饼款待中国客人，食客们皆“诧为殊味”。但这时的西餐多半局限于外交和传教的小圈子里，并不构成对周边社会的影响，也就没有传播开来。

在漫长的传统时代，中国与西方的文化交流总体上是非常有限的，在食品方面，往往限于一些物产的交流，比如西方的芹菜、胡萝卜、葡萄酒等传入中国。而这类食材与作物、物品的传入，真正形成规模还是在大航海时代来临以后，正如我们前面所提到的，大量传入的还是美洲作物，并非严格意义上的西式食品。西式饮食或者可以直接称为西餐的东西，基本是零散地、非自觉地传入中国，并且以食材为主，总体上并无新的烹饪技术和进餐方式输入中国。

清代同治以前，虽然西餐的影响不断增强，内容逐渐丰富，受众慢慢增多，但其传播范围终究还是局部的。同治、光绪时期，西餐来华成为一种趋向，并愈益广泛地在中国社会传播，各大都会、港口以及租界，成为西餐传播的窗口。

清初，中外交流发展，西餐来华初现端倪。早在康熙初，即有传教士等人将艾儒略所著《西方问答》选编成一本《西方要记》，推荐给康熙阅读。这本专门介绍西方基本情况的简明读本，共分为二十类，分别介绍西洋风物。其中有一个类别专门介绍饮食风俗："荤菜等味皆用火食，鸡鸭诸禽既炙，盛诸盘，全置几上，以示敬客。主人躬自剖分，或令司庖者，每人各有空盘一具以接，专用不共盘，避不洁也。又各有手巾一条敷在襟上，防汤水玷衣，且可用以净手，其席上亦铺白布，不用箸，只用小勺、小刀，以便剖取。"这应该是较早的推介西餐之读物了。康熙热心了解各国各地情况，对这类东西很可能是比较关注的，据清末杭州知名旗人金梁所记，他在沈阳查阅满洲档案，曾读到过康熙初年光禄寺请求添制西餐所有刀叉器皿，并雇佣洋人厨师，以便接待外国客人的奏报。所招洋厨师，平时没有接待任务，也允许其在宫廷以外开业营生。以此来看，康熙不仅对了解西方世界抱有极大兴趣，还饶有兴致地直接在宫内推行了西餐，甚至还批准西餐在京城内营业。理论上这种西餐是专门用来招待西方客人的，但它既然在上层社会出现，就不排除它出现在王公大臣们的聚会和宴席上。

正是这种暗行于上层社会的情形，使得清代前期已经有人能够品尝到西式餐饮了。袁枚在《随园食单》中也提到了西式餐饮，虽然只是一道西式点心，却也印证了西餐在华的滋长。按袁枚的说法，他是在一位来自广东的杨中丞的府邸中吃到这道西点的。清人习惯于将当过巡抚的官员称为中丞，而这位杨大人，或是当过巡抚的广东人，或是在广东当过巡抚的其他地方人，按清人的习惯，是广东人的可能性更大。袁枚认真记录了"杨中丞西洋饼"的做法：用鸡蛋清和面，制成稠水备用，把一件类似饼铛的铜制"打铜夹剪"大火烧热，这个铜剪头上制如饼子的形状，大小如蝶，上下两面，合缝处不到一分。加热后，把准备好的稠水撩到铜器内，上下一夹，顷刻成饼。只见这饼"白如雪，明如绵纸"，煞是好看，再略微加上一点冰糖和松仁屑子，就成了。袁枚是好吃的有心人，用心领略了这西洋饼的美味，也向杨大人请教了制作方法，甚至可能亲自去厨房观摩了做法，留下了西洋点心在中国的记录，这也是中国人自制西式餐饮的最早记录。

实际上，袁枚能品尝、鉴赏到西式点心，也是基于那个时代西餐进入沿海地区尤其是在广州地区传播的事实。清初曾有过较长一段时间的海禁，主要是为了应对抗清的郑成功及其后人对沿海地区的袭扰。到康熙收复台湾后，清廷于康熙二十四年（1685 年）正式开放海禁，恢复或增设了沿海贸易关口，四个贸易关口分别是上海的松江关、浙江的宁波关、福建的闽海关（漳州）和广东的广州关。广州关以负责并监管西洋贸易的十三行为中心，是应对西洋各国来华贸易的主要关口，广州也因此成为西餐来华最早的窗口，外来文化在此地与中国风尚碰撞与融汇。乾隆三十四年（1769 年），英国商人威廉 · 希基来到广州，近距离观察了广州的外国商馆和中国商行。他观察到，这里人们的生活基本以西洋方式为主，英国商馆内，大家一般在自己的房间里用早饭，从下午两点开始，持续到傍晚的午餐，则是一场西式餐饮的盛会。各种西式餐点，菜式丰富，摆开红葡萄酒、马德拉白葡萄酒、蹄髈肉。至晚七点，大厅还会提供茶水和咖啡。东印度公司的商人们，几乎完全过着伦敦西区上流社会的绅士生活。

广州西方商人们的生活，起初或许与当地商行和官员是区隔开来的，但随着时间的推移和接触的增多，西式餐饮与生活方式还是难以避免地与当地发生融汇。嘉庆十年（1805 年），俄国船只“希望”号和“涅瓦”号来到广州，为他们的全球航行进行补给。他们居然买到了大量西式食材和食物，如熏火腿、奶油和小麦面包等等。嘉庆中，有人以诗歌描述了西式大餐开始浸入当地社会的情况：“饱啖大餐齐脱帽，烟波回首十三行。”商行的商人们无疑受到西式生活方式的影响，并日益深入地介入其中。

道光时有人游历广州，深切体会到西式生活方式的影响：“是时粤省殷富甲天下，洋盐巨商及茶贾丝商资本丰厚，外籍通商者十余处，洋行十三家……终日宴集往来，古刹名园，游迹殆遍。商云昆仲又偕予登夷馆楼阁，设席大餐，酒地花天，洵南海一大都会也。”到这一时期，西餐以所谓“大餐”之名风行一时，商人以此招待宾朋，似乎已是顺理成章之事了。广州出现西餐厅、西式菜馆也早于上海，集中在东堤大沙头和沙基谷埠等处，此地商贾云集，茶馆酒楼林立，繁盛一时。广州无疑成为西餐和西餐馆最早登陆之地。至道光中期，法国商人老尼克在广州看到了让他惊讶不已的境况，在这个远离欧洲的港口，他居然享受到了地道的西式餐饮。首先上来的是两三道浓汤，配有马德拉葡萄酒、雪利酒和波尔多葡萄酒，然后有一盘鱼，主菜是烤牛肉、烤羊肉、烤鸡，还有牛峰肉、火腿等，上菜之后还有丰富的甜点和野味、小吃。他仿佛置身于故乡的高档餐厅了。广州十三行的大厨们虽是当地人，烹饪技术却不逊于欧洲大厨。这里不仅有正宗的食材，其温度、味道甚至上菜的顺序都是西式的了。到鸦片战争前十年的 19 世纪 30 年代，广州地方报刊中出现洋行出售各类啤酒等西式饮品的广告已经不是什么新鲜事了。也是在这一时期，曾经在东印度公司当过管事的罗伯特·爱德华在广州的美洲商行中开了一家欧洲大货栈和旅馆，经销的饮食包括约克郡火腿、霍奇逊桶装淡色麦酒以及黑啤、芥末等，其啤酒、红酒和烈性酒的消耗量很大。

西餐在中国推广普及经历了漫长的过程，由点到面，渐进式推进。在开埠港口的逐渐推进后，经过两次鸦片战争和洋务运动、太平天国运动等历史事件，西餐开始在开埠城市、港口与租界中渐次铺开。租界是中国半殖民地化的特殊时期产物，而租界中的西餐如同玻璃橱窗中新奇的展品，在聚光灯照耀之下显得别具一格。

上海是鸦片战争后最早开埠的城市之一，英国人于 1845 年在上海首开租界，随后几年，法国、美国等国家也在上海开辟了租界。西餐随即移植到租界中来，不久，就从租界中的私人家中转为西餐厅中。租界中的西餐厅，最初只是为了满足租界中洋人们的生活所需，西餐厅也从最初的招待场所转变成交际娱乐场所，开西餐厅渐渐成为一种商机。咸丰三年（1853 年），老德记西餐馆开张，同时设立的埃凡面包店还制作、销售面包、汽水和各种酒类。几年后，英国人在上海开设了礼查饭店，提供食宿，其宴会厅及餐饮由英国厨师主理，食材也由国外采购。到 19 世纪 70 年代，被上海人称为“番菜馆”的西餐厅已有多家。西餐厅开始多开在虹口一带，酒店多在法租界中。西餐最初只有西方人消费，只有少数与他们接触较多的中国人偶尔一试。当时《申报》上多次刊载西餐厅的广告，番菜馆已经出现推广西式餐饮并扩大经营的态势。当时的上海人记录了西餐厅的经营情况：“外国菜馆为西人宴会之所，开设外虹口等处……大餐必集数人，先期预定，每人洋银三枚。便食随时，不拘人数，每人洋银一枚……华人间亦往食焉。”西餐虽然价格不菲，华人也有跃跃欲试之人了。19 世纪六七十年代西餐渐兴，是西式餐饮进入中国并由租界扩展到社会各个角落的前奏。

上海之外，广州、天津、汉口甚至北京等地都已出现了西餐厅，并呈落地生根、渐渐生长的局面。广州是最早接触和引入西餐的城市，到 19 世纪 50 年代以后，西餐已开始走出洋行，进入街市，其中既有广州洋商的影响，也有归国华侨的助力。广州街头叫卖的“牛扒”，类似中国传统“煎”的方法，但所用的平底锅和铁板扒炉，都是从前所未有的。这些街头“牛扒”成为后来广州西餐厅的源头之一，许多西餐厅的老板都从这里起家。后来颇有名气的太平馆就是从街边起家的西餐厅，其创始人曾经是洋行西餐厅的厨师。天津一直是一座拱卫京师的城市，平民饮食占据着饮食文化的主流，煎饼果子、焖子、嘎巴菜、炸糕、麻花、包子等小吃，独具特色，但缺乏精细大餐，这也在某种程度上为西餐的引进铺平了道路。天津西餐也出现得比较早。1870 年，直隶总督曾国藩前去办理“天津教案”，随同办事的大名知府李兴锐记录了他们在洋行吃西点的细节：主人预备了细茶、鲜果、洋点心，洋点有鸡蛋糕、葡萄糕之类。有人评价说，他们这就是吃了一顿典型的英式下午茶。这一时期，西餐已开始在天津出现，并被渐渐改造成为天津化的西餐，并由此影响到北京。北京是西餐进入较慢的地区，同治以后，宫中开始受西式餐饮

始建于1864年的汉口跑马场旧照

的影响，慈禧太后的餐桌上也铺上了白色的餐布，底色为黄色，布上用绿色等色调画上龙或寿字图案。随着城内洋人的增加，京城中西式餐饮与食材的供应也不断增加，西式点心也开始在京城出现。但真正的西餐厅还是在清末发源于东交民巷的使馆区。

在其他地区的租界中，西餐也开始慢慢产生。1861 年汉口开埠，西餐的影响渐渐增长。有一段民国初年的汉口竹枝词，说的就是当时人们吃西餐的情形："洋字横行写菜单，羞肴汤饼各堆盘。主宾都说招呼便，交错觥筹吃大餐。"有趣的是，直到民国初年，西餐在武汉仍被称为"番菜"。武汉为九省通衢，开辟租界后洋人增多，西式食材渐集。人们在租界内的波罗馆（或俱乐部）中喝咖啡、看洋剧。1864 年，汉口修筑城墙，英国人在租界外的城垣内开设了第一个跑马场，胜者由女侍者为其奉上香槟酒，成为一时风气。

与来华的西方人最初难以适应中餐一样，中国人对于西餐也有许多不适应，最初的感受并不好。曾被林则徐拘捕过的美国商人亨特，在《旧中国杂记》中记录了当年一位姓罗的中国商人于 1831 年给家人的信函，信中以非常惊诧的口气记录他吃的一顿西餐，这些洋人们"坐在餐桌旁，吞食着一种流质，按他们的番话叫做苏披。接着大嚼鱼肉，这些鱼是生吃的，生得几乎跟活鱼一样。然后，桌子的各个角都放着一盘盘烧得半生不熟的肉；这些肉都泡在浓汁里，要用一把剑一样形状的用具把肉一片片切下来，放在客人面前"。目睹这一切的中国商人，心中莫名感慨，原来传说中说的这些番鬼脾气凶残，应该是真的，看看他们吃的这些食物，是如此的粗鄙原始，他深感这些洋人是多么地可悲。这篇书信中，洋人们被描写成茹毛饮血的野人、番鬼。而西方人不可或缺的乳酪和啤酒，也成为肮脏和怪异的东西。"然后是一种绿白色的物质，有一股浓烈的气味。他们告诉我，这是一种酸水牛奶的混合物，放在阳光下曝晒，直到长满了虫子；颜色越绿则滋味越浓，吃起来也更滋补。这东西叫乳酪，用来就着一种浑浑的带红色的液体吃，这种液体会冒着泡漫出杯子来，弄脏人的衣服，其名称叫做啤酒。"这也多少代表了中国人对西餐的早期认识。

早期，清朝的官员们也无法适应以刀叉为餐具的西式膳食。道光二十四年（1844 年），中法两国谈判签订《中法黄埔条约》，两广总督耆英率员在澳门与法方谈判。其间，双方代表同赴西餐厅用餐，中方官员面对法国的菜肴与汤，感到手足无措。他们也不会使用刀叉进餐，“最后干脆用手指抓饭吃”。中方官员的尴尬和狼狈，不知会不会被法国人视为野蛮，但中国人认为使用刀叉是野蛮的，则是一种常见的想法。不仅是餐具，在味觉上也是难以接受的，19 世纪 60 年代毕业于中国最早的外语学院——京师同文馆的张德彝，曾多次随团赴欧洲，他在日记中记录了吃西餐的痛苦感受。最初几天，他乘坐英国轮船，每天都有三次点心和两次大餐，有烧炙的牛羊鸡鱼等等，再加上面包、糖饼、水果、牛奶、肉汤和各种酒水等。后来换乘法国远洋轮，食材更加丰富，“每人小刀一把，面包一块，大小匙一，插一，盘一，白布一”，“菜皆盛以大银盘，挨坐传送。刀、插与盘，每饭屡易”，“菜有烧鸡、烤鸭、白煮鸡鱼、烧烙牛羊、鸽子、火鸡、野猫、铁雀、鹌鹑、鸡卵、姜黄煮牛肉、芥末酸拌马齿苋、粗龙须菜、大山药豆等”，晚饭则“惟先吃牛肉汤一盘，或羊髓菜丝汤，亦有牛舌、火腿等物”，最后还有水果和咖啡等。面对如此丰富的西式“大餐”，张德彝却感到如同噩梦，在他的记录中，这些半生不熟的食品，实在是令他不堪回首，牛羊肉都切大块，熟的又黑又焦，生的又腥又硬，鸡鸭不煮而是用烤，鱼虾又辣又酸，洋酒也难喝得要死，不但酸而且涩，必须兑点儿水才能咽得下去。连续几天之后，他一闻到西餐的味道就难爱，甚至一听到进餐的铃声就开始呕吐不止。与他类似，直到十多年后，出使英国、法国和比利时、意大利的使臣薛福成仍然深切地体会到。他认定中国人的宴席，山珍海错无品不罗，干湿酸盐无味不调，而外洋只偏重于煎熬这一法，又屏弃海菜不知用。因此，在饮食这一方面，外洋肯定是不如中国的。

西餐是东方人或者说是中国人对西式餐饮的总称，实际上涵盖面极宽，尤其是早期传入时期，中国人认为只要是西式的饮食方式，都可以统称为西餐。实际上西方各国菜品风味特点也有较大差别，既有地域也有时间的区分。从西餐传入中国的历史来说，西餐应该是以欧美国家餐食为主，包括正餐和便餐，但不含快餐的西方饮食文化的总和。

中国人接受这种西式餐饮也有一个渐进的历史过程。近代以前，国人对西餐接受度不高，既有口味上的不适，也有文化上的不融。很多人在心理上觉得高人一等，偏执地认为蛮夷烹制的“番菜”及使用刀叉工具的习惯，如同茹毛饮血，既不文明也不卫生。不仅张德彝这样初出茅庐的官场新人感到极大的不适，甚至连李鸿章这样名满天下、位高权重的封疆重臣也会出现难以应对的情况。据说李鸿章在访问欧洲期间，当着德国首相与众多嘉宾的面把餐桌上的洗手水直接喝了下去，弄得俾斯麦和一众宾客也只得跟着喝了洗手水，传为一时笑谈。大量的中国社会精英们，在相当长的时期内，对西餐的评价是难吃，除了口味上的差异外，还有一个重要的心理：我们可以科技不如西方，但我们也是悠久的文明之国，天朝上国的文化是万万不能不如别人的。

然而，随着西式餐饮逐步浸入港口、租界并向整个城市漫延，中国上层社会、文化精英与普通市民对西餐的态度也在渐渐转变。最初接触西餐的是广州十三行的行商们，西餐对他们来说也许开始时是一种生意、一种笼络关系的手段，渐渐地不免成为他们商业成功后的奢华享受方式。随着西餐东来的风气渐盛，吃西餐也不再是精英阶层内部的交流方式，它已渐渐浸入城市的文化肌理之中。洋人们从开始的“番鬼”“蛮夷”变成了“洋大人”，而西餐厅的落地，也吸引着普通中国人去猎奇和尝新。

19 世纪 70 年代末以后，西餐开始进入中国主要城市和开埠港口地

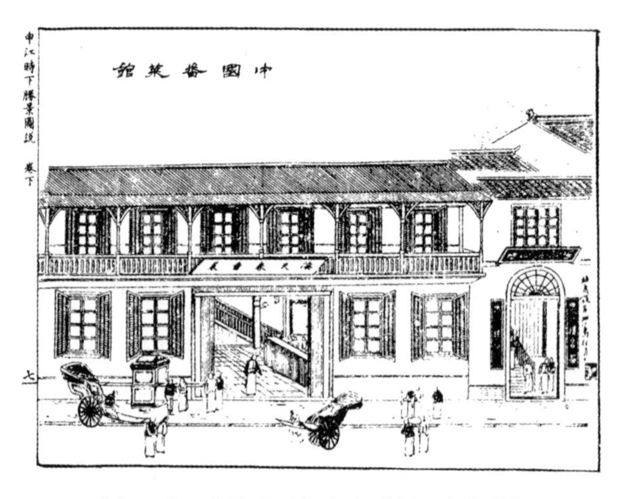

《申江时下盛景图说》中的“中国番菜馆”

上海福州路转角的一品香西餐馆旧照

区普通居民的日常生活之中，西餐不仅在租界，也在城市社会生活中，以远超以前的速度普及开来。一方面，师夷长技，洋务运动以来，西式生活方式似乎代表了文明与进步，开口谈洋务，开口吃洋荤，成为一种追求和时尚；另一方面，随着半殖民地化的加深，挟不平等条约的优势，外国来华的贸易与投资者猛增，其生活方式更直接地展示在国人面前，影响不断扩大。作为“文明开化”象征的西餐，在中国城市得到更广泛的传播与发展。中国人自己开设的西餐馆在上海、北京、天津和成都等地不断涌现出来。

在上海，19 世纪 80 年代末到 90 年代初开始出现一定规模的西餐馆，位于上海福州路的一品香，成为最早的吃螃蟹者，《清稗类钞》称“我国之设肆售西餐者，始于上海福州路之一品香”。随后各路西餐馆相继跟进，如海天春、一家春、一品春、杏林春、江南春、吉祥春等，均为当时有名气的西餐馆。当时人评论说：“番菜馆为外国人之大餐房，楼房器具都仿洋式，精致洁净，无过于斯。”西餐馆的饮食方式也令中国人感到新奇，所谓“人各一肴，肴各一色，不相谋亦不相让。或一二人，或十数人，分曹据席”，说得热闹，实际上就是分餐制。上海最早的西餐价格不菲，如一品香大餐一元，坐茶七角，小食五角，外加堂彩、烟酒之费，以当时中等收入的市民一月数元工资相比，着实不便宜。后继各家大餐馆，一餐之费也在一至三元之巨。但时尚所在，人共趋之，价格稍高也挡不住人们尝鲜的热情，从翩翩少年到巨腹商贾，携妻挈眷，争尝异味。西餐跟随上海对外越来越开放的步伐，也在不断地发展，到20世纪30年代，上海有名气的西餐馆在200家以上，集中于福州路和霞飞路一带，如有名的罗威饭店、德西大菜馆、凯司令西菜社、蕾茜饭店和天鹅阁西菜馆等等，上海西餐馆数量为全国之最，成为十里洋场的一大特色。

北京的西餐馆稍晚于广州、上海等地，集中出现于1900年八国联军攻入北京之后。当时的报纸评论说："北京自庚子乱后，城外即有玉楼春洋饭店之设，后又有清华楼。近日大纱帽胡同又有海晏楼洋饭馆于六月十七日晨开张。"说起来北京人对于西学、西艺并不怎么讲究，但沾染西式风习者也不在少数。西餐馆的出现，当然适应了这种风气。北京的西餐馆既有中国人设立的，也有洋人在使馆区东交民巷一带设立的。比较有名的西餐馆如醉琼林、裕珍园等，有的西餐馆还请使馆的洋厨师担纲主厨。清末小说《孽海花》曾写到光绪年间某山东财主请人在东交民巷的西餐厅吃西餐，点了两客西菜，一客是番茄牛尾汤、炸板鱼、牛排、出骨鹌鹑、加利鸡饭和勃朗补丁；另一客是葱头汤、煨黄鱼、牛舌、通心粉雀肉和香蕉补丁。而这家西餐厅的掌勺竟是使馆的厨师。其间，也有外国人开设的饭店，最著名的是六国饭店，当时的竹枝词说"饭店直将六国称，外人情态甚骄矜"。六国饭店的客人主要是王公大臣，正如当时的竹枝词所说："海外奇珍费客猜，西洋风味一家开。外朋座上无多少，红顶花钥日日来。"曾任户部尚书和外务部尚书的旗人那桐，在他的日记中记录了19世纪90年代在西餐馆饮宴的情形：一次，七人同席，"食洋菜甚佳"，"饮洋酒甚酣"；另一次六人吃西洋菜，感觉甚美。寥寥几笔，透露出当时官员们对洋菜、洋酒的喜爱，这种甚佳甚美的记忆，也饱含着对西餐氛围的新鲜感和对西餐的赞许。流风所至，一般中产人士、小康之家，也偶尔会品尝一下西餐，成为一种时尚。

上海、北京以外，国内各大城市，西餐作为一种时尚，也曾风行一时。《清稗类钞》说："国人食西式之饭，曰西餐，一曰大餐，一曰番菜，一曰大菜。席具刀、叉、瓢三事，不设箸。光绪朝，都会商埠已有之。至宣统时，尤为盛行。"最早出现西餐的广州，光绪间即已成为美食之都，"由来好食广州称，菜式家家别样矜"，不仅粤菜为中式餐饮一大流派，其西式餐饮也繁盛一时。民国初年，“食在广州”一语已经家喻户晓，广州的西餐馆也有 30 多家。天津为京师门户，是较早开放的港口，也是西餐流行之地。天津比较有名的是西点、面包行业，有起士林、维格多利、西华园等知名店铺，制作的生日蛋糕、布丁和花式西点，很受食客欢迎。中原公司酒楼还率先推出西点和面包的配送服务。俄式面包从哈尔滨传入天津，广受欢迎。当时中国南方西餐以欧美风味为主，北方则以俄国风味为多，天津成为西餐的南北交汇之地。民国初年起士林餐厅的面包甚至承包了津浦铁路线火车上的生意。清末开张的天津同宴楼饭店，专做英法大菜、西式点心等。天津的西餐对北京产生一定影响，据说后来溥仪从天津北上东北建立伪满洲国，还从天津带去西餐厨师。民国时期，天津的西餐馆增至 10 余家，不仅是社会上层人士，许多公司职员、报馆记者也成为起士林一类中档西餐厅的常客。值得一提的是，《成都通览》中，收录“大餐”菜名近百种之多，虽然中间也夹杂着不甚标准的翻译，却也说明西餐在成都的流行。

晚清时期，时人不仅学习制作、食用西餐，对西餐的餐桌礼仪也进行效仿，以之为文明，以其为彰显社会地位和身份、修养的标志。分餐制被视为文明进步与讲卫生之举。而席上座次，则男女主人必坐于席之两端，客坐两旁，以最靠近女主人的右手者为最上，左手者次之，近男主人右手者又次之，男主人左手者再次之。入席后，先进汤。进酒时，主人执杯起立客人亦起身执杯，相让而饮。席间，能够熟悉刀叉的摆放与使用、饮食的顺序及餐后果品饮料的上传顺序等这类程序，而且不使餐具触碰作响、不咀嚼出声、不剔牙等，就显得彬彬有礼，很有面子。

跟随西餐一起进入中国的还有一些蔬菜品种，今天人们常吃的花菜就是在 20 世纪初随着西餐而进入中国的。花菜，学名叫球叶甘蓝，属十字花科，中国人也称它为菜花、花椰菜或椰菜花。随着西餐中对花菜的需求，时人在上海、天津等地引种，起初只供给西餐厅，后来中餐馆也开始使用。最初人们常用的是白色品种，后来绿色的品种也引入了，中国人称之为西兰花。与此类似的还有圆白菜、洋葱等，都是西餐常用菜品，起初从海外运送而来，到 20 世纪初陆续在国内落地生根，后来也成为中餐的常见菜品。

此外，随着西餐的普及，各种洋饮料也成为中国人常见的佐餐饮品。最初一些咖啡馆多依托、附着于租界内的酒吧、舞厅、饭店或俱乐部。咖啡作为西菜的标配，因而渐渐为人们所知。汽水一类饮料最初被中国人称为荷兰水，因为早期来华的殖民者是荷兰人。光绪以后，各地都出现以销售饮料为主的店铺，如咖啡馆之类，与中国人的茶馆相似，各种饮品也比较畅销。咸丰、同治以后，西方人在上海开设多家饮料生产公司，生产苏打水、汽水、啤酒等西式饮品。1892 年，英国正广和洋行在沪设立泌乐水厂，产品包括汽水、蒸馏水、矿泉水、苏打水、姜汁水、柠檬水，产销两旺。京津沪等地成为洋饮品的畅销之地。值得一提的是，到 20 世纪 30 年代，天津等地已经生产与销售可口可乐了。

应该提到的是，伴随着西式餐饮的传播，介绍西餐具体做法和操作程式的食谱一类书籍也在中国出版，其中影响最大的是同治五年（1866 年）在上海出版的高第丕夫人所撰的《造洋饭书》。此书最初的意图是为家中的中国厨师制作西式餐点提供解决办法，书中多有中国式的表达，是最早的具有实操意义的西餐食谱。比如将甜菜根写作“外国红萝卜”，土豆称为“地蛋”等，包起来煮被表述为“粽子”，度量衡采用了中国式单位的斤、两乃至“匙”，有时甚至放弃数量概念，只说加一些水、奶油、胡椒、盐等等，看起来不符合西餐的精确，却更能适应中国厨师的日常习惯，具有非常鲜明的时代特征。全书二十五个章节，按照汤、鱼、肉、蛋、小汤、菜、酸果、糖食、排、面皮、朴定（即布丁）、甜汤类、杂类、馒头类、饼、糕类等，共介绍了二百六十七个品种或半成品的菜谱。书中按西餐的习惯，对卫生环境强调较多，但介绍的烹饪方法相对单一，主要为煎、烘、烤、煮等，菜品包含了英、法、德、意等国甚至高第丕夫人家乡的风味。估计此书的实操效果较好，得到了一些在华西方人的赞许，应邀在华出版，后来又反复加印再版过几次。同一时期出版的西餐菜谱还有《西法食谱》和《华英食谱》，前者纯为译著，流传不广，后者是将《西法食谱》和中国的《随园食单》组合而成。

西餐在传播愈益广泛的同时，也开始了本土化改造的过程。在西餐最先进入的沿海地区和内地开放港口，成熟的粤、鲁、闽菜等开始了与西餐、西式烹饪方式的深度融合。日积月累，在不知不觉中，西餐已经

广州西餐馆太平馆旧照

成为改良后的中式西餐了。

在最早接触西餐的广东，粤式早茶中的叉烧酥、皮蛋酥、香芋酥等，都是早期西餐与粤菜融汇的产物。一个比较有意思的改造是广州西餐馆太平馆中的“西式炒饭”，原装的西餐是没有炒饭这种主食的，广州厨师按照粤菜方式，在炒饭中加入番茄、火腿、叉烧、鸡蛋，用中式炒锅做出模仿法式和意大利式西餐的白汁烩饭，成就了一盘鲜香的中西合璧的主食。西式烹饪与粤菜烹饪结合，也产生了新的菜式，汉语本无“焗”字，而是西餐土著化时在粤菜中生造的一个字，专指用西式焖烤方式制作的菜品，如粤菜中的盐焗鸡、盐焗海螺等。

在上海、天津以及哈尔滨等城市，西餐从开始被瞧不起而被称为“番菜”，到后来成为时尚餐饮，无疑有一个改良的过程。上海人把俄罗斯的名字直译为“罗宋”，而将俄国人典型菜式“红菜牛肉汤”称为“罗宋汤”，很快就改造成中国人常见的胡萝卜牛肉汤。上海的罗宋汤是以番茄、卷心菜和洋山芋制作的酸甜汤，以至于俄国人也不认识这道俄式菜了。后来有人评价说，上海一品香的“大菜”，等于中菜西吃，“这才有点菜吃，下得肚子，煎牛排就不会那么血淋淋，望之生畏了”。开埠较早的北方城市天津，本来是京师的卫星城，弥漫着官场风气，但开埠以后，英法大餐开始流行并接受中国式的改造：凡是蘸上面包糠的炸土豆条、炸鱼都被称为英式西餐；凡是胡萝卜丁、口蘑丁和葡萄干制作的沙司都称为法式西餐。更有趣的是，光绪末，一部分闯关东的山东人久居津门，传统的鲁菜与德式菜、俄式菜相结合，造就了独特的天津西餐，

乾隆时代的咖啡具

并以此影响到了北京的西餐。比如一道罐焖牛肉，借助了俄式炖牛肉的主体，又在表面涂上法式的黄油酥皮，但很多商家把酥皮换成了山东烙大饼的风格，得用勺子背面敲开才能食用。哈尔滨的西餐虽然起步稍晚却独具特色。甲午战争后，俄国势力深入东北地区，俄式西餐也成为当地特色饮食之一。格瓦斯、哈尔滨红肠、大列巴、苏波汤都成为哈尔滨人耳熟能详的本地西餐。

清末中国的西餐馆中，往往出现充满中国味道的西式餐饮，鲥鱼、甲鱼、鱼翅、鲍鱼等中国食材都成为西餐的主菜。梁实秋在著名的《雅舍谈吃》中说，这种大菜，闭着眼睛闻，是喷香的中国菜的味儿，睁开眼睛看，有刀有叉有匙，罗列满桌。这种中菜为体、大菜为用的西餐，明显是近代以来西餐改良的情状。

晚清时期，宫廷中也曾引入西餐。辛丑条约签订后，慈禧太后回銮京师，为了搞好与“洋大人”的关系，多次在宫中以西式大餐宴请各国公使及公使夫人。据说最初只是菜式学习得很到位，而餐桌用具与礼仪是后来经过多次反复学习才做到的。比如餐布用的是色彩鲜艳的花布，餐桌上也没有鲜花布置。起初，慈禧对这类活动兴趣不高，只是出于礼仪的考虑，私下里甚至也多少有些瞧不起西餐，认为洋人不过是化外之民，不知膳食。1902 年，大清驻法公使裕庚任满归国，慈禧召其妻女入宫，了解西方生活方式，并允许其在宫中大摆西餐，多次尝试后，她也渐渐喜欢上了其中一些食品。后来，她每每于去颐和园的路上，要到畅观园的西餐厅休息一下，进点西餐。统治当局对西餐的态度，对于西餐在京城的推广，当然也会起到推波助澜的作用。

清末民初另一个西餐热爱者是废帝溥仪。少年时期，溥仪的英文老师就曾传授他西餐礼仪，如喝咖啡不能作牛饮状，点心不能当正餐，用餐时刀、叉等工具不能发出声响等等。档案记载，1922 年夏天整整一个月，溥仪每天都在吃“番菜”，而且花样翻新，冷热咸甜，番菜房甚至还专门配置了冰激凌桶及银制的刀、叉、勺等餐具，景德镇还特地为溥仪制作了一套西餐餐具，有盘、碗、盆等大小不等共 40 多件。

西餐进入中国，经历了一个漫长过程，从最初宫廷中传教士、画家带来的西餐，到鸦片战争后租界中的西餐，如同一个展示的橱窗，渐渐成为中国社会常见的餐饮方式。西餐不仅是一种饮食方式，也是一种思维方式和生活模式，它成为中国人了解世界的一个窗口。西餐与中国人、中国社会深度接触，长时期融合，互相改造，也表现了中华文化和而不同的气度。同时，西方的分餐制、女士优先的餐饮礼仪，也对中国餐饮文化造成深刻影响。

中餐外传

与西餐传入中国对应的是中餐的外传。中餐外传开始得较早，比如中餐传向朝鲜、日本等地，可以追溯到隋唐时期甚至更早；中餐传向东南亚地区，至迟也可以追溯到宋元时代；而中餐传往欧美地区，比较明确、有记载的是在元代，一般认为意大利面就是这一时期从中国传过去的。但真正成规模地向欧美地区传播，应该是从清代开始，这也是一个较长时期渐进式的传播过程。

以今天世界各地可见中餐馆的情形来看，中餐无疑已成为世界上网点最多，最受各国各地人们欢迎的餐饮方式之一了。据统计，2016年，“海外中餐厅约50万家，市场规模超过2500亿美元”。以中餐馆数量最多的美国而言，虽然没有权威的统计，但综合各种统计，全美中餐馆数量在四万数千家（2021年数据），这个数量远远超过了世界各地麦当劳连锁餐厅40275家（2022年数据）的总数了，仅纽约一地，20世纪90年代中餐馆的数量即超过5000家。欧洲地区，北到挪威、冰岛，南到传统的美食盛行的法国、意大利等地，人们都能很方便地找到中餐厅，意大利“哪怕是边远小镇也可见到挂红灯笼的中国餐馆。当地中文报纸《欧洲时报》的广告版上中餐馆的招聘广告最多，据说像罗马、巴黎、柏林这样的大都市，都有数千家中餐馆”。

中餐在亚洲的朝鲜、日本等地传播开始较早，接受度较高，为适应当地民众口味而产生的变异较少而且缓慢。清代，朝鲜国内饮食类著述如《治生要览》《山林经济》《国阁丛书》等，其中不少中国菜品都是元明以来的中国式制作方法，基本都是原文收录的。朝鲜人食羊肉、猪肉甚至狗肉的方法都受到中式烹饪的影响。清末，中国人在朝鲜地区开设中餐馆，多山东风味。而当地普通的中国面馆也有中式菜肴出售，如糖醋肉、甜不辣、海参汤、辣子鸡、鸡蛋丸子、杂菜等，很受庶民阶层的欢迎。

清代大量的中国书籍传入日本，其中有不少是饮食类书籍，如明代高濂的《遵生八笺》、清代袁枚的《随园食单》等，影响深远。大量的中国菜谱、饮食礼仪等对日本产生影响。在当时中日民间交往的门户长崎，中国寺院菜传入，被当地人称为“普茶料理”。而影响最大的是由中国民间烹饪演化而来的“桌袱料理”（所谓桌袱，是指八仙桌等中式饭桌），由长崎传播到京都、大阪、江户等地，标志着日本各地开始由席地而食变为使用桌椅进食，是日本饮食方式的一大改变。康熙、乾隆以后，中国宴席的菜肴不断传入日本，直到近代日本明治时期（1868—1912 年）东京等地所建中餐馆、出版的中国餐馆烹饪书籍，仍使用或记录了许多中式菜谱，其烹饪方式也有炒、炸、烧、煮等多种。虽然明治时期中国文化与饮食对日本的影响已远不如唐宋时期，并且日本不仅在政治经济方面向欧美看齐，文化与风俗也开始转向，但中国文化和饮食的影响余绪仍延绵未绝。

中国饮食烹饪技艺传播到欧美地区，经历了相当长时期的起伏和变异，美式中餐中最著名的中国菜肴“李鸿章杂碎”和“左宗棠鸡”等，都是中国境内从未流行的菜肴，其形成与流传的故事亦颇耐人寻味。

中餐流传到美国，是与早期移民紧密相联的。在 1848 年美国金矿被发现以前，很少有中国人赴美国，有人统计有记录的华人只有十数人。金矿热潮涌起，去美国的华人迅速增长，到 1850 年，已有 450 名华人赴美淘金。随着淘金热的兴起，大量的美国人也来到加州。加州华人发现，不仅淘金可以发财，为淘金者服务也是一条生存和致富之路，部分华人便开始在这里经营中餐。早期赴美者多半是单身汉，中餐馆的出现，满足了他们的基本生活要求。1849 年，旧金山地区最早的华人餐馆“广州酒家”开张营业，随后，中餐馆的数字增加到了 3 家。早期的中餐馆以黄绸三角旗为标志，以区别于法国、意大利、西班牙和英美式的餐馆。相比于当地众多的各路餐饮店，中餐馆最大的特征是价格低廉，与码头旁边帐篷中的西餐馆 2.5 美元的简陋套餐相比，中餐馆只需 1 美元即可品尝所有美食，并可解决饥饿问题。因此，中餐馆不仅受到华裔的欢迎，也赢得了部分白人的好感。詹姆斯・艾尔斯在《淘金热回忆录》中说，当时淘金的人潮中，“最好的餐馆是中国人开的，而最简陋和最昂贵的餐馆是美国人开的”。后来甚至有中餐馆实施套餐制，以不到 1 美元的价格，推销各种菜都有一点的中式套餐，受到矿工们的欢迎。1850 年，旧金山的中餐厅已有 4 家，一年后上升到 7 家。

19 世纪 60 年代，太平洋铁路动工，赴美国的华工数量再次迅速增加。1867 年为 3519 人，1868 年 6707 人，1869 年为 12874 人，1870 年为 15740 人。在这一背景下，美国国务卿威廉・西华德与中国公使蒲安臣于 1868 年 7 月签署了《中美天津条约续增条约》，也称《蒲安臣条约》，规定中美两国人民可以随时自由往来、游历、贸易和久居，为华人赴美、美国来华招募大量华工大开方便之门。此后，数以万计的华工涌入美国。中央太平洋铁道公司所雇用的华工至少达到 23000 人。聚居旧金山的华工，多数为单身男子，解决吃饭问题的需求很快促进了中餐馆的发展。为了向这些华人提供食材，几乎所有的原料都从中国进口。价格不高却能提供较可口的餐食，也吸引了白人矿工前来就餐。淘金矿工威廉・肖曾回忆说，旧金山最好的餐馆是中国人开的中国风味的餐馆，菜肴大都味道麻辣，有杂烩、爆炒肉丁，小盘送上，极为可口，他甚至连这些菜是用什么做成的都顾不上问了。

然而，不久以后的《排华法案》限制了中餐馆在美国的发展。

相当长的时期内，美国白人对华人的歧视和文化偏见是顽固的，这种偏见也表现在饮食文化上。在到过东方的旅游者的描述中，中国人的饮食是特殊的，不仅有燕窝之类，也有猫肉、狗火腿、老鼠肉、蛇肉甚至蠕虫之类稀奇古怪的食物，在 18 世纪 50 年代就曾传说华工以老鼠为主食。加州的一家报纸还刊登过中餐馆的奇怪菜单：猫排，28 美分；煎鼠肉，12 美分；狗肉汤，12 美分；烤狗肉 18 美分；等等。19 世纪 60 年代，作家马克・吐温在采访一位华人店主时，可以毫不犹豫地接受店主递来

讽刺华人吃老鼠的漫画

旧金山的唐人街

的白兰地，却婉拒了一种看起来很干净的香肠，其隐藏的担忧在于“当时人们都害怕香肠里有老鼠肉”南北战争后，现代卫生观念兴起，华人吃老鼠被认为是不洁净的事，成为美国生活方式的对立面。1877 年美国某杂志刊登的一幅漫画中，美国各民族一起享用丰盛的感恩节大餐，而在座的华人正在大口吃着老鼠。此外，中餐馆忙碌喧嚣的场面、火烧火燎的烹制过程和餐具的碰撞声、人们就餐时的聊天声等，都成为白人清教徒难以接受的习俗。从内因上讲，主要还是白人认为华工和中餐馆抢占了白人的工作机会，导致他们失业。

一系列因素最终导致了歧视华人的《排华法案》出台。1882 年 5 月 6 日，美国政府正式批准这项法案。这是美国历史上唯一的排斥某一人种或种族的移民法律，法案为华人移民美国设置了巨大障碍，限制华工进入美国的同时，也安抚了美国白人劳工的情绪。它也使得华人获得美国国籍的唯一途径界定为“在美国本土出生”。1871 年洛杉矶发生排华事件，19 名华人丧生。《排华法案》出台前后的 10 余年中，西部排华暴力持续发生，仅在西北太平洋地区就摧毁了 200 个唐人街，大批华人遭到驱逐。华人开始向城市中的中国城转移，出现了华人华侨人口向大中城市集中的情况。

从就业方面说，华人被驱逐出采矿和制造等多种行业，也面临着巨大的挑战。餐饮业劳动强度高，收入菲薄，是吃苦耐劳的华人的出路之一。另一方面，《排华法案》也提供了另一选项，即华人华侨以特殊商人签证进入美国，并且可以引进劳工，经营少数特许行业，餐饮业就是其中一种，这也算是法案对华人劳工进入美国开了一个口子。快速发展的餐饮业，给华人提供了难得的谋生机会。因此，在 19 世纪末到 20 世纪初的一段时期，尽管美国白人试图立法限制中餐馆的发展，并不断推动消费者优先光顾白人经营的餐馆，但中餐馆仍然在艰难中有所发展。重压之下，中餐馆不仅数量有所提升，菜式也在不断创新，在经营环境上，也大量引入西方元素，以“李鸿章杂碎”为代表的美式中国菜应运而生。

“李鸿章杂碎”也称炒杂碎，它发源的故事有多种版本。

光绪二十二年（1896 年），清廷钦差大臣李鸿章访美，是中美关系史上的一件大事。这一年，李鸿章已是 73 岁的老人了，按中国人当时的寿命，已是高寿了。他在纽约发表义正词严的演说，涉及反对歧视华人华工，也算是轰动一时的大事了。某日，李鸿章在华道夫·阿尔斯多亚酒店用餐时肠胃病发作，也可能是不适应西餐的口味，他向酒店提出临时加一道中式菜肴。这家酒店可能缺乏中餐食材，只好将就着把几种食材混合炒制，并用中餐调料烹制，成了一道中国菜，李鸿章吃得津津有味。招待他的美国人和记者们纷纷询问这道菜的名称，李鸿章随口回答了一句“炒杂碎”。从此，美式中餐的代表性杰作——炒杂碎就诞生了。也有人说，实际上，李鸿章不是在美国人的酒店中吃的这道菜，而是在唐人街上吃到的。李鸿章对西餐没多大兴趣，访美期间尽管受到盛宴款待，但他仍然愿意去唐人街吃正宗的中餐，他最喜欢吃的就是唐人街的炒杂碎了。

另一版本的炒杂碎故事，是美籍华裔学者讲述的。在淘金热时期，某个夜晚，一群已经喝醉的美国矿工来到一家正准备打烊的中餐馆，要求身形矮小的店老板上菜招待他们。这会儿，店里已收拾停当准备关门了，老板为了避免冲突，还是答应给他们上菜，厨师很快用厨房里剩余的食材和几碟剩菜烩在一起，这就是后来名盛一时的炒杂碎。矿工们吃得非常开心，盛赞老板的热情与厨师的手艺，这道菜也由此传扬开来，成为美国中餐名菜。这个版本的故事中，没有李鸿章，时间也回溯到了19世纪五六十年代淘金热时期。

在后来的美国历史上，至少出现过两次华裔人士站出来声称自己是炒杂碎的发明人。1904年6月15日《纽约时报》载，有一位来自旧金山的林森（Lemsen）先生，声称自己是炒杂碎的知识产权持有人，并自称是土生土长的旧金山人，“携带了一捆法律文件”，证明自己在李鸿章来到美国之前，就已经发明了这道名菜，理所当然应该持有炒杂碎的知识产权。而到了1931年，另一位华裔人士阿尔伯特·李宣布自己在纽约所开的燕尾服餐厅是美国第一家推出炒杂碎的餐馆。

毫无疑问，炒杂碎并非一夜之间被发明出来的。美国历史学家们曾认真地考证、研究了这道菜的起源。李鸿章访美期间，从未到过华人聚居的唐人街，当然也没在唐人街用过餐，他自带有三个中国厨师和足够的中国食材，也不会发愁到哪去吃一顿可口的中餐。而在李氏到访美国之前，美国华人早已开始食用这种中国菜了，当时的炒杂碎多半是各种动物内脏的混炒。李鸿章作为清廷最具影响力的高官，行程受到多方的高度关注，不仅受到在美华人的关注，美国记者甚至把他从登船到住宿、

为李鸿章出国期间准备膳食的大厨

饮食的情况，事无巨细都进行了报道。李鸿章在华道夫·阿尔斯多亚酒店出席宴会时，实际上“根本就没碰什么别的食物”。他自备的食物是“切成小块的炖鸡、一碗米饭和一碗蔬菜汤”。记者们报道说，这是豪华的酒店首次由中国厨子用中国厨房器具准备中国菜，制作过程甚至比赫赫有名的中堂大人引起更多的好奇与关注。新闻媒体所关注的，是李鸿章访美过程中可以吸引公众眼球的、有炒作价值的新闻，以渲染中国饮食文化的奇特和神秘，揭秘一个东方大国高官的生活习惯。当记者询问宴会菜品时，得到的却是中文“菜是杂碎”的回答，记者将其理解为一道菜名，并翻译成 chopsuey（炒杂碎）进行了报道。华裔历史学者直接将炒杂碎理解为华人群体编造的风俗故事，“动机在于，利用李鸿章访美大做宣传，试图向公众推销中国餐馆”。

从历史的角度看，每个版本的炒杂碎故事都不准确，但从某种意义上看又都符合逻辑。李鸿章访美之前，炒杂碎就已在美国中餐馆中存在了，它是来自广东的一道简单菜肴，只是为了适应美国公众的口味，以肉类代替了动物内脏。李鸿章的名声，大大有利于市场的营销。在李访美以后，炒杂碎的名声不胫而走，甚至直接被命名为“李鸿章杂碎”。纽约市长还专门去了一趟唐人街，慕名前去品尝李鸿章杂碎。这道菜揭示的是华人群体根据美国社会实际情况对中餐进行改良的成功案例：中餐在高压下，要适应要生存，就需要扩大顾客群体对象，不仅服务于在美华人，而且要面对美国本土顾客。中餐经营者们调整炒杂碎的食材搭配，调整菜肴的酸甜度，希望最终打磨出为美国大众所能接受的美国食品，最后它成了改良了的美式中餐并得到空前发展。炒杂碎是一种适应性调整，李鸿章成为这一调整的润滑剂与助力剂，此后到 20 世纪初，炒杂碎成为美国中餐业的文化标志。梁启超在《新大陆游记》中描述了杂碎馆在美国发展的盛况，“杂碎馆自李合肥(指李鸿章)游美后始发生”，“合肥在美思中国饮食，属唐人埠酒食店进馔数次。西人问其名，华人难以具对，统名之曰‘杂碎’。自此杂碎之名大噪。仅纽约一隅，杂碎馆三四百家，遍于全市”。美国东部多个城市也大体如此。从 20 世纪初直到二战结束，成为美国中餐的“炒杂碎时代”，炒杂碎也成为美国中餐的代名词。

最初被美国人认识和接受的炒杂碎

左宗棠鸡

炒杂碎所代表的，本质上是中餐用不断适应美国公众口味的改良，扩大中餐的市场。20世纪40年代，中国社会学家费孝通在美国一家中餐馆用餐后表示，这顿饭丝毫没有让他有想家的感觉。改良后的中餐似乎与中国口味越来越远。20世纪60年代以后出现的“左宗棠鸡”“签语饼”和“芙蓉蛋”等等，都是美式中餐的名菜。左宗棠鸡从台湾来到美国，以清末名将左宗棠命名。左宗棠是著名的湘军领袖，湖南人氏，菜应该是以咸辣味为主的，但在美国中餐中，左宗棠鸡却已经成为酸甜口味的菜品了。在品尝正宗中餐的口号下，左宗棠鸡甚至一度盖过了炒杂碎的风头。由于名菜的缘故，左宗棠在美国甚至比任何一个中国人更为有名，无论是孔夫子还是蒋介石等人，都不如他更加广为人知。与左宗棠鸡同时风行的美式中餐招牌菜，还有“芙蓉蛋”“炒介兰”“酸甜鸡”“木须肉”“春卷”“酸辣汤”等等。

美式中餐的一系列名菜，都是在中国几乎吃不到的美国口味，体现的是中餐的改良，也展示了欧美公众对中餐从抵触到接受的历史变迁。它是诸多历史过程的合力所造成的，绝非普通的商家与顾客之间游戏的结果。这也是中国人从来没吃过美剧中中餐的缘故吧。

清代以来，西餐的传入与中餐外传，是世界一体化过程的一部分。中餐不独在美国传播久远，即便在欧洲各地，也是风行一时。在荷兰、葡萄牙、西班牙、德国、法国等国，中餐馆无处不在，有调查说在海外从事餐饮及相关行业的华人华侨占所有华人华侨的比例高达八成以上。虽然各地传播情况不一，但从传播的结果看，真是应了那句老话：“中

美国随处可见的华人酒店

国人走到哪里，中餐馆就开到哪里。”孙中山先生曾评价中国饮食：“我中国近代文明进化，事事皆落人之后，惟饮食一道之进步，至今尚为文明各国所不及。中国所发明之食物，固大盛于欧美；而中国烹调法之精良，又非欧美所可并驾。”“近年华侨所到之地，则中国饮食之风盛传。在美国纽约一城，中国菜馆多至数百家。凡美国城市，几无一无中国菜馆者。美人之嗜中国味者，举国若狂。”“中国烹调之术不独遍传于美洲，而欧洲各国之大都会亦渐有中国菜馆矣。日本自维新以后，习尚多采西风，而独于烹调一道犹嗜中国之味，故东京中国菜馆亦林立焉。是知口之于味，人所同也。”随着华人走遍世界各地，中国饮食文化也传遍了世界的各个角落。

第七章

清人的养生

乾隆与宫廷的饮食

清代千叟宴成为空前绝后的盛宴，基于康乾时期社会经济的增长，没点经济实力是办不起来如此规模的宴会的。也依赖社会有了一个较长时期的安定，人口增长，高寿的人口也有很大程度的增加。同时，也与皇家的一个私人因素有关，即宴会的举办者康熙与乾隆都是比较长寿的帝王。试想，如果不是皇上本人都过了五六十甚至七八十岁，怎么会想到安排这么多老人聚集大宴？当然，在社会安定的情况下，老人增多也是不争的事实，一次宴会聚齐数千，最高时达八千多老人，也是非常壮观的了。

清代也是一个讲究养生的时代。社会安定了，人们对于健康长寿的期盼就变得强烈了。中国传统文化中的五福观念，从来都是把“寿”字放在极为重要的地位的，所以清代从上到下，全社会对养生与长寿的关注达到了一个新的高度。

康熙 8 岁登基，在位 61 年，活了差不多 70 岁，在古代帝王中算是比较长寿的了。更厉害的是乾隆，中国历史上有记载生卒年月的皇帝 200 多人，达到 80 岁的仅有 4 人，而乾隆是其中寿命最长的一位。他 26 岁继位，85 岁退位，又当了三四年的太上皇，驾崩那年已是 89 岁高龄了。乾隆到 80 岁的米寿之年，身体仍然康健，去承德避暑山庄，仍然坚持“策马出城”。85 岁那年，还能开弓射箭，与从孙、玄孙一同打猎，据说 86 岁时还猎获一只鹿。

康熙、乾隆两位高寿皇帝，都是注意养生之人。其实，夹在祖孙二人中间的雍正也是一位刻意追求养生的皇帝，只是他求之太过，陷入了古代帝王为追求长生不老而服用丹药的老套路中去了。有史学家认定，雍正的死，与他长期服用丹药有很大的关系。当然，也有人说雍正揽权太过，事无巨细，事必躬亲，自己把自己给累死了。不管怎么说，清前期的这几位皇帝中，康熙与乾隆都是高寿的养生者。

康熙是清代皇帝中勤于读书的第一人，他对天文历算、数学、生物、音乐、美术、医学养生等都有涉猎，有些方面的造诣也很高。他的养生观念与实践，更接近或受到中国道教文化的影响。康熙认为，饮食养生，也须顺势而为，比如各种果品，应当在成熟时食用，不仅“气味甘美，且也宜人”。与中医理论中的“不时不食”观念比较接近。至于饮食，“当各择其宜于身者，所好之物不可多食”，不可贪食和偏食；人到了一定年纪，饮食宜清淡，不宜“厚味”；“每兼菜蔬食之，则少病，于身有益。所以农夫身体强壮、至老犹健者，皆此故也”。按照这个观念，他个人的饮食比较简单，每天进膳二次，不再进食零食，也拒绝烟、酒、槟榔，认为此类“皆属无用”。他也反对盲目服用补药，对于当时盛行的各类补药也颇不屑。也不叫人按摩，认为饮食有节，起居有常，就是最实在的养生之法，“节饮食，慎起居，实却病之良方也”。此外，他也很重视用膳后的心情和饮用水的洁净度。

在对臣下的疾病关注中，也体现出了康熙的养生观念。康熙四十四年（1705 年）七月，江苏巡抚宋荦在奏为老病乞休事折中说：“赋性迂执，凡事过于用心，不以年老为意。”康熙看到后朱批：“年老之人，饮食起居须要小心。”康熙五十年（1711 年），康熙得知大学士李光地疮毒复发，准备坐汤，用洗温泉的办法治疗，康熙同意他坐汤的办法，并且指出最好是春天去坐汤，并告诫李光地：“但饮食中留心，生冷之物不可食。”显然，康熙认为，李光地发疮毒，特别要忌食生冷的食物，饮食好坏与保证身体健康和医治疾病是有很大关系的。江宁织造曹寅患疟疾，康熙派人急送金鸡纳，并劝谕他不要吃太多人参，指出他的病与进补太过有关。康熙的养生观念，大量保存于《庭训格言》等书中，也通过朱批和上谕等方式传达给贵族与高官们，对社会风气与养生观念都产生了较大的影响。

乾隆一生师法其祖父康熙，以祖父为人生楷模。在饮食养生问题上，乾隆既继承了康熙以来的养生观念与实践，自己也颇有创意与发明。

乾隆能够健康长寿，是多种原因综合作用的结果。除了出生时先天条件比较好，成年后注意调整心态、长期保持有规律的生活等原因外，最重要的有两条：一是坚持锻炼与养生；二是膳食结构合理，饮食有度。

坚持锻炼是乾隆的一种生活方式和习惯。乾隆自幼坚持锻炼，继承帝位后习惯不变，骑射和外出巡游是他坚持最久的运动，也使他成为清代出巡最多的帝王。乾隆一生，北狩南巡，出巡活动平均每年达到 2 次以上，他也是前往避暑山庄举行“木兰秋狝”次数最多的皇帝。因此也有人说，他一生的大部分时间，不是住在紫禁城里，而是外出巡幸，也有人将乾隆王朝称为“马上朝廷”。外出巡游，既是旅行，也是对朝廷大事的调查，比如他曾多次到达海宁、杭州等地亲自巡察海塘工程，这是清代投入物力、财力最大的水利工程，影响巨大。皇上的亲临，既是对工程的检验，也是国家对民生工程重视和支持的一种态度。乾隆一生曾六次巡视江南，三上五台山，四次东巡，北至盛京回到清廷的发源地祭祀先祖等等，大江南北，沿途各地的风景名胜、古寺宝刹，都留下了他的足迹。旅游对于普通人来说，是陶冶性情和锻炼身体的好方法，对于乾隆这样的帝王，至少是避免了长期拘足于宫廷，实际上也是很好的保健之法。乾隆出巡有一个特点，就是他长期坚持骑马，每次前往避暑山庄都是骑马前往，直到 65 岁时，一直都是全程骑马，后来年事已高，还是坚持骑马到清河才改坐轿。骑射是清廷长期要求所有旗人坚持的活动，也是一种文化传承。乾隆更长期提倡骑射并将骑射上升到国策的高度，他自己也亲力亲为，长期以骑射为乐，直到 80 多岁还亲自参加行围狩猎。这种活动量巨大的锻炼方式，也是他能够健康长寿的原因之一。

说实在话，乾隆也是个善于心态调整的人。康熙虽然也是个养生高人，却常常为国事家事焦虑不已，史书说他“旰衣宵食”，实际是比较急躁的状态，尤其是晚年经历两废太子的宫廷斗争，康熙自己也承认，是身心俱疲的状态。乾隆的父亲雍正，更是事无巨细，事必躬亲，操心费力，整顿吏治、改革赋税等等，使他长期缺少正常的睡眠。他依靠“药石丹方”想要达到长生不老，不过是南辕北辙罢了。乾隆时期，国家相对安定，很少见到乾隆雷霆震怒的记载，他年纪大了以后，发发牢骚的事是有的，但总的来说，他是个心态相对平和一些的帝王。所到之处，他往往要御笔题字，他一生作文 1300 多篇，写诗 4 万多首，心态不好的人是做不到的。晚年的乾隆，好大喜功，号称“十全武功”“十全老人”等等，七世同堂，乐不可支，骄矜自持，常常有些浮夸，却也是一种比较有利老年人健康的心态吧。

饮食有度、膳食结构合理也是乾隆的生活特点之一。从清入关到乾隆退位，有一百数十年的时间了，宫廷膳食也从纯以关外食材为主，转为关外与关内食材结合，膳食结构趋近合理。就乾隆个人而言，作为天下之主，在传统上以天下为养的观念下，他在饮食方面倒是比较节制的。从几次参加千叟宴的情况看，乾隆出席宴会在很大程度上只是一种仪式，要的是礼仪氛围。每次大宴，他基本都只是举杯相庆，点到即止，倒是赋诗联句的兴致很高。

日常生活中，他非常刻板地遵守了清晨即起（卯时即起，早晨 5—7 点）、每日两餐（早餐在六七点钟，晚膳在中午 1 点钟左右）的清宫传统。即便是外出巡游，一日两餐的规律也照常遵行。乾隆一生起居规律不变，饮食也十分规律，一天两次正餐之外，两次点心也基本固定，早晚各一次。早膳的品种十数品，主要是馒头、饽饽一类面食，配以粥、汤、咸菜和热锅等。晚膳较之早膳则菜品丰富，通常也是十余品主菜，烹制精良。通常情况下，乾隆都是一个人静静地进餐，只有节庆时才与太后、后妃及子侄们共同进膳。节庆期间的菜品也较平时丰富很多，尤其是收到大量进献菜品，看上去琳琅满目，但乾隆本人进食仍然十分有限，余下的都按例赏给后妃及大臣们享用了。

以膳单来看，乾隆也与普通人一样，有自己喜欢的菜肴和口味，但日常饮食中，他的菜品还是比较宽泛的，并不集中于自己的个人喜好。如他喜欢吃鸭子、燕窝，几乎每餐必有各种方式烹饪的鸭子；每天晨起和早餐时，燕窝汤羹也必不可少。但每餐的菜式中，也多有一些普通人家常吃的豆芽菜及各式豆腐等。

前文说到宫廷饮食时曾提到乾隆的膳单记录，不妨再来看一下乾隆的日常饮食记录。国力极盛时期，乾隆正餐菜肴一般达十数种甚至数十种。以近年来公布的乾隆中期的膳单情况来看，多数时候乾隆的正餐菜品在二十品左右。我们前面曾提到，有学者对 44 份乾隆膳单作过统计，结果是乾隆的正餐主菜一般在 7 ～ 16 道，其中荤菜有 4 ～ 9 道。皇帝的餐桌上，主菜之外，加上小菜和粥饭之类，总数在二十品上下。曾在伪满洲国宫廷生活并研究宫廷饮食的爱新觉罗・浩曾举乾隆的例子，说皇帝的饮食生活，根本不像民间所传的那样奢华。当然，以天下为养的皇帝，饮食生活是丰盛的，以乾隆而言，也是越到后期越丰盛。这种丰盛，与太后、后妃等人的进献，外出巡查时地方大员的进贡也有一定关系。比如乾隆三十年（1765 年）二月十七日的早膳，主菜有“鸭子火熏撺豆腐热锅一品、燕窝火熏肥鸡丝一品、羊乌叉烧羊肝攒盘一品、竹节卷小馒首一品”，但两淮盐政进贡的却有十余品，另加三桌主副食，包括饽饽九品一桌，内管领炉食四品、盘肉四品八品一桌和羊肉二方一桌等。主食、副食全面，荤素搭配，乾隆照例只是品尝几样，余下的全部用来赏赐后妃及大臣们了。

乾隆时代，宫廷饮食中一方面仍旧保持着满州许多传统食品，东北野味如鹿尾、熊掌之类，特色食品如煮白肉等等，另一方面则是在他的坚持与提倡之下，南味食材食品大量进入宫廷，南北风味融合，形成宫廷饮食杂糅南北、荟萃东西的风格。乾隆一生六下江南，江南饮食给他带来深刻影响。乾隆中期，得到苏州织造府推荐的苏厨张东官，此后的十五六年间，凡外出都命张东官随营供餐。乾隆《膳底档》（清朝皇帝的膳食餐饮由内务府御膳房掌管。御膳房记录皇家日常用膳的档案，定期汇抄成册，称《膳底档》）中，张东官得到赏赐的记录特别多，显示

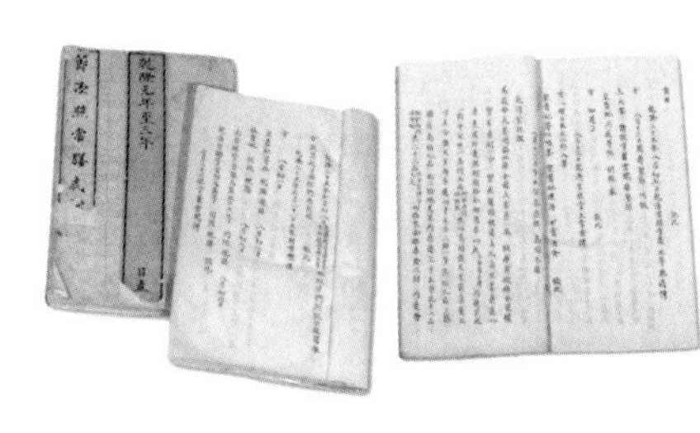

《膳底档》书影

出乾隆对苏州菜的喜爱。直到乾隆四十九年（1784 年），张东官已经行走困难了，才被放归故里，乾隆随后又命苏州织造再荐两名厨师入宫服务。这一时期，宫廷饮食已形成满汉合璧、南北融合的餐饮结构。

乾隆饮食很有规律，起居有节，不嗜烟酒，尤其是在饮酒方面很节制。乾隆的 4 万多首诗中，未有一首是写饮酒的。偶尔饮酒，也多半是宫中玉泉酒，浅尝辄止。但他对饮茶倒是有较大兴趣，而且对烹茶用水非常讲究。在现代健康理念中，这些当然是有益于身体健康的，而在乾隆的观念中，这都是按常理进行的选择。

乾隆也是养生保健理论家和践行者。他将自己的养生理念归纳为十六字："吐纳肺腑，活动筋骨，十常四勿，适时进补。"

吐纳功夫是中国传统养生文化的核心理念，乾隆对这一类功夫有着较为深入的理解，也是他将吐纳肺腑作为养生锻炼第一要务的缘故。他曾在诗中说："左日右月为两目，春茸秋花参四禅。仙人练气不练肉，形若槁木神乃全。"展现了他对练气功夫的认知。他在另一首《吹嘘》诗中曾说："嘘出口气虚，吹吐气唇蹙。一丹田阳类，一肺腑阴属。"表明他不仅研读这类古代养生之法，自己也常常练习和实践。活动筋骨最好理解，即一般认识的体育锻炼与活动。他的"十常四勿"即"齿常叩，津常咽，耳常弹，鼻常揉，睛常运，面常搓，足常摩，腹常施，肢常伸，肛常提。""食勿言，卧勿语，饮勿醉，色勿迷。"这个伸展运动与保健养生的"常""勿"，说来易，坚持难，能够常常做到亦属不易。尤其是十常理论与孙思邈"养生十三法"中的发常梳、目常运、齿常叩等法有异曲同工之妙，深得古人养生精髓。乾隆对"十常四勿"的坚持，从他对足部养生的坚持中也可略见一斑。他将足部养生归结为"晨起三百步，晚间一盆汤"，晨起三百步当然是健步锻炼之方，而晚间一盆汤，就是热水泡脚和按摩，以求腿脚肌肉的松弛和舒适。

清宫继承先代进补的理论，强调帝王的食补与药补，而乾隆归纳的"适时进补"理念，则与他的实践相关。他认为，所有的食补均须顺应天时，适时适当。前文说过乾隆对于饮酒是十分节制的，多半是饮用宫中自制的玉泉酒。玉泉酒是一种微甜的糯米酒，少量饮用利于养生。与天下进贡必须按时按季一样，宫廷饮食也强调不时不食，所食皆为当季出产。

而饮酒方面，乾隆也按此原则，根据不同季节饮用不同的酒，春节喝屠苏酒，端午饮雄黄酒，中秋有桂花酒，重阳进菊花酒，其他滋补酒如龟龄酒、太平春酒、状元酒等等，都是饮用一小杯，以进补养元。在食补方面，最典型的是乾隆服用中国养生古方“八珍糕”的例子。现代医药学家们对清宫医案进行研究，发现乾隆四十年（1775 年）以后，乾隆常常服用八珍糕的记录：“乾隆四十一年二月十九日起，至八月十四日，合上用八珍糕四次，用过二等人参八钱。五十二年十二月初九日起，至五十三年十二月初三日，合上用八珍糕九次，用过四等人参四两五钱。”八珍糕的制作，据说完全按照乾隆御旨，材料除人参外，还包括茯苓、扁豆、芡实、薏米、白术和白糖等，乾隆曾专门令太监胡世杰传旨御膳房，将这些材料按方研成粉末，蒸成糕点，与熬茶一起送上。专家们认定：“此八珍系古方，为温补良方，饮食不节，起居不慎，损伤脾胃等等，此方屡有奇效。可见乾隆平日稍有不适，即有进补。其健康且长寿，也是有原因的。”

乾隆五十八年（1793 年），英国使团朝见乾隆后曾留下多种关于乾隆印象的记录，“走起路来，坚定挺拔”，“望之如六十许人，精神矍铄，可以凌驾少年”。要知道，这一年乾隆已是 82 岁的老人了。

长寿老人

清代千叟宴，以举国之力大摆筵席，如第四次千叟宴，与宴老人达三千，受赏者五千，合计达八千人之多，为世界历史所罕见，也是清代优遇老人政策的集中体现。清代是敬老政策颁布较多、执行较好的时代。由于社会在一个较长时期中未出现大范围的动荡，人们的寿命普遍延长了，优遇老人的政策格外受到重视。古代中国人的平均寿命，一般不大容易准确统计，根据学者们的研究，大体上，在统一时期，寿命较高些，战乱年代则普遍较低，如汉、唐等时代人均寿命较高，而魏晋南北朝时期则较低。老话说“人生七十古来稀”，大体是有根据的。清代时中国人的平均寿命大约为 33 岁，也有学者统计，比这个数字会更高一点，但大体上，清人活到 50 岁时，就可以称得上是老人了。老人多，人均寿命较长，是社会安定、人民幸福的一种标志。有人活到百岁（期颐之年），则称“人瑞”，是吉祥的表征。清朝数次大举千叟宴，就是想渲染社会安定、一派祥和的气氛。大体上讲，清代自康熙中以后进入盛世，对老年的优礼形成一种定制。在康雍乾三朝，敬老政策执行最多。一般而言，对于寿民，只以年龄为旌表和赏赐的条件，不以出身和地位论高低。当然，在当时的信息传播条件下，官员和富贵之家的老人得到表彰的可能性更大些，所获之赏赐也会偏重些，也是正常现象。

康熙三十七年（1698 年），康熙听说镶白旗原任步军博尔辉年龄达 99 岁，传令在畅春园召见，当场召来户部官员，传旨给博尔辉终身全俸，米三十八石、银八十两。同时传令八旗各都统，查所属有高龄者报告上来，又报上来三人，其中有 106 岁、103 岁等，皆赐银布。也是在这一年，清廷下令，不论军民人等，凡年纪达到 70 岁以上者，准许有一个儿子免除一切赋役，专职奉养老人；80 岁以上者，赐给绢一匹、绵一斤、米一石、肉十斤；90 岁以上者加倍给赏。这一年，全国统计高龄老人，山东报告 90 岁以上老人 1333 人，百岁以上者 9 人；江南 90 岁以上者 1065 人，百岁以上者 3 人；浙江 90 以上者 982 人；湖广 90 岁以上者 2850 人，百岁以上者 4 人，位居全国前列。其他各省也报告高龄者十数人到数百人不等。清廷优遇老人的政策，也是老人数量得到统计上报的原因之一，孝养老人之家可以免除一丁赋税杂役，也确有一定吸引力。

康雍乾时期，清廷形成系列的养老敬老政策，除免税赋外，还包括奖励老农、旌表寿民和优待高龄士人、礼遇致仕大臣、建立养济院使孤寡老人得到赡养等等，所以有人评价康雍乾时期是继汉代之后尊老优老的高峰期，当时的养老制度达到了古代社会的最高点。

比较有意思的是奖励老农，乾隆时议定了“老农”的十条标准：“筋力勤健”“妇子协力”“耕牛肥壮”“农器充锐”“籽种精良”“相土植宜”“灌溉深透”“耘耨以时”“粪壅宽余”“场圃洁治”。这十条中能做得好八九条的就是“上农”，要在这些人中选择“老成谨厚”者负责教导乡民努力农事。现在看来，这已不仅仅是奖励老年人，而是一个全面推进农业发展、推广农业技术的政策了。每年秋收之后，州县官员等查核所属地方，如果“地辟民勤，谷丰物阜”，要给“老农”这样的带头务农者发放花红，觞以酒醴，鼓乐游行，以示奖励；每年春播时，如发现缺乏种子、农具，可以在国家的常平仓内借支种粮等。可见，实际上奖励老农政策是对老年农耕者传承农技、率众力农的奖励，不限于对年高者的奖赏。

旌表寿民，是清入关不久即开始实施的政策，到康乾时期发展到高峰。大力表彰、宣传高寿者，成为延续整个清代的国策。对于高龄老人，皇帝往往要亲笔题写诗词牌匾，赏赐钱物，使之光耀乡里。此项政策不仅仅面向有影响力的官员和士人，即便是家有高龄老人的普通农户也会得到旌表。这种表彰记录，每年都有统计和宣传。按规定，凡是家有寿民、寿妇，年龄达到 80 岁以上者，由地方政府统计报告朝廷，奉旨给牌匾、建牌坊，以昭人瑞。这种旌表到乾隆时期达到高峰，每年都有较大数量。乾隆二十六年（1761 年），广东南海县民杨启能年 100 岁，其妻黄氏年 101 岁；三十五年（1770 年），安徽太湖县民朱宪章与妻刘氏都年 100 岁；四十五年（1780 年），安徽亳州县民陈洪如，年 106 岁，妻王氏年 101 岁等等，这些人都得到乾隆的御赐诗及丰厚赏赐。其他如兄弟同登百岁，以及普通寿民、寿妇五世同堂等等，都会得到国家的表彰。如乾隆五十年（1785 年）四川奏报，有达州寿民张子翼，年过百岁，五世同堂，乾隆认为他是“寿享期颐，曾元绕膝，洵为升平人瑞，宜加恩赉，以示宠荣”。遂御制诗章、御书匾额，赏给银两、缎匹，为张氏树立牌坊。御制诗中称赞张氏“一老百年登寿帙，元孙五代喜同堂”；御书匾额四个字为“颐龄衍庆”。雍正、乾隆时期政府还专门为年老者修改了国家的历书，将旧时历书只记录六十年一甲子改为一百二十年，以适应社会上老年人增多的情况。

旌表长寿耆老作为一项传统一直延续到清末。慈禧太后 50 岁、光绪帝 20 岁的万寿节期间，下令查明一二品高官家里有父母亲年过 80 岁的，优予赏赐。但情况报上来后，武职大臣家庭父母高龄者居多，而文臣中却没见几个，甚为费解。

在敬老养老政策长期延续的背景下，留下记录的清代老人人数较前代大幅增加，朝廷记录和坊间流传的老人故事也特别多。清代千叟宴是敬老政策的集中体现，千叟宴中涌现出不少老人的故事，值得一提。

福建青田老秀才郭钟岳，与乾隆多次交集，是千叟宴的知名耆老。在受到乾隆关注之前，此老久困场屋，科场不利，直到 92 岁那年才取得了秀才的身份。乾隆四十四年（1779 年）以 99 岁高龄赴省城福州参加科举考试，一时引起轰动，地方官员上报朝廷，乾隆称赞其志可嘉，特令赏给举人功名，并希望他能参加次年在京举行的乡试。次年，郭钟岳赴京参加乡试，已满百岁，期颐之年，尚能考完三场，精神饱满，特谕赏给进士出身。乾隆四十九年（1784 年），乾隆再次南巡，郭钟岳特地从福建赶赴浙江觐见皇上，向皇上谢恩。此时，郭已有 104 岁了，乾隆自身也是 70 多岁的老人了。见到郭钟岳，乾隆非常感动，谕令中说：

“福建钦赐进士郭钟岳，年届一百四岁，兹来浙迎銮。皓首庞眉，允称人瑞，著加恩赏给国子监司业职衔。”据说那首称赞郭氏“诚云天下老，疑是地行仙”的诗句，就是此时写的。乾隆五十年（1785年），乾隆筹备千叟宴时又想起郭氏，专门询问，这一次，郭钟岳以105岁的高龄，寒冬时节在子孙的扶掖之下，由政府公派车马迎接北上参加大宴。他在千叟宴上受到重赏，而且乾隆为他赋诗并向他讨教长寿的秘诀，传为人间佳话。

康乾时期千叟宴，皓首寿翁之人甚多。嘉庆元年（1796年），退位为太上皇的乾隆再举千叟大宴，广西长寿之乡巴马县寿星熊国沛跋涉前来，时年106岁，堪称寿星之王。乾隆赞誉熊氏等百岁老人为“百岁寿民”“升平人瑞”，特赏六品顶戴花翎。乾隆御赐诗云：“人生常羡神仙游，举杯邀月叹春秋。升平人瑞贺百岁，天赐长寿属田州。”在巴马县的熊氏祠堂中，至今仍保留着当年御赐的六品顶戴以及“天赐长寿”御赐牌匾。千叟宴上，老寿星们享受最高的礼遇，与王公高官同桌，接受皇子皇孙的敬酒，85岁高龄的皇上还专门为他们赋诗，宴后他们又得到丰厚的赏

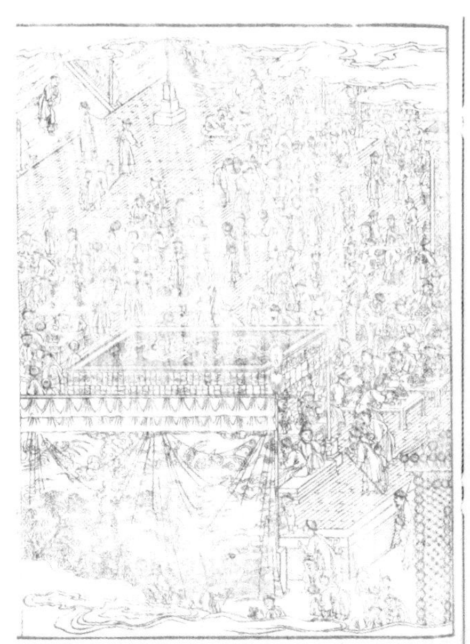

乾清宫千叟宴（选自《唐土名胜图会》）

赐，演绎了一段盛世故事。

在敬老的大环境下，民间长寿老人也多有殊荣，高寿成为一种荣耀之事。乾隆六下江南，每到一处，都要赏赐高龄老人，而前来迎驾的老人也多是有“故事”的人。乾隆三十六年（1771年）南巡，湖南老人汤云程前来接驾，时年140岁。乾隆非常兴奋，先是亲笔写了“花甲重周”的匾额，觉得意犹未尽，又提笔写下“古稀再庆”四个大字。汤氏的几个曾孙陪同前来，也都是白发飘然的老人。同年，乾隆到达无锡，驻跸秦氏寄畅园中。这个秦氏也是江南大族，秦松龄、秦蕙田都曾在朝为官，乾隆时秦蕙田曾任礼部右侍郎，死时赐“文恭”谥号。秦氏祖籍金匮，乾隆时在无锡聚族而居，时有9个老翁：孝然90岁，实然87岁，敬然85岁，荣然70岁，寿然69岁，芝田76岁，瑞熙61岁，莘田60岁，东田62岁。9位老人都是族中近亲，年龄相加超过了600岁，一时称为盛事。

说到聚族而居的长寿之家，道光间，直隶蓟州郝氏七世同堂，长寿者多，户口在千人以上，男耕女织，家法严整。家族中男子应科举，中了举人后不再入京参加会试，以避免外出做官。族人外出一般不出家20里之远，对待过境官民，往往具礼接待，又时常周济乡邻穷苦，被四乡八里的人们称为“郝善人”，盛誉久远。

道光间孝子李桐阁的故事，也很生动。李桐阁是道光二十年（1840年）举人，常常领着母亲出游。有一次到邻村看戏，这时他母亲已有97岁了，他自己也年近70岁了。人群拥挤，他生怕挤到了老母，高声呼喊“妈——”！旁人哄笑说，这个老翁头发都全白了，还在喊妈。李桐阁应声道：“我有妈，怎么不喊？”引得旁人又是一阵哄笑。后来，李桐阁成为有名的儒士，母亲的旌表文书也发下来了，他还专门画了一幅《百岁寿母赐果图》。有人为此画题诗道：“世间奇事真咄咄，母也朱颜儿白发。朱颜白发欢相依，一家四壁恒春辉。”传为美谈。

清代长寿者增加，参加科举考试的老人为数众多，也留下了许多脍炙人口的故事。

康熙三十八年（1699年），京师顺天府举行乡试，有一位在京的广东贡生黄章年参加考试，时黄已届百岁高龄。进入考场时，他的孙子在

83岁老童生进考场

前引导，灯笼上大书“百岁观场”四个大字，轰动一时。从灯笼所写的内容来看，这位百岁考生志不在高中金榜，而在于显示自己如此高龄尚能入试，倒也是另具一番心事。与黄章年意在观场不同的是康熙间一位叫姜宸英的遭遇，姜是浙江慈溪人，很早就已成名，清初，他以布衣的身份被推荐到国史馆参加修撰《明史》，却一直没有科名。康熙对姜的文章极为推崇，每次科举发榜时，总要问：“这次姜宸英取中没有？”直到康熙二十六年（1647年），姜宸英已经70岁了，终于得了个探花（第三名）。姜氏文章名满天下，屡试不第，算是个屡败屡战的典型，最后总算是博了个进士及第。

高龄考生往往成为考场逸事，甚至受到朝廷优礼。乾隆间，广东番禺有位老童生叫王健寒，已经99岁了，仍然能参加考试，握笔作文。曾有人专门为此写诗，广为传诵。道光五年（1825年）广东乡试，广州府三水县考生陆云从，102岁，朝廷钦赐举人。赴宴时，考官问他：“三场考试辛苦，还能挺得住吧？”老考生回答：“百岁蹉跎，内心惭愧耳。”又问他是哪年入学的，回答说：“本乡先贤庄有恭中状元那一年，我已应童子试两次了，直到去年才入学。”查广东著名才子庄有恭，是乾隆四年（1739年）皇帝钦点的状元，距此时已有86年了，可推算那时陆应为16岁，他说那时已参加过两次童子试，当属可信。第二年，陆云从赴京参加会试，京师传遍，人们纷纷前往观看，只见陆云从相貌如60岁左右的人，“耳聪目明，步履甚疾”。道光钦赐陆国子监司业衔，陆时年已 103 岁了，当时有很多朝臣写诗传诵此事。

有时候，同一场考试中，同时考中的人年龄相差数十岁，一时传为美谈。乾隆五十一年（1786 年），广东生员谢启祚年 98，仍参加乡试。按他的年龄，早就可以上报朝廷给予恩赐，官员们每次提出要为他请赐，但是他都竭力推辞，说：“科举这事早已是注定了的事，怎知此生我不能为老儒生争一口气呢？”果然，这一年他得中举人。与他同一科参加乡试的番禺刘彬华则年仅 15 而中式，老少同榜，年龄相距 83 岁。某巡抚为此赋诗：“老人南极天边见，童子春风座上来。”谢启祚中举后自己写了一首《老女出嫁》诗，亦颇有意味：“行年九十八，出嫁不胜羞。照镜花生靥，持梳雪满头。自知真处子，人号老风流。寄语青春女，休夸早好逑。”次年，谢赴京参加会试，特授司业衔，两年后，赴京为乾隆祝寿，晋鸿胪卿，离京时还得到乾隆御赐诗和匾额。这个谢启祚也是一位奇人，为乾隆祝贺八十大寿以后，又过了十几年才去世，算下来大约也有 120 岁的高龄了。他先后娶了三位妻子和两位妾氏，陆续生了 13 个儿子和 12 个女儿，后来有孙子 29 人、曾孙 38 人、玄孙 2 人。这就不仅是高龄难有人匹敌，连其家门鼎盛、子孙众多，也很难有人能与之比俪了。

另有奇者，道光时有位老童生朱彬，儿子早已进士及第，高官显位，他还在年年应考。进京会试那一年，他儿子被任命为主考官，上报回避的折子中说有应回避者有亲生父亲一名，都中传为笑话，而士林中叹羡不已。父子同场考试的还有一个例子，嘉定名士王光禄成名前，每年参加岁、科试时，则与父亲一起参加考试，结果父亲屡列榜尾，而光禄总是名列前茅。一次，父亲对光禄说：“这次我们把各自的考卷互换，试试考官的眼力如何。”结果，光禄仍为前列。后来光禄已成高官，他的父亲还是个老秀才的身份，拄着拐杖前来应考。考官是王光禄的同年，遂劝王光禄父亲说：“老年伯正当颐养天年，不必来吃这份苦了。”王光禄父亲正色道：“你错了，大丈夫奋志科名，应当自己取得，如果借着儿孙之福，自暴自弃，我深以为耻。”

在科举时代，王光禄的父亲这番话确也道出了大批读书人的心声，读书的成与不成，能否通过科举，是当时人们心中的一个坐标。晚清时，上海有个叫潘襄的秀才，13 岁就入学当了秀才，17 岁就得到国家给予生员的生活费用。青年时，以贡生的身份入京，两次任教职，一次署县令。60 岁以后，罢官归乡，家道贫困。70 岁后，忽然改名应童子试。直到 83 岁，仍然手抄口诵，锐气不衰。有人问他为什么这样做，他说："听说读书要靠慧根，我这辈子是不行了，要为下辈子打下基础，或许来生可以早些考上。"话虽如此，一生读书的人，虽然以贡生的身份做了官，但没能考中举人、进士，总归觉得是个遗憾。

嘉庆间，有个叫李贻德的举人，在京中参加会试，十年不归，屡试不第，已年过五旬。一年，他一个同年中举的朋友死于京师，他赋诗曰："故鬼未还新鬼续，怜人犹自恋长安。"可谓是道尽了科场辛酸。不久他也客死京城，闻者悲之。科举时代，不知有多少有才之士在科场中消磨了一生，皓首穷经，一事无成。

在科场弊端丛生的时代，由于清廷对老年秀才往往给予优待，也不免有人钻这项政策的空子。晚清名臣张之洞曾论及此种现象：童试中有很多人年龄不过五六十岁，却报称八九十岁的。谎报年龄，不过是希图得到国家恩赏，坐得举人、进士之名，以此威吓百姓，为害乡里。这当然还是自己谎报年龄的，还有一种情况是考官们为了滥施恩赏，往往为名落孙山的人谎报年龄，以助其得到特恩赐以举人头衔。

老人参加科举的故事也说明清代寿星之多。刘声木在《苌楚斋续笔》中统计清代有名有姓的百岁以上老人，有 10 人之多。乾隆时衡阳民汤云山寿至 160 余岁；嘉庆时，宜山蓝祥年 142 岁；道光时广东陆云从 103 岁；道士邢中山年百岁；张世恩年百岁；广东刘作菴百岁；有老人 163 岁，子 130 岁，孙 97 岁，船上挂旗大书"天下第一老人"；泾阳老人李半仙，年一百四五十许；吴江沈寿康年百岁；甘肃固原州之西乡回民李生潮，年 116 岁，事载宣统元年（1908 年）二月《政治官报》。可见清代长寿者之多。

长寿秘诀与清人的饮食养生

乾隆五十一年（1786 年）夏，扬州北湖的街市上来了一顶小轿，轿里坐着一位精神矍铄的老人，还有个老人背着个袋子跟在轿子边，一群顽童挡住了轿子的去路，轿上老人训斥跟轿老人，跟轿者只能唯唯听命。后来轿子进了街市，老者下轿在街边吃饭，一口气吃了半斤肉。然后说了声"我不耐烦坐轿子了"，径直步行而去。伴轿老人追之不及，汗流浃背。原来，这个坐轿子的老者名姚仁和，这天是他 100 岁生日，伴轿的是他的儿子，也有 80 多岁了，抬轿子的则是他的两个孙子。姚仁和虽已百岁，到了期颐之年，头发却仍是黑色的，看上去如 60 岁左右的人。官府准备把姚仁和的情况上报朝廷，当地商人也准备大举宣扬此事。姚仁和知道后坚决推辞，说自己不过是个农夫，平生就是自自在在做人，这事一旦宣扬起来，会让自己短寿的，这事就这么停了下来。后来，当地的文人们还为姚仁和赋诗祝寿，结成诗集，这时老人已经 103 岁了，仍然健康无病。姚仁和老人的养生长寿，不外乎顺其自然，按他自己的说法，就是自自在在地做人，不张扬，不浮夸。

很多时候，长寿者并未刻意地养生。道光间一个穷苦水手的故事，就是对顺其自然观念的很好注脚。这位水手只是个普通民间老者，却也因为长寿而在历史上留下记录。道光十九年（1839 年），河道总督麟庆接到报告，说有个老水手，已经 132（虚岁）岁了，仍然在太仓帮的船上干活。他仔细核对老人的年龄真伪：这个老人有雍正七年（1729 年）

国家颁给的水手印册，还有嘉庆十二年（1807年）河道总督发给的百岁银牌。麟庆召见时，老人“鹤发飘萧”，“精神强固，状若六七十许人”。问他姓名，答称“史浩然”。问他是哪里人氏，回禀“山东汶上人”。问何年生，曰“康熙戊子（康熙四十七年，1708年）”。这就是实打实的132岁了。问到养生之道，回答最为有趣：“小人蠢人也，饿了吃，困了睡，心不想事。”麟庆赏给十千钱，老人还能一手提五串。不知这位老人终于何年。这则故事中，老人的养生之道与前面提到姚仁和的顺其自然如出一辙。史浩然并未处心积虑地养生，而是饿了吃，困了睡，不想心事，却是养生长寿的至道。

心不想事，就是没什么心事，很难做到，有一些老人却是有意克制情绪，按照日常需求生活，其实也是养生之道。江苏松江府有个老人80岁了，仍能健步40余里，有人问以养生之道，回答说：“人生七情中，只有怒最难克制，我也没什么，只是不怒罢了。”松江府还有个80岁的老人，还能在灯下写小字，人们问他如何保养的，他说：“也没什么，我50岁后就没性生活了，平日不让自己饿着了，常带着个袋子装点吃食，感到饿了就吃点。”时人认为“此皆可为却老要诀”。

近代王之春《椒生随笔》中讲到当年遵化州有一位百岁老人，名叫贾孝维，某天因公事到了王之春的军营中，只见这位已过期颐之年的老者，矍铄自如。交谈之后，王就向他请教长寿之道。贾氏笑着说：“我年轻时，酒色方面也不是特别检点，而且后来也经历不少苦难，并不能安养，唯一的体会就是一生不乱操心，不烦恼。当然喽，饮食起居方面，也不过是晚间少食，早睡早起而已。”贾氏老者的长寿之道，主要还是“不操心”，与那位贫困水手的“心不想事”有异曲同工之妙。

说起来，养生长寿之人也并不都生活条件很好、一辈子安逸，但这些人多半都是自然淡泊的人。清人陈康祺《郎潜纪闻》中说到台州王世芳的故事。这个王氏，年过百岁，揖让进退雍容，看形象，不过是五六十岁的人。他112岁那年进京恭祝万寿节，受到皇家礼遇，皇上还赐予其官衔、御制诗章等。世传王世芳出生时，他父亲梦见一老人从南方来，就称老人为南亭。王年轻时曾上天台山，遇到过一位道士，赠给他两瓢水，一热一冷，他把一瓢热水喝了，自那以后就精神焕发，异于常人。他常独行，曾见到有虎伏于桥上，上前呵斥，那虎就低着头乖乖地走了。还有一次，王世芳见到一条大鱼搁浅在江岸上，他将鱼抱起来投入水中，刹那间云雾弥漫，那鱼化龙而去。王受到皇家旌表后，京城豪门多有延请的，王曾对人说："我年轻时贫贱，也历经艰难，只一条，就是视声色货利淡然罢了。"陈康祺在记叙了这些故事后说，王世芳身上的种种传说，什么寿星南来、异人授水、救神龙、御猛虎等等，多半是附会传闻，唯有他说的历经艰难，淡视声色货利这几句话，表明他志趣宁静，身劳心逸，这才是他长寿的核心。

当然，也有些人，其长寿与生活方式有关。赵慎畛在《榆巢杂识》中举了这么几个例子。满洲官员德明，每晚睡觉前，绕着宅子走千步以上，家中秩序井然，而身体愈健。而宗室达德也是勤步履，日行十里或数十里，通衢委巷无不遍历，一生无病而精神愈壮。这样的健身方式与各具特色的饮食结合，就造就了他们的长寿。所以古人说"身要常劳，身愈劳愈强健"。养生不在于安饱，指的就是这个道理。

清人龚炜则总结说，长寿也与家风正气相关。龚氏祖上，家风正派，勤苦持家，在清风正气的滋养之下，龚氏一门多长寿者，例如他的曾祖78岁，祖父84岁，大祖姑80岁，二祖姑86岁，这些高龄老者仍然健康无恙。流风所及，家里的下人也多长寿，如龚氏家里两个下人，也都年过80岁了。龚炜由此认为，寿为五福之首，跟一个家族家庭的风气密切相关，每每因乎气之盛衰，说白了就是家风正，家族和，"世际其盛，人多寿考"，遇到家族的这种高光时期，长寿者必然多。这与中国古人宣扬的家风积德等理论也是吻合的。

一个时期、一个社会长寿者多，也与整个社会的饮食养生理念和风气相关。清代是中国长寿者最多的时期，当然与社会经济、科技发展相关，与清代极盛的食养之风也不无关联。中国人食养与药膳的传统源远流长，从宫廷到民间，无不讲求饮食与健康，宫廷中甚至有专门的食养机构和专职人员。宫廷食养理论发达，内廷医学中有很多内容与食养关联。前面讲到乾隆的养生，他中年以后经常食用八珍糕，按其制作食材来看，实际上就是食养的办法。好吃且有利于健康，也是宫廷食疗养生、医食同源的法则。

事实上，宫中食养不独乾隆，清代宫廷普遍使用这一方法。当代中医名家们研究清宫医案时，发现康熙三十七年（1698 年）李煦进献“果酒单”一份，包括：佛手二桶、香圆二桶、荔枝二桶、桂圆二桶、百合二桶、青果二桶、木瓜二桶、桂花露一箱、玫瑰露一箱、蔷薇露一箱、水仙四桶、泉酒一百坛。医学家们注明，此等果酒，颇有补益或醒脾之功。从历史的角度看，李煦为内务府派出之官员，负有进贡的任务。这一单的果酒，自然是进贡物品，都是食养结合，颇有补益之物，却也体现了清代饮食养生的原则。

清宫医案中，还有雍正时期传旨查龟龄集药和龟龄酒的记录，记录中还有造龟龄酒的方子。雍正在找到配方后即下令照方制作，同时又传旨：“记得雍和宫中有龟龄酒，不知还能找得到不？”后来找到的龟龄酒，只有 10 斤仍可用，其他已不可用。按此记载，龟龄酒的材料种类较多，制作也较复杂，中间又有许多讲究，禁忌也多，如忌孝服妇人、忌鸡犬等。这一处方在宫中大量应用，颇受重视，以当代中医大家的分析，其材料中补肾助阳、健脾益胃之品，尤其是补肾之品居多。这一研究似乎也表明，雍正虽在壮年，进补的需求却很明显。

清宫日常饮食中，食养往往与药膳关联。如山药奶肉羹：用羊肉一斤，加姜，温火清炖半日。取羊肉汤一碗，加去皮山药二两，煮烂后再添牛奶半碗、食盐少许，出锅即可食用。此羹对体虚之人补益甚多，适于病后、产后肢冷体虚和气短、失眠之人等。萝卜丝饼：将白萝卜洗净，切成细丝，素油炒至五成熟，加以叉烧肉末，调匀为馅。面粉和成稍软面团，擀成薄片，夹入萝卜丝，烙成饼。它具有开胃消食、化痰理气之效，适于食欲不振、消化不良、咳嗽痰多者食用。光绪间，慈禧太后患眼病并有脾胃违和之症，御医开出的不是煎药之法，而是代茶饮方，其中，菊花、桑叶清热明目，橘红与枳壳理气和中，芦根清肺胃之热，兼用羚羊清肝胆之火，既合病情，又代茶饮，是御医巧法，也是宫中传统。

不仅宫廷，即便是社会上的富贵之家，也常常以食养为保健良法。被誉为“中国封建社会的百科全书”的《红楼梦》中就叙述了不少豪门贵族之家的食养理论与方法。《红楼梦》第四十五回中，宝玉与众姐妹们起了诗社，筹备之中，黛玉又犯了“嗽疾”，不参与众人活动，自己静养。黛玉此症，每年春分、秋分都会发作，宝钗前去探望，说起她的药方：“古人说‘食谷者生’，你素日吃的竟不能添养精神气血，也不是好事。”建议她改个方子，以吃燕窝粥为主，“我看你那药方上，人参肉桂觉得太多了。虽说益气补神，也不宜太热。依我说，先以平肝健胃为要，肝火一平，不能克土，胃气无病，饮食就可以养人了。每日早起拿上等燕窝一两，冰糖五钱，用银铫子熬出粥来，若吃惯了，比药还强，最是滋阴补气的。”“食谷者生”是中国人的一句老话，意思是能从日常所食的谷物中滋养身体，最能保健，此语出于《史记》，源出久远。宝钗以此劝说黛玉，可见她既了解古人养生原理，也深知贾府日常食疗之法。黛玉素来体弱，人参、肉桂之类却难吸收，而用燕窝粥倒是个滋养补气的良方。第四十九回中，史湘云和宝玉来了兴致，商议着要吃生鹿肉，吃生鹿肉也是清代常见的食补养生之法。清入关后，关东野味一直被满州贵族视为珍品，鹿肉更是珍贵，清宫诸帝多有喝鹿血、吃鹿肉的记录，盛传咸丰就常常饮鹿血，以强身健体。清代富贵之家，也以鹿茸、鹿尾等物为上等佳肴，所以宝玉之流想要品尝生鹿肉。

清代社会上对于养生与长寿的要诀，很多人认可心态是重要的环节，不操心，心中无块垒则易致健康长寿，而在饮食方面，主流思想还是中国传统的“食勿过饱”的原则。“养生不在安饱”，过饱和过于安逸，都对健康不利。前面提到的遵化州百岁老人说起长寿之道，首先提到的是“惟一生不乱操心，不烦恼”，另一要诀则是“中年后，晚间少食，早起早卧而已”，也与清人食勿过饱的理念吻合。赵慎畛在《榆巢杂识》一书中记述了几则养生故事之后感慨说：“古人云：‘身要常劳。身愈劳愈强健。’又有云：‘食取补气，不饥即已。’”饱生众疾，“信乎养身之不在安饱也”。人要健康长寿，主要不在于安饱。清人陈康祺讲了他自身的经历：当年避难于山中时，偶然得一鱼一肉，如同“八珍”，甘美无比。后来到江南等地做官，僚友之间互相宴请，节日更是忙碌于餐桌之间，有时一天要赴宴四五处，每宴必然是山珍海味杂陈于前，但再也没有从前的食欲了，每次听到有人请吃饭就皱眉头。为什么呢，他总结原因在于吃得太多太饱，饮食健康的关键在于一个“少”字。“是以宋人治具宴客，有三字诀：曰烂，曰热，曰少。烂则易于咀嚼，热则不失香味，少则俾不属餍而可饫。后品‘少’之一字，真妙诀也。”

梁章钜总结了他几位老师长寿的原因后说：“今人以饱食安眠为有生乐事，不知多食则气滞，多睡则神昏，养生家所忌也。”认为真正的养生家是忌讳饱食安眠的。梁章钜研究了古人的方书，以孙思邈方书所云“口中言少，心中事少，腹里欲少，自然睡少，从此三少，神仙诀了”为养生要诀。《马总意林》引用道书的理论，曰“食得长生腹中清，欲得不死腹无屎”。此皆古人相传的养生之诀。梁氏有一位老师叫戴均元，80 多岁了，仍然步履矫健，如同 60 岁左右之人。说到饮食，戴氏说每天早起时食精粥一大碗，到近傍晚时吃“人乳”一杯。传说戴氏家中长期有乳娘，到没奶时再换一位。梁章钜有一次弱弱地问了一声：“老师就这能吃饱吗？”戴却大声说：“人需要吃饱吗？”戴氏显然是“食勿过饱”的践行者。至于说到他长期雇佣奶娘的原理，古人倒是也有论述。清人曹庭栋《养生随笔》载，人乳汁，方家称为白朱砂、仙人酒。其服食之法，把瓷碗烫热，挤乳汁于碗中，一吸而尽，不要稍有冷却。另一方法，也可以把乳汁烘干成粉，与人参末和成枣核大小的丸子，空腹时含服两三丸。老人的调养品，无过于此，全利而无害，但不是富贵之家是办不到的。戴均元为当时名士，历任高官，直至军机大臣、太子少保、太子太师，可称位极人臣，长期雇佣一两名奶娘，倒也不是什么难事。这个号称一天只吃一顿饭，喝一点人奶的名士，享年 95 岁，也是高寿了。

一个极典型的对比是康熙时的两位高官。刑部尚书徐乾学，出身江南仕宦之家，是有名的能吃之人，他在每天上早朝之前，要吃实心馒头 50 个、黄雀 50 只、鸡蛋 50 个、酒 10 壶，以此保证一天都不饿。吏部尚书张玉书与他同朝为官，也是江南士子出身，但每天早起上朝，只吃几片山药，喝清水一碗，也能保证一天不饿。后来两人都活到 70 岁以上，在当时条件下，也算高寿。当时也有人认为，每个人的身体状况不同，需求不同，习惯也不同，所以不在于吃的多与少，而在于按照个人的需要安排饮食。但就主流而言，清人仍然是崇尚“食勿过饱”饮食原则的。

四川总督刘秉璋曾经说，他一生从未吃过两碗饭，到晚年时所食更少，几乎接近于“食无兼味”，就是一餐只吃一样东西。偶尔有点不舒服，就停了粥饭，等好了之后仍要“清斋数日”。刘氏 80 多岁时，仍精神强固，

晚年的李鸿章和家人

步履如少年之人，眼能看小字，耳能听微声，齿能嚼坚哽之物，而且从未掉一颗牙齿，声如洪钟，几十年前的事情还能讲述得细致生动。梁章钜曾说，老年人养生之法，不仅仅是睡眠少，吃的也应该少。曾国藩对梁氏的这个理论很是赞同，觉得年无论老幼，总是节食为贵。

晚清重臣李鸿章上了年纪之后，每天以牛肉汁、葡萄酒为食。牛肉汁以温水冲服，热则无效；葡萄酒每餐后喝一杯，用以帮助消化。李氏在甲午战败后被革去直隶总督和北洋大臣等职，仅留总理衙门大臣头衔，隐居北京贤良寺。有记载说他长期服用一种叫作铁水的洋酒。据跟随他的曾国藩的孙婿吴永记录，李鸿章每天起居很有规律，早间六七点即起，稍进餐点，即开始办公，或读书练字，中午饭量不错，饭后还喝浓粥一碗、鸡汁一杯。稍后，再喝铁水一盅。而后在廊下散步，脱去长袍，在走廊间从这头走到那头，再从那头走回这头，有家人在门外数着次数，到了次数后即喊一声“够数了”，于是李大人转身挑帘进屋，在皮椅上瞑坐片刻，更进铁酒一杯。据考证，这个铁酒是用进口的罐装牛肉汁与铁精和酒勾兑而成，属于舶来的补品。李鸿章晚年笃信西医，日常饮用西洋葡萄酒和补品，也在情理之中。光绪五年底（1880 年初），他在给北洋将领丁日昌的信函中说：“据洋医生讲，西方的铁酒、鱼油专补血气，比人参要强百倍。我们夫妇和次子，每天服用铁酒三小杯，常服精力大进。”他建议丁日昌来年春天到天津就诊，纯用西医西药，不要掺以华医华药。起居有度，饮食有节，崇信西医，倒也符合李鸿章的行事逻辑。

关于饮食有节的问题，清代著名文士李渔的论述较为全面。按李渔的理论，要调理饮食，首先就得均匀饥饱。一般而论，大约饥饿到七分时进食就是酌中的度了，早于这个时候就太早了，晚于这个时候就迟了。七分的饥饿，也需要七分进食，就如同稻田里的水，一定得与禾苗相匹配，需要多少水就灌注多少，多了反而会伤及禾苗。这就是养生的火候了。有时候，我们因为某些事误了饭点，饿过了七分还没进食，到了九分十分就是太饥了，这种情况下宁愿吃得少些而不能过多，以免导致整体机能紊乱，饥饱相搏而脾气受伤。另一方面，太饱的状态下，也不要使用饥饿之法。比如遇到聚餐或自己喜爱的食物，一下子吃多了，进入一种过饱的状态，这会儿就不必非要等到七分饥饿再进食了，到了进餐的时间，哪怕只有三四分饥饿，也要适量进食。切不可用“养鹰”之法，故意使身体处于饥饿状态，那就如同大丰收后忽然遇上大饥荒，疾病多由此而生。所谓贫民之饥可耐，富民之饥不可耐，就是这个道理。至于饮食的禁忌，李渔与一般人的认识也有不同，他认定，每个人的需求有所不同，喜欢的食物必是无患，而强令进食的多半是不喜欢的，人就应该顺其自然，喜欢的就吃，不喜欢的就少吃最好不吃。爱吃的东西即可养生，这种事不必去查《本草》，春秋时代并无《本草》，孔子喜欢吃姜，每食不撤姜食，嗜食酱，也可以没酱就不吃饭，随性之所好，也没谁听说孔夫子因为这类东西吃得多了而致病。当然，吃自己喜欢的东西也得讲究搭配，搭配得当，即可养生。

晚清养生家曹庭栋的饮食理论与李渔颇有相通之处。他说，人不能在饿极的情况下进食，食不过饱；不要在极渴时饮水，饮不过多。只求腹中不空虚，冲和之气就能充沛于肌体。总之凡是吃东西，以少为益，多食伤身，少食安脾。

饮食养生理论也注重“不时不食”，即不是当季所产之物就不要吃。同时，具体到进餐时的状态，强调人在情绪不好时也不要进食，比如怒时、哀时勿食，发怒时食物易下而不能消化，哀伤时食物难下也难消化，不如“暂过一时”，等情绪好转后进食；倦时、闷时勿食，也是一样的道理，困倦时食不能下，烦闷时容易恶心，都不适宜进食。曹庭栋还提出，四季之中，五味不可偏多，酸多伤脾，苦多伤肺，辛多伤肝，咸多伤心，甜多伤肾，此五味克五脏，是五行自然之理。同时，他也强调，食物不能少了盐，但盐一定要少加，淡则物之真味真性俱得。对于水陆珍味，不要杂食，五味相扰，定为胃患。

晚清以来，西学东渐，国人养生理念也受到影响，如《清稗类钞》所说，东方人食五谷，西方人吃肉类，导致东方人与西方人体质差异大，“故饮食一事，实有关于民生国计也”。其他如饮食与食品卫生的讲究，荤素搭配和分餐制的优劣等等，都成为养生家关注的内容。

值得一提的是，清代养生理论与实践中，传统养生粥受到特别重视，成为这一时代养生保健的重要内容。从宫廷到民间，养生理论家、学者们将中国传统的粥提升到新的高度。在宫廷饮膳中，粥既是日常食用之物，也成为调养的重要手段，从宫廷到社会上层及至民间，粥的饮食都具有了新的意义。

清宫膳房五局中设饭局，专司熬煮粥饭。宫中日常所熬粥品较多，如果子粥、腊八粥、豇豆粥、熩米粥、薏仁米粥、香稻米粥、绿豆粥、小米粥、大麦粥、玉米仁粥、玉米碴粥、高粱米粥等等。以五谷杂粮为主要食材，与清人以五谷入五谷熬粥的理念吻合。其中果子粥的材料虽加入了红枣、核桃仁等，但仍以大黄米、小黄米、绿豆为主材。谷类煮粥，利于吸收。乾隆的膳单中，粥是必备品。

《红楼梦》一书中，烈火油烹、钟鸣鼎食的贾府，也并不每餐都是山珍海味，只是更讲究食材的搭配，如著名的茄鲞，主要还是附加的辅助食材过多，弄得失去茄子的本味罢了。贾府的日常饮食中，于肥甘厚味之外，也常常吃粥。前后出现过的粥品，有碧粳粥、御田粳米粥、腊八粥、枣儿粳米粥、红稻米粥、鸭子肉粥、燕窝粥等。

宋明以降，中国人将粥视为最宜肠胃的食补之材，清人继承并发扬了这一传统，社会上对粥的重视，甚至超过一般菜品。袁枚《随园食单》中专列《饭粥单》，开宗明义便说：“粥饭本也，余菜末也，本立而道生。”粥和饭是饮食的根本，余下的菜之类是枝末，只有本立起来了，饮食之道就明了了。粥饭为本，而粥列在饭之前。对于粥，袁枚专门做了定义，太稀，见水不见米，太稠，见米不见水，那都不叫粥。“必使水米融洽，柔腻如一，而后谓之粥。”“宁人等粥，毋粥等人。”此真名言，为什么呢，是为了防停顿而味变汤干之故也。那些将荤腥、果品入于粥中的，什么鸭粥、八宝粥等，都失了粥的本味。如果实在要加点什么，夏天可以用绿豆、冬天用黍米，以五谷入五谷，互不妨碍。李渔与袁枚一样，非常认同粥的养生效果，也同样重视粥的用水多少与黏稠与否，认为煮粥的水最好一次加足，不能中途添加，也不能熬成以后再减水，都会影响粥的营养效果。

《清稗类钞》一书，综合说明清人食用粥品的情况，认为粥有普通与特别两种：普通的粥，南方人常用的有粳米粥、糯米粥、大麦粥、绿豆粥、红枣粥等；北方人常食的如小米粥之类。特别的粥，是在粥中加了燕窝或鸡杂或鸭片或鱼块或牛肉或火腿等等。清代粥品，以广东人烹制最精，比较好的如滑肉鸡粥、烧鸭粥、鱼生肉粥等，还有一种谓冬菇鸭粥，是用冬菇煨鸭与粥配合的。

清代对粥研究最深、搜罗最广的当属曹庭栋，在《养生随笔》(也称《老老恒言》)中，他罗列的粥品达100种之多，有些粥品，只指出其食补之效，有些也提及其烹制方法与药性。他指出肉类、植物、药材、蔬菜叶等，多可入于粥，如人们常见的桑叶、丝瓜叶等等。曹氏认为，100种粥方，有上中下三品，但无非是调养与治疾，主要还是针对老年人的方法。古人有食疗、食治、食医的说法，大体上都是避开峻厉以就平和的法子。不仅是治疗要谨慎，即使是调养也不能普遍使用，比如人参粥，当然大补元气，但价格昂贵，不是一般人家可得一饱之物。普通人家，宜用平和调养之法。曹氏理念的可贵之处在于，他认定老年养生也需要根据自己的体质状况，来选择不同的方法和食材，“当以身体察，各随禀气所宜而食之”。这当然是客观和科学的理念。

清代的养生与食疗，从宫中的饮茶方、药酒方，贵族之家的“食补”“食疗”方，到民间的药膳与药粥等，内容丰富多彩。在不同的社会层面，也展现出礼、雅、俗等不同的个性特征。

清代食养与药膳一类著述丰富，如曹庭栋的《养生随笔》、沈李龙的《食物本草会纂》、袁枚的《随园食单》、王士雄的《随息居饮食谱》、叶桂的《温热论》、费伯雄的《费氏食养三种》，及黄鹄的《粥谱附广粥谱》

等等，极大地丰富了中国养生学科的理念。清人讲求养生药膳，也给后人留下了许多养生验方和故事。这类验方，仍是今天人们治未病之病的重要参考，却不可随机自行试用，即便是自觉对症，亦须征询专业人士意见或遵医嘱。曹庭栋也说，传下来的广药，多如牛毛，大多自以为是，但针对的具体病症不同，自用并不一定就有效。比如半夏秫米汤治疗失眠症，他曾亲身试用，并不见效。曹氏的结论，大抵同一种药不同地方所产就有所不同，同一病症之人天生禀赋各异，甚至有同一人、同一病、同一药而前后用药的效果也会相去甚远。

尽管如此，清人留给我们的养生验方和对症施治的方法，仍然是前人的历史经验，值得珍视。

乾隆时有个姓曹的学士，认为宫中的皇子们身体柔弱，又读诗书、习弓马，身体太过劳累，应该服用一些补肾益气的药物加以调养，于是写了折子递上去，结果受到皇帝的训斥。据有些书的记载，他推荐给皇子们的大概是六味地黄丸一类有益无害的养生方。乾隆何以要训斥这位学士，详情未见记载，不得而知。但天潢贵胄，身体健康不是靠锻炼，却要依赖药物，而且见于公开的奏章，传扬出去，皇家的脸面何存？这事从另一个侧面也体现出清人视以药石补身为常理，所以才会有人把这种事直接提出来报给皇帝。

清代社会上，食疗食补与药膳之类验方很多。我们还是从梁章钜推荐的“百岁酒”说起吧。

梁章钜《归田琐记》中记载了一个号称“百岁酒”的药方，梁氏对此方推崇备至，在广西巡抚任上，曾刊布推广此方，并称“僚采军民服者皆有效”：

蜜炙箭芪二两，当归一两二钱，茯神二两，党参一两，麦冬一两，茯苓一两，白术一两，熟地一两二钱，生地一两二钱，肉桂六钱，五味八钱，枣皮一两，川芎一两，龟胶一两，羌活八钱，防风一两，枸杞一两，广皮一两，凡十八味，外加红枣二斤，泡高粱烧酒二十斤，煮一炷香时，或埋土中七日更好，随量饮之。

关于这个方子，梁氏讲了这么几个故事：有患疟者三年者，向他讨了此酒一小瓶，喝了以后，立即病愈，前后两人都是如此，可见此方有效。还有患“酒痨”（估计与今天的酒精中毒相似）者，颜色憔悴，骨立如柴，每日啜粥不过一勺，“医家皆望而却走”。服此方后，一月而愈。梁氏本人服此方，白了 20 多年的头发竟然开始变黑，而且老花已久的眼睛也好了许多。不过奇怪的是，梁氏服用此酒，头发开始变黑了，但白了很久的胡须却始终没有变黑，他也百思不得其解，只能猜测一番。据说创制此方的周某，服此方 40 年，寿愈百岁。而翁氏三代服此酒，皆长寿，没一个不是寿过 70 岁的，这在那个年代也算是高寿了。这是一个典型的以中药调养及治病的例子。在实际社会生活中，我们也常常见到以中药进行调理、健身或治疗的手段，梁氏所推崇的这个方子，也是常见的清人养生的方法之一。多年前，笔者曾在一本书中介绍过梁章钜推荐的“百岁酒”的药方，一老邻居读了那本书，自己动手泡制了百岁药酒。我当时并不知情，后来搬家离开了。若干年后，老邻居再相见，他提起百岁药酒，说未能达到白发转黑的效果，但确有强身健体的功效。我就一再建议他不要再试，古方具有一定的针对性，不对症的情况下，万一误伤自身，反为不美。

梁章钜还曾为林则徐提供方子。他在《浪迹丛谈》中说：某日忽然收到林少穆（即林则徐）的来信，称疝气复发。记得自己在《归田琐记》一书中记了一个方子，也不知道他试用了没有。于是又搜集了两个方子，其一，以一大瓮，烧红炭于其下，炭上放白胡椒几粒，让患者解衣坐于瓮上熏；其二，取鲜橙子一枚，稍捣几下，用浓酒煮熟后，去橙饮酒。两个方子据说都有“神效”，他马上写信把方子寄给林则徐。只是书中未再记录林氏是否采纳此方、疗效如何。

陈其元《庸闲斋笔记》记了这么一个方子，被人称为长寿方，据说亦有奇效：用鲜白术 40 斤，切成片，加冰糖 4 斤，以瓦罐煮干后晒之，“久蒸久晒”，得药片 8 斤，每天嚼几片，可服食一年。有人服用此方 60 余年，年至 117 岁，其子亦服此方，年已 80 余岁，也是身体康健。《神农本草经》

中就有白术“煎饵，久服轻身延年”之说，可见此方也是有依据的。

清人对于不良环境致人生病的情况也有一些认识。刘献廷《广阳杂记》中说了这么一则故事：有位叫崔默庵的名医遇到了一个病例，有个年轻人新婚得病，发疹，浑身都肿了，“头面如斗”，请了好多医生都没办法。崔默庵有一个习惯，诊治一症，若拿不准，往往要反复诊问，相对数日，沉思良久。这一次，又是一诊而不得要领，因为年轻人的脉象平和，只不过稍有一点虚而已。因为远道而来，感到饥饿，他就在病人床前吃起饭来。这时，他注意到，病人用手扒开肿了的眼睛来看他吃东西。崔问：“你也想吃东西吗？”病人回答说：“很想吃啊，就是前面几位医生都不让我吃啊。”崔说：“这个病并不妨碍吃嘛。”于是叫这个年轻人尽管吃就是了。他发现这个年轻人吃东西很正常，食欲很好，愈发不能理解其病源所在。过了许久，崔发现，这个年轻人的新房中，床厨桌椅等所有家具都是新的，油漆味道极重，冲人至极。于是崔医生马上叫年轻人迁居另室，对症下药，不数日，年轻人的病就大好了。原来，这个新婚的年轻人是被新房中的油漆味所伤，类似于今天人们所说的甲醛中毒，可见当时的医生对此已经有了初步的认识。

养生治病的验方往往出自民间，陆以湉《冷庐杂识》中说，很多行之有效的单方，并不出于方书，往往民间口耳相传的方子，用于治病，有立竿见影之效。他举例说，他家里有个老妈子，长年在他家服役，曾经传过几个方子给他家，试过都很有效。如痔疮方：用皮硝煎汤，乘热熏洗。此方不仅对痔疮有疗效，而且对各类热毒均有效。小儿雪口疮，用马兰头汁擦拭；眼癣，以大碗盖上布，晚米糠放于布上，燃糠则汁滴入碗中，取汁抹患处。这些都是民间口耳相传的方子，所治的也多是常见病患。

清代是距今最近的一个朝代，清人留下的养生思想与验方，也是中国传统文化的瑰宝，值得我们珍视。

尾声：空谷回声

四次千叟宴是清代规模最大、规格最高的大宴，也是国家庆典仪式和康乾时代的标志性事件。康乾时代，许多名臣名将的人生际遇中，参与千叟宴的经历，都是值得铭记的一笔，视为人生殊荣。史书中一些名臣虎将的传记中，也往往记上一笔参与了千叟宴的事情。如康熙名臣李光地、张廷玉、鄂尔泰，乾隆名将阿桂、名臣蔡新与翁方纲等等。很多名人在《清史稿》中，都留下了“与千叟宴”的记载，这些能够在正史留下传记的，本来就是当朝名流显要；而能够在晚年参加皇帝亲自主持的老人宴，更成为一种留名青史的荣耀。

参加千叟大宴的人，从朝廷高官、士子到平民百姓，却具一个共同特征，就是高龄老人。不过，与宴老者却也各有各的人生际遇。

引言中提到的湖广提督马彪，轻车减从，骑马进京参加皇家大宴，此人在当时却是个著名的虎将。乾隆三十六年（1771 年）金川之役再起，将军温福以马彪屡次出征勇猛，令他率贵州兵三千人跟随出征。战场上，马彪虽然年迈却亲冒矢石，攻碉夺寨，屡建奇功，擢授西安提督衔。事平，论功行赏，他得以“图形紫光阁，列前五十功臣”，赴西安任，后调任湖广。乾隆四十九年（1784 年），他已年过七旬，天寒地冻之时赶赴京师参加千叟宴，是命令，也是荣耀。但是参加完朝廷大宴，回到湖广后，他就染病不起，不久就去世了。

那个携带大批箱笼细软进京赴宴的福州将军常青，乾隆五十一年（1786年）率兵渡海赴台，镇压林爽文之乱。起初，也曾取得一些战绩，得到乾隆“手诏嘉奖”，还获赐“御用搬指”。但他毕竟不是行伍出身，大战之中，不免缺乏决断，乾隆以他“年已七十，军旅百所素习”为由，另派福康安为帅。后来，他因包庇属下遭到福康安弹劾，乾隆下令赦免了他，调回京城，任礼部尚书、镶蓝旗汉军都统等职，乾隆五十八年（1793年）病逝。

另一个赴京与宴的江苏巡抚闵鹗元，走到半途被乾隆用六百里加急上谕调回，令他临时兼任两江总督，未能如愿参与千叟大宴。乾隆五十五年（1790年），他牵扯到一桩书吏“伪印案”之中，又因包庇小吏侵挪钱粮，被下了大狱，次年遇赦回归故里，嘉庆元年（1796年）的千叟宴他自然没有资格参与了，嘉庆二年（1797年）病死在家乡。

还有那个多次受到乾隆表彰并破格准许参加宴会的河南副将李永吉，运气更差。李永吉年纪虽大，官阶却不高，本来没资格参加宴会的。在一次抢修大坝闸门的事故中，他奋不顾身，为保护闸门而落水，幸而遇救生还。乾隆得报后，恢复了他的副将之职，授总兵衔，加赏顶戴花翎，特批他入京参加大宴。可能是年纪偏大的缘故吧，李永吉获救后“感受寒邪”，病势日增，乾隆闻报后又特命他不必勉强进京，并赏银500两调养身体。结果，到十二月初一日，李永吉竟一命归西了。乾隆又下令，500两银子照旧支给，用作丧葬费用，也算是对他的一种褒奖了。

无论是权臣大吏还是平民百姓，参与大宴无疑是一种荣耀。多名老儒生、老秀才通过大宴得到皇家赏赐，与当朝大员一起参与饮茶赋诗活动，名扬天下。广东生员谢启祚，在98岁时得中举人，后来高龄参加会试，特授司业职衔。他以百岁的期颐之年入京与宴，特晋鸿胪卿，离京时还得到乾隆御赐诗和匾额，传为一时佳话。至于引言中提到的海城尚氏，多位老人参加千叟大宴，受赏无数，后来更是枝繁叶茂，成为累世望族。

同时，千叟宴的政治意蕴十分明显，以至于一些曾经受到责罚的人把晚年参与千叟宴作为平反的标志。有一个故事讲甘肃巡抚刘荫枢曾因反对清廷出兵新疆平定策妄阿拉布坦，遭到康熙的申斥。康熙五十四年（1715 年），准格尔部首领策妄阿拉布坦出兵哈密，整个新疆震动，如任其坐大，不仅影响天山南北的安定，也会对甘肃、青海甚至西藏地区产生影响。康熙下令清军远征新疆，刘荫枢认为“小丑不足烦大兵”，清廷应该“重内治、轻远略”。康熙认为他这完全是妄奏，命他前往新疆巴里坤实地查看，刘荫枢进疆后曾上奏数千言，希望能够屯兵哈密，以逸待劳。他的建议未获采纳，他就称病回了甘肃，康熙认为他是装病，将他解职议罪，最后把他发往喀尔喀地区屯田。几年后，他虽然回到内地，但官声受到很大影响。康熙六十一年（1723 年），他有幸参与千叟宴，总算是得到了平反。实际上，清代四次千叟宴都有致仕和斥退官员这一类人参加，被斥退的年老官员由此也得到了一项晚年的殊荣。乾隆两次放宽参与宴会官员的年龄限制，鼓励民间老人进京与宴，欢迎外藩使臣等参加，都蕴含了一种思路，着意渲染天下太平、天子与民同乐、普天同庆。

千叟宴是清代饮食文化集大成者，虽然是礼仪先行，但它毕竟是各民族各地区饮食文化的集合体，它受到当时饮食习俗的影响，也极大地影响了各地饮食文化的演化。千叟宴作为“千载一时之嘉会”，歌功颂德、宣扬太平当然地成为饮宴的主题，却也是以数十百年的社会安定为前提。没有“满点汉菜”结合发展的清代饮食文化，就不可能出现盛极一时的国家大宴。

清代是中国历史上最后一个专制王朝，也是一个社会巨变背景下的没落王朝，统治当局以最正统的中国文化的继承者和代表自诩，同时却陷入了固步自封、夜郎自大的泥沼之中。就在乾隆深陷于太平盛世的幻想之中时，远在天边的“蛮夷之邦”派来了祝寿的使臣马戛尔尼来了。朝野上下，讨论的都是“蛮夷”应该跪拜和怎样朝见，却不知世界大势已发生了惊天变化。大航海带来的不仅仅是地理大发现，也是早期全球化和殖民主义的大发展。工业革命后的英国早已不是“蕞尔蛮夷”，迟到的拜寿者马戛尔尼实际上是企图以贸易敲开天朝大门的探路者。盛世的“黄钟大吕”之下掩盖的是历史大转折悲歌。

清前期曾四次举办规模盛大的“千叟宴”，以其前无古人的规模与气派，展示了太平“盛世”的祥和与光明，却也掩盖不了底层人民的苦难。盛景之下，也潜藏着王朝大厦的腐朽与衰败的危机，对士人、知识阶层的思想禁锢与打压是专制统治应有的题中之意。当外国侵略者东来，用鸦片和坚船利炮敲开清朝的国门以后，盛世的欢宴即已成为天朝上国的绝唱与挽歌。据说，道光为效法乃祖，也曾于道光三年（1823 年）八月在万寿山玉润堂赐宴耆老，与宴老臣仅 15 人，而此宴距嘉庆元年（1796 年）皇极殿千叟宴不到 30 年时间，清王朝的衰败由此可见一斑。千叟宴也由此成为千古绝唱，成为没落王朝的空谷回响和凄婉的哀歌。

后　记

写完最后一行字，终于长舒了一口气，拖延已久的一件事总算告一段落了。

这本小书的策划已经很久了。若干年前，我的《细说清人社会生活》出版后不久，就有出版界的编辑来电来函，约请继续就清代社会生活的主题写些东西，比如专门写一本关于清朝人“吃”的书。想来，似乎已经是很多年前的事了。后来，又有不同出版社的编辑约写类似的内容，由于工作较忙，专注于我自己承担的国家社科基金课题和每年的科研教学任务，这事一直没有启动。对于出版社朋友们的抬爱与信任，内心在感激之余，也多少有些歉疚。写作这类可以供非历史专业人士阅读的历史书，多少是有些吃亏的，学界同人一般不认为这是学术成果，反倒有点不务正业之嫌。那本《细说清人社会生活》曾提交参加本地的社科优秀成果奖的评选，第一轮评审就被拉下来了，据说理由也很简单：它是通俗读物，不是史学专著。也有很多读者认为这本书太过严肃，不如“戏说”那类图书好玩，从这个意义上来说，还真是“细说”不如“戏说”。从另一角度讲，仔细地讲清楚历史上的某人某事，尽可能展示历史的真实和细节，又颇费功夫。说起来也有些两头不讨好吧。从方法上说，不参考、参照学界相关成果是不可能的，但像学术著作那样，每一项参考都出注，也不太现实，一板一眼地坐而论道，会影响书的可读性，这也增加了这类图书的写作难度。不过，我内心一直认为，弄一本向非专业人士介绍历史的书，同时兼具真实和可读性，应该是所谓专业活动的重要内容，是历史这门学科的重要功能，也应该是同人们的一点追求吧。

2018 年以后，我的国家社科基金课题结项并出版，时间稍有宽裕，也临近退休了，又有出版社的朋友提起这本小书写作的事。前后有两家出版机构，一家是北京的某出版集团，一家是本地某高校出版社，两家的策划编辑甚至都起草了策划书。迟疑和犹豫之中，我也准备了一点资料，写了少量的内容。这期间发生了一件事，加快了这本书的出版进度，就是《细说清人社会生活》一书在社会上出现盗版。这从另一方面说明这类书还是有读者群的，盗版者可能也是看到了这一点才会出手的吧。盗版书都有市场，那我为什么不能以此为基础增补一些内容，出一本专题性的小书呢？

现在这本小书终于告一段落了。原想，以我掌握的资料，写这么一本小册子不费多大工夫，实际上，清代饮食相关资料杂乱无章，正儿八经的饮食文化史式的写作，可能也不是这本小书追求的方向，而且限于经费和渠道，本书配图也比较困难。好在，有朋友们、同行和出版社的帮助，难关总算都过去。回顾一下，本书不尽人意的地方很多，仍难免有遗憾之处。

本书的写作时间虽然不长，但筹备和策划花了很长的时间，其间得到许多学者、同人、亲友们的帮助，谨此致以深深谢意。限于本书的性质，书中的图片和叙事运用了学界许多相关研究成果和结论，有些用不同方法说明了出处，有些则无法一一注明出处，谨此向同人和朋友们致谢。本书在准备和写作过程中，镇江市藏书家陈克刚先生、故宫研究所的张剑虹博士等朋友提供了大量电子书刊，为本书寻找和选取图片提供了极大便利。江汉大学人文学院讲师潘浩博士，帮助收集整理资料、图片。正式确定写作计划之前，就曾有两位出版社的策划和编辑人员为本书出谋划策，功不可没。虽然小书最后未能采用他们的计划，也未能在两位所在的出版单位出版，仍然需要特别向他们表示感谢。武汉出版社的各位同人、编辑和领导，为此书的编辑、装帧设计、校对等，付出了辛苦的劳动，谨此一并致以诚挚的谢意。

潘洪钢

2023 年 8 月